W. Brune (Hrsg.)

Zur deutschen Energiewirtschaft
an der Schwelle des neuen Jahrhunderts

Schriftenreihe des Instituts für Energetik und Umwelt, Leipzig
Herausgegeben von Dr. Wolfgang Brune, Leipzig

Mit dem vorliegenden Titel wird die Schriftenreihe des Instituts für Energetik und Umwelt Leipzig weitergeführt. Diese Sammlung hat sich zum Ziel gesetzt, wichtige aktuelle Arbeitsergebnisse aus dem Spannungsfeld von Energiewirtschaft, Volkswirtschaft und Ökologie der Öffentlichkeit zugänglich zu machen. Sie zeichnet sich durch wissenschaftlich anspruchsvolle, zugleich aber auch anschauliche und allgemeinverständliche Darstellung aus. Dieser Zielstellung ist die Arbeit des Instituts für Energetik und Umwelt schon seit vielen Jahren verpflichtet, und zwar sowohl als Fachinstitution als auch bei der Herausgabe der Schriftenreihe im Verlag B. G. Teubner.

In diesem Sinne berücksichtigen die Bände selbstverständlich den neuesten Stand des Fachwissens. Die Autoren bemühen sich, so verständlich zu schreiben, daß auch interessierte Laien, Nicht-Fachwissenschaftler, Politiker oder Journalisten den Inhalt mit Interesse und Gewinn aufnehmen können.

Die Bände wollen den aktuellen Meinungsstreit, der sich um die Bereiche Energie, Umwelt und Wirtschaft gruppiert, beleben. Daher sehen die Autoren der öffentlichen Diskussion erwartungsvoll entgegen.

Zur deutschen Energiewirtschaft an der Schwelle des neuen Jahrhunderts

Von

Prof. Dr. Wolfgang Eichhorn, Prof. Dr. Peter Hedrich,
Prof Dr. Peter Hennicke, Prof. Dr. Klaus Knizia,
Prof. Dr. Reiner Kümmel, Dr. Dietmar Lindenberger,
Dr. Gerhard Ott, Prof. Dr. Wolfgang Pfaffenberger,
Prof. Dr. Wilhelm Riesner, Prof. Dr. Hans-Dieter Schilling,
Prof. Dr. Alfred Voß, Prof. Dr. Martin Weisheimer,
Prof. Dr. Carl-Jochen Winter

Herausgegeben von

Dr. Wolfgang Brune

B.G.Teubner Stuttgart · Leipzig 2000

Der Herausgeber ist den Autoren zu großem Dank verpflichtet. Ferner dankt der Herausgeber der Reihe dem Förderverein Leipziger Institut für Energetik e. V., der Deutschen Shell AG und EnBW Energie Baden-Württemberg AG für die finanzielle Unterstützung bei der Herausgabe dieses Buches. Der Herausgeber dankt weiterhin Frau Sigrid Herzog und Frau Alexandra Mohr für die Umsicht und für die Geduld bei der schreibtechnischen Gestaltung des Manuskriptes.

Institut für Energetik und Umwelt
gemeinnützige GmbH
Torgauer Straße 116
04347 Leipzig
Tel. (03 41) 24 34-1 11; Fax (03 41) 24 34-1 33
E-Mail: Energetik@t-online.de

ISBN-13: 978-3-519-00266-6   e-ISBN-13: 978-3-322-84794-2
DOI: 10.1007/978-3-322-84794-2

Gedruckt auf chlorfrei gebleichtem Papier.

Die Deutsche Bibliothek – CIP-Einheitsaufnahme

Ein Titelsatz für diese Publikation ist bei
Der Deutschen Bibliothek erhältlich

Vorwort

Ich gebe zu, durchaus etwas stolz darauf zu sein, in diesem Band aus der Schriftenreihe des Instituts für Energetik und Umwelt, Leipzig, eine Reihe namhafter deutscher Energiewissenschaftler dazu veranlasst zu haben, sich an der Schwelle des neuen Jahrhunderts – oder gar eines neuen Jahrtausends – zur Situation der deutschen Energiewirtschaft zu äußern. Diese Äußerungen – so kurz sie auch sind – haben Gewicht. Dieses Gewicht beruht auf der Kompetenz der Autoren und diese wiederum auf langjährigen Erfahrungen und tiefen Einsichten in wesentliche Entwicklungszusammenhänge.

Was aus dem Projekt herausgekommen ist, kann sich meines Erachtens sehen lassen. Es ist mehr als nur die Wiedergabe einigermaßen bekannter Sachverhalte. Es sind teilweise sehr persönliche Wertungen zu einer aufregenden Entwicklung, die gerade vor unseren Augen abläuft und in die wir alle mehr oder weniger integriert sind, und es werden Schlussfolgerungen gezogen, die weit über das unmittelbare Fachgebiet hinaus von Bedeutung sind, ja, die wirtschaftliche Grundsatzfragen und schließlich grundsätzliche philosophische Probleme und Fragen der Lebensauffassung berühren. Es war von vornherein Absicht, die Beiträge nicht inhaltlich aufeinander abzustimmen oder sie gar einer einheitlich positionierten, nivellierenden politischen Sicht zu unterwerfen, sondern die Autoren selbst entscheiden zu lassen, was sie der deutschen Energiewirtschaft und der deutschen, vielleicht auch der europäischen oder gar der Welt-Öffentlichkeit in dieser Zeit zu sagen haben. Umso mehr freut es mich, dass viele der aktuellen Probleme, die die Energiewirtschaft in ihrer Wechselwirkung mit der Volkswirtschaft und der Umwelt betreffen, in diesem Band zur Sprache kommen. Und sie kommen aus unterschiedlicher, manchmal sogar gegenteiliger Sicht, gleichwohl jeweils in sich folgerichtig dargestellt, zustande. Das sollte den Leser in einem positiven Sinn nachdenklich stimmen. Vielleicht ist ja ganz objektiv nicht alles so einfach, was mit der Energie zusammenhängt – wobei sie ohnehin nicht nur physikalisch-technisch, sondern ebenso ökonomisch wie ökologisch und auch sozial, und damit durchweg auch politisch, bestimmt ist. Vielleicht benötigt man mehr als das übliche eindimensionale Denken, um dieser vertrackten Kategorie Energie auf den Grund zu kommen. Möglicherweise wohnt ihr ein ähnlicher **Dualismus** inne, wie er das Licht oder schlechthin die Materie auszeichnet: zugleich Welle und Korpuskel zu sein, ohne das Eine aus dem Anderen heraus erklären zu können. Letztlich ist wohl beides „richtig": so viel Energie wie möglich einzusetzen, um Armut, Krankheit und verkürztes Leben, Unwissenheit und verminderte Lebensqualität für alle Menschen dieser Erde zu überwinden; und so wenig Energie wie möglich einzusetzen, um unsere natürlichen Lebensgrundlagen, um Klima und Umwelt nicht zu zerstören und uns in Bezug auf die Bedürfnisse nachfolgender Generationen „nachhaltig" zu verhalten. Das ist nicht ein gewöhnliches Optimierungsproblem: von dem Einen nicht zu viel, und von dem Anderen nicht zu viel. Dies würde nämlich bedeuten, dass es einen übergeordneten „Wert" gäbe, an dem man sich ausrichten kann. Vermutlich gibt es den aber nicht: beides ist „richtig" – wenig Energie und viel Energie; Energie ist Reichtum und Last zugleich. Und damit gehört sie untrennbar zu unserem Leben.

Ich freue mich weiter darüber, dass nicht allein der geografische und wirtschaftliche Raum „Deutschland" gemeint ist, wenn von der deutschen Energiewirtschaft und ihren Problemen gesprochen wird, dass zumindest der Blick nach Osteuropa, eigentlich nach Europa im Ganzen, und im weiteren der **Blick in die Welt** dazu gehört (*Riesner, Schilling, Ott, Winter, Hedrich, Voß, Pfaffenberger, Hennicke*). *Winter* insbesondere meint, dass die deutsche Energiewirtschaft zu mehr als zwei Dritteln des Bedarfs Importeur und damit längst ein untrennbarer Teil der Weltwirtschaft ist. In etwa entspricht dies auch der Zahlenangabe von *Ott*.

Einen gebührenden Raum nimmt die Problematik **Kernenergie** ein, die sich ja von Zeit zu Zeit immer wieder selbst in das Bewusstsein einer besorgten Öffentlichkeit bringt (*Schilling, Knizia, Pfaffenberger, Hennicke, Voß, Ott*). Geringe Schadstoffströme, wie *Schilling* meint, keine Ressourcenbegrenzungen, vielleicht gar die Aussicht einer „unbegrenzten" Energieversorgung: das sind Vorzüge, die nicht negiert werden können. Es gibt jedoch auch – tatsächliche oder vermeintliche – Risiken, die ebenfalls nicht negiert werden können: lässt sich eine schwere Havarie künftig tatsächlich auf das Werksgelände begrenzen, was geschieht mit den radioaktiven Abfällen, bis ihre Aktivität abgeklungen ist? *Voß* zeigt anhand einiger beeindruckender Zahlen, dass die Kernenergie im Vergleich zu anderen Energieträgern bezüglich Umwelt, Ressourcen und Gesundheitsrisiken objektiv gar nicht schlecht dasteht. Viele Menschen vermögen das jedoch rational nicht nachzuvollziehen. Risiken und Chancen muss man immer abwägen, gleich was man tut. Leider fällt es uns Deutschen schwer, eine solche Abwägung sachlich und unvoreingenommen vorzunehmen. Eingängige Sprüche, wonach alles, was passieren kann, auch wirklich einmal passiert, sind nicht geeignet, ein Problem wie die Kernenergie anzugehen, ganz einfach, weil man damit überhaupt nichts mehr angehen kann. Das vorliegende Buch kann selbstverständlich diese Frage nicht erschöpfend beantworten, sondern lediglich einen weiteren Baustein zur Diskussion liefern. Zu dieser Diskussion gehört zwangsläufig auch die Idee eines Ausstiegs (*Hennicke, Pfaffenberger*). (Im Übrigen: warum ist es offenbar so schwer, die Kernenergie schlicht als Kernenergie zu bezeichnen? „Atom-" ist einfach kein adäquater fachlicher Ausdruck für nukleare Umwandlungsprozesse.)

Auch die Rolle des **elektrischen Stroms** als ein ebenfalls ganz aktuelles Energiethema wird anregend behandelt (*Schilling, Winter, Weisheimer*). *Schilling* verweist darauf, dass Strom praktisch reine Exergie ist, viele Energieanwendungen rationalisiert und daher die Umwelt schont. In diesem Zusammenhang beklagt er die bisherige Unterschätzung der Wärmepumpe. *Winter* macht einen energiewirtschaftlichen Trend aus, der energie-extensivierend, gleichwohl strom-intensivierend ist. *Weisheimer* macht darauf aufmerksam, dass die Elektrizitätswirtschaft gegenwärtig eine einzigartige „Revolution" durchmacht.

Es ist auffällig, dass die Kategorie **Entropie** in mehreren Beiträgen behandelt wird (*Lindenberger u.a., Schilling, Knizia, Winter, Voß*). Ohne sie kann offenbar keine ernsthafte Energiediskussion mehr geführt werden, was als positiv gewertet werden muss. Regenerative Träumereien ohne realen physikalischen Untergrund sollten damit der Vergangenheit angehören.

Einer der schillerndsten Modebegriffe der Gegenwart, die **Nachhaltigkeit** („Sustainability"), wird ausgiebig diskutiert (*Weisheimer, Schilling, Winter, Hedrich, Pfaffenberger, Hennicke, Voß*). Nach *Winter* wird er zum alles überragenden Parameter. Man solle die Dinge zu Ende denken, bevor sie begonnen werden. Dazu ist zu bemerken: heute nachhaltig zu sein, drückt gewiss eine ehrenwerte Haltung aus, obwohl wir natürlich nicht wissen, was künftige Generationen an unserer heutigen Zeit wirklich als von Bestand bezeichnen werden. Bestand müssen gewiss die elementaren Lebensgrundlagen unserer Erde haben: Luft, Boden, Wasser. Aber bestimmte Energierohstoffe? Ist es nachhaltig, wenn wir heute Kohle sparen, nur damit sie unsere Kinder morgen verbrennen können? Wollen unsere Kinder morgen überhaupt noch Kohle verbrennen? Ist Nachhaltigkeit nicht eher dann gegeben, wenn heute Technologien entwickelt werden, die heute und künftig weniger Ressourcen, Umweltressourcen eingeschlossen, in Anspruch nehmen – oder nur solche Ressourcen, die (vermutlich) wirtschaftlich für nichts anderes verwendet werden können? Dann muss man aber auch über die Kernenergie anders urteilen als das heute viele Zeitgenossen tun, die nur an sich und eben nicht an andere denken ...

Es ist heute üblich, auch die **Klimaproblematik** eng mit der Energiewirtschaft und dem Gedanken der Nachhaltigkeit zu verknüpfen. Im vorliegenden Band wird diese Thematik nicht ausgespart (*Hennicke, Pfaffenberger, Winter, Voß, Ott*). Die Schlussfolgerungen sind weit reichend; ihre Realität hängt aber stark davon ab, welche Rolle das Kohlendioxidmolekül tatsächlich in unserer Atmosphäre – beispielsweise im quantitativen und qualitativen Vergleich mit dem Wassermolekül – spielt. Hier kann sicher das Buch nur „problem-sensibilisierend" wirken.

Die Rolle der **regenerativen Energieträger** wird unterschiedlich beurteilt. Für *Schilling* und *Knizia* ist nach wie vor der Mix aus Kohle und Kernenergie zukunftsfähig, wofür viele gute Gründe angeführt werden. *Knizia* billigt den Regenerativen nicht viel wirtschaftliche Zukunft zu. *Winter* sieht das genau anders herum. Ähnlich auch *Pfaffenberger* und *Hennicke*. Der Leser soll selbst urteilen.

Er wird aber nicht allein gelassen. Es werden jeweils so viel Argumente zusammengetragen, dass man sich tatsächlich ein eigenes Urteil bilden kann.
Nach *Winter* rücke der Schwerpunkt der Energiewandlungskette an ihr Ende, weg von der Primärenergie, hin zu den Energiedienstleistungen. Das sagt auch *Hennicke*. Sie werde auch kürzer. Gleichzeitig werde die Energiewirtschaft „entcarbonisiert" und „erleichtert": Wasserstoff (und Strom) dominieren über „gewichtigere" und stärker kohlenstoffhaltige Energiestoffe. Die Technik der Energiewandlung (und damit das menschliche Wissen) dominiere die Energienutzung. Das meint ähnlich auch *Pfaffenberger*. *Knizia* hält dagegen, dass damit nur ein gegenwärtiger Energieaufwand durch einen früheren ersetzt werde.

Lindenberger u.a., Weisheimer, Pfaffenberger, Hedrich, Ott, Schilling, aber auch *Winter* und *Hennicke*, stellen politisch relevante Überlegungen an. Sie reichen von der Energiepolitik, naturgemäß, bis weit in die gesamte Wirtschafts- und Steuerpolitik hinein. Energie als Produktionsfaktor wird neu bewertet (auch von *Knizia*). Daraus ziehen *Lindenberger u.a.* den Schluss, dass die Produktionselastizität der Energie bisher unterbewertet, die der Arbeit jedoch überbewertet sei. Sie schlagen daher eine Verlagerung der Steuerlast von der Arbeit auf die Energie vor, unabhängig von ökologischen Gesichtspunkten, die in der Regel für solche Vorschläge herangezogen werden. Andererseits machen sie sich in diesem Zusammenhang Sorge um den Wirtschaftsstandort Deutschland, wenn wirtschaftlich belastende Alleingänge ins Auge gefasst werden. Umso mehr muss eine **zukunftsfähige Energiepolitik** in Deutschland eingefordert werden *(Schilling, Hedrich, Voß)*. *Ott* fordert insbesondere eine europäische Energiepolitik ein, diese zugleich als Bestandteil der europäischen Außenpolitik. Und Europa: das ist nicht nur wie bisher Westeuropa, sondern es schließt künftig auch wichtige Teile Osteuropas ein *(Riesner)*. In einem Exkurs setzt sich *Voß* mit der Frage externer Kosten auseinander, die letztlich unbeteiligten Dritten angelastet werden. Sie werden heute fast ausschließlich mit Umweltschäden in Verbindung gebracht. Aber auch Subventionen und Zusatzsteuern gehören dazu. Und dabei ist sofort wieder der Zusammenhang mit der Politik gegeben.

Der Herausgeber wünscht dem Buch, dass es Aufmerksamkeit findet und einen Beitrag zur Versachlichung der Diskussion auf einem Gebiet leistet, das unmittelbar und umfangreich die Wirtschafts- und Lebensgrundlagen der Menschen auf unserer Erde berührt und in weitem Maße sogar die Entwicklungsfähigkeit der Menschheit bestimmt.

Leipzig, im Januar 2000   Wolfgang Brune

Inhalt

Verzeichnis der Autoren   13

1   Knizia, K.
Die Industriegesellschaft und die Diskussion der Energiefrage 15
1.1   Die Veränderung der Produktionsfaktoren des Adam Smith 17
1.2   Die Nichtumkehrbarkeit allen Geschehens und die objektive
Wertsetzung 20
1.3   Der Mensch und die subjektive Wertsetzung 22
1.4   Die 'schöpferische Zerstörung' erfordert ein Energiegesamtsystem 24

2   Weisheimer, M.
Erwartungen aus der Liberalisierung des Strommarktes 31
2.1   Erwartungen im Überblick 32
2.2   Erwartungen der Stromanbieter 34
2.2.1   Hohe einträgliche Marktanteile 34
2.2.2   Verkraftbare Anpassung durch Mix von Unternehmensstrategien 36
2.2.3   Wandel der technischen und organisatorischen Strukturen 38
2.3   Erwartungen der Kunden 40
2.3.1   Niedrige Preise plus Dienstleistung 41
2.3.2   Angebote aller Lieferanten 43
2.3.3   Erhöhung der Preistransparenz durch Strombörsen 45
2.4   Weitere Erwartungen der Gesellschaft 47
2.4.1   Zum Spektrum der Erwartungen 48
2.4.2   Zum Abbau der systemwidrigen Schutzklausel für Ostdeutschland 51

3   Lindenberger, D., Eichhorn, W., Kümmel, R.
Energie, Wirtschaftswachstum und Beschäftigung 52
3.1   Einleitung 52
3.2   Produktionsfaktoren und Produktionsfunktionen 56
3.3   Theorie und Empirie 61
3.4   Zusammenfassung und Schlussfolgerungen 70

4   Schilling, H.-D.
**Ökologische Potenziale der Energieversorgung zukünftiger
Generationen** 77
4.1   Energie und Lebensqualität 77
4.2   Entwicklung des Energieverbrauchs – Energiereserven 78
4.3   Mehr Energie, weniger Schadstoffe – ein Zielkonflikt? 80
4.4   Über welche Instrumente verfügen wir? 80
4.5   Potenzial der Wirkungsgraderhöhung 81
4.6   Schadstoffrückhaltung 83

4.7   Einsatz von Energieträgern mit niedrigen Stoffströmen 86
4.8   Einsatz von Exergie zur Senkung der Stoffströme 88
4.9   Nachhaltige Entwicklung 92
4.10   Wie geht es weiter? – Was ist zu tun? 94

5   Winter, C.-J.
**Panta rhei – Die anthropogenen Energieflüsse verändern ihren
Inhalt, ihre Mächtigkeit, ihre Richtung und Geschwindigkeit** 98
5.1   Einführung 98
5.2   Der Primärenergierohstoffbedarf 100
5.3   Die Umwelt- und Klimaökologie 103
5.4   Die Energie- und Stoffwandlungskette, die Technik der Energie-
       wandlung 105
5.5   Plausibilitäten, Illusionen 108
5.6   Nachhaltigkeitspolitik 112
5.7   Zusammenfassung 115

6   Hedrich, P.
**Was ist, zu welchem Zweck, zu welchem Ende und durch wen
muss im 21. Jahrhundert Energiepolitik betrieben werden?** 118
6.1   Gesellschaft und Wirtschaft am Scheideweg und im Zwang zur
       prinzipiellen Erneuerung des Denkens 118
6.2   Globalisierung und Regionalisierung 123
6.3   Allgemeine Anforderungen an Energiewirtschaft und Energiepolitik .. 125
6.3.1 Energiewirtschaft, Charakter und Ziele 125
6.3.2 Erfordernisse der Energiepolitik im 21. Jahrhundert 128

7   Riesner, W.
**Entwicklungstendenzen in den Energiewirtschaften der EU-Bei-
trittskandidatenländer Mittel- und Osteuropas** 136
7.1   Vorbemerkung 136
7.2   Das Erbe der sozialistischen Ära 136
7.3   Entwicklung nach der politischen Wende 140
7.3.1 Wirtschaftliche Entwicklungen 141
7.3.2 Energiewirtschaftliche Entwicklungen 144
7.3.3 Entwicklungen der Energiepreise 146
7.3.4 Entwicklungen des sektoralen Energieverbrauchs 150
7.4   Zur Rolle Deutschlands bei der Bewältigung der energiewirtschaft-
       lichen Transformationsprozesse in den EU-Beitrittskandidaten-
       ländern 153

8   Pfaffenberger, W.
**Chancen und Perspektiven konventioneller und regenerativer
Energieträger** 158

8.1   Zur Entwicklung der Energieversorgung 158
8.2   Bewertungskriterien für Energieträger 161
8.3   Bewertung konventioneller und erneuerbarer Energieträger 168
8.3.1 Konventionelle Energieträger 168
8.3.2 Erneuerbare Energieträger 173
8.4   Entwicklungstendenzen 176

9   Hennicke, P.
       **Die globale Faktor Vier-Strategie für Klimaschutz und Atomaus-
       stieg** 181
9.1   Einleitung 181
9.2   Zentrale Thesen der "Faktor Vier-Strategie" 184
9.2.1 Wachsender Energieverbrauch ist weder Naturgesetz noch Markt-
       zwang 184
9.2.2 Wir stehen am Scheideweg: Selbstzerstörung unserer Mit- und Umwelt
       oder Zukunftsfähigkeit sind möglich 184
9.2.3 Risikostreuung ist solange nicht notwendig, solange Risikominderung
       möglich ist 185
9.2.4 Mehr Wohlstand mit weniger Energieverbrauch 185
9.2.5 Höchste Zeit zum zielgenauen Handeln 185
9.2.6 Der "ökologische Imperativ": Die Hauptverursacher müssen aktiv
       vorangehen, damit die Hauptbetroffenen leben können 186
9.2.7 Die "doppelte Dividende": Schadensvermeidung als Motor für
       qualitatives Wachstum und Zukunftsmärkte 186
9.2.8 Der Paradigmenwechsel: Märkte für volkswirtschaftliche preiswür-
       dige Energiedienstleistungen! 187
9.2.9 Wettbewerbsneutrale "ökologische Leitplanken": Das Beispiel
       Deutschland 188
9.2.10 "Global denken, lokal handeln" und "Lokal handeln, um global zu
       verändern!" 189
9.3   Annahmen und zentrale Szenarienergebnisse 189
9.4   (Welt-)Energiepolitik: Ausgewählte Leitideen und Konzepte 196
9.4.1 Vorrang für gesellschaftliche Leitziele 198
9.4.2 Integration von globalen und sektor-/akteursspezifischen Instrumenten-
       bündeln ("Policy Mix") 199
9.4.3 Ordnungspolitik und Energierecht: Märkte für "Energiedienstleistungen"
       statt für "Kilowattstunden" 201
9.5   Schlussbemerkungen 204

10   Voß, A.
       **Die Herausforderung vor Augen – Energiepolitik für eine
       nachhaltige Entwicklung** 206
10.1   Einleitung 206
10.2   Nachhaltigkeitskonzepte – eine kritische Würdigung 207
10.3   Konkretisierung des Leitbildes der nachhaltigen Entwicklung im
       Hinblick auf die Energieversorgung 210

10.4   Rolle verschiedener Energiesysteme für eine nachhaltige
        Entwicklung...213
10.5   Nachhaltige Entwicklung und Lenkung über den Markt....................219
10.6   Schlussbetrachtungen..223

11   Ott, G.
        Energie für Deutschland im globalen Kontext...........................225
11.1   Vorbemerkung..225
11.2   Bundesrepublik Deutschland..226
11.3   Westeuropa..228
11.4   Welt...229
11.5   Energiepolitik für Deutschland...231

Verzeichnis der Autoren

Prof. Dr. rer. nat., Dr. rer. pol. h.c. Wolfgang Eichhorn, Institut für
Wirtschaftstheorie und Operations Research, Universität Karlsruhe

Prof. Dr. sc. oec. Peter Hedrich, Hochschule für Technik, Wirtschaft und
Sozialwesen Zittau/Görlitz

Prof. Dr. Peter Hennicke, Wuppertal Institut für Klima, Umwelt, Energie
GmbH, Wuppertal

Prof. Dr.-Ing. Dr.-Ing. E. h. Klaus Knizia, Herdecke

Prof. Dr. phil. nat. Reiner Kümmel, Institut für Theoretische Physik,
Universität Würzburg

Dr. rer. pol., M. Sc. Dietmar Lindenberger, Institut für Theoretische Physik,
Universität Würzburg

Dr. Gerhard Ott, Präsident Deutsches Nationales Komitee des Weltenergierates
(DNK), Essen

Prof. Dr. Wolfgang Pfaffenberger, Institut für Volkswirtschaftslehre, Carl von
Ossietzky Universität Oldenburg, Bremer Energie-Institut, Bremen

Prof. Dr. rer. oec. habil. Wilhelm Riesner, Fachbereich
Wirtschaftswissenschaften, Hochschule für Technik, Wirtschaft und
Sozialwesen Zittau/Görlitz

Prof. Dr. rer. nat. Hans-Dieter Schilling, Hattingen

Prof. Dr. Alfred Voß, Institut für Energiewirtschaft und Rationelle
Energieanwendung, Universität Stuttgart

Prof. Dr. habil., Dipl. Wirtschaftler et Dipl.-Ing. Martin Weisheimer, Institut
für Wirtschaftsforschung Halle

Prof. Dr.-Ing. Carl-Jochen Winter, Universität Stuttgart; ENERCON Carl-
Jochen Winter GmbH, Überlingen

1 Die Industriegesellschaft und die Diskussion der Energiefrage

Klaus Knizia

Dieser Beitrag[1] soll aus dem Blickwinkel des Energiewirtschaftlers die Bedeutung der Energie im Handeln des Menschen aufzeigen, die Bedeutung, die sie im Zeichen der Globalisierung für die günstigste Einbindung einer Volkswirtschaft in die Weltwirtschaft und damit beispielsweise auch für die Sicherung von Arbeitsplätzen bei uns hat, für die Beschaffung von Rohstoffen, für die Versorgung mit Gütern und Dienstleistungen, wie auch für den Schutz der Umwelt und die humane Begrenzung des Wachstums der Weltbevölkerung.

Einer der herausragenden Nationalökonomen des 20. Jahrhunderts, Joseph Alois Schumpeter, veröffentlichte 1942 sein wohl bedeutendstes Werk *Kapitalismus, Sozialismus und Demokratie.* Das siebte Kapitel dieses Buches trägt die Überschrift: *Der Prozess der schöpferischen Zerstörung.* Dieses Kapitel sollte das Wesen des Kapitalismus erläutern, der seinen Antrieb von fortwährender Erneuerung bezöge, die die kapitalistische Wirtschaft schaffe, von neuen Konsumgütern, neuen Produktions- oder Transportmethoden, von neuen Formen der industriellen Organisation und von neuen Märkten. Das revolutioniere immerzu die Wirtschaftsstruktur von innen heraus, zerstöre unaufhörlich die alte Struktur und schaffe fortwährend eine neue. Und er stellte fest: "Dieser Prozess der 'schöpferischen Zerstörung' ist das für den Kapitalismus wesentliche Faktum." Die von Schumpeter so bezeichnete 'kapitalistische Maschine' wird, so möchte ich ergänzen, von Energie angetrieben, wie jede andere Maschine auch. Die jüngste Geschichte lehrt uns zudem, dass diese 'kapitalistische Maschine', dass der Kapitalismus, trotz beklagter und beklagenswerter Mängel, im Vergleich zu anderen die geeignetste Form eines Wirtschaftssystems darstellt, wenn auch nicht in der Ideologie, so doch in der Wirklichkeit.

Es ist jedoch nicht nur der Kapitalismus, sondern allgemein alles Handeln des Menschen, jeder Aufbau oder Erhalt von Ordnungen von dieser 'schöpferischen Zerstö-

---

[1] beruht auf einem Vortrag am 29.10.1997 in Düsseldorf auf einer öffentlichen Veranstaltung der Nordrhein-Westfälischen Akademie der Wissenschaften, der unter N 433 im Westdeutschen Verlag GmbH, Opladen/ Wiesbaden, 1998, veröffentlicht wurde;
aktuell überarbeitete Nachveröffentlichung mit freundlicher Genehmigung der Akademie und des Verlages

rung' geprägt, wie auch in der Natur unaufhörlich alte Strukturen zerstört und neue geschaffen werden in ihrem ewigen 'stirb und werde'. Alle Vorgänge sind dabei an Umsetzungen von Energie gebunden. Erwin Schrödinger hat dazu in einer kleinen Schrift: Was ist Leben? festgestellt, die Natur trinke Ordnung.

Nach heutiger Erkenntnis müssen wir erwarten, dass durch die weltweite Bevölkerungsentwicklung in den nächsten dreißig Jahren mehr an fossilen Energien und mehr an Nahrungsmitteln verbraucht werden, als die Menschheit bisher insgesamt in ihrer nachvollziehbaren Geschichte verbraucht hat. Wir werden diesen Verbrauch aus unserer heutigen Wohlstandsgesellschaft heraus wohl kaum durch Maßhalteappelle an ärmere andere Völker vermindern können, wir könnten dagegen aber mit unserem Potenzial dazu beitragen, die aus der erwarteten Entwicklung entstehenden Aufgaben im Sinne der Nachhaltigkeit zu lösen.
Es ist deshalb nicht nach den Grenzen des Wachstums zu suchen, sondern das notwendige Ausweiten der Grenzen zu ermöglichen. Dieses 'notwendige' Wachstum ist die Voraussetzung für eine friedliche Begrenzung des weltweiten Bevölkerungswachstums durch ausreichende Versorgung.

Von Wilhelm Ostwald, dem Philosophen und Nobelpreisträger für Chemie, stammt der Satz, alles Leben sei ein Wettbewerb um freie Energie, deren verfügbare Menge begrenzt sei. Wohlgemerkt alles Leben, in der Natur wie in den menschlichen Ordnungen. Zudem sei alles Geschehen ein 'Sich-ändern'. Damit aber etwas geschähe, seien Energieumwandlungen mit zwangsläufiger Entwertung der freien Energie erforderlich. 'Freie Energie' ist die Energie, mit der etwas bewirkt werden, durch die etwas geschehen kann. Wir bezeichnen sie auch als Exergie oder technische Arbeit. Ihre Bedeutung für alles Leben macht es 'notwendig', die Energieversorgung langfristig zu sichern.

Alles Geschehen, fand Ostwald also, sei ein fortwährendes 'Sich-ändern', und so ist auch die Wirklichkeit menschlichen Handelns in ein Umfeld eingebunden, das sich fortwährend ändert. Dabei werden unsere Handlungen bestimmt von drei Gegebenheiten:

Erstens von den uns verfügbaren **Produktionsfaktoren** als den Instrumenten unserer Handlungsmöglichkeiten.

Zweitens von einer in der Natur bestehenden **objektiven Wertsetzung**, die uns annäherungsweise durch das, was wir Naturgesetze nennen, fassbar wird.

Und drittens von einer neben anderen Wertsetzungen wie der Ethik aus dem Wesen des Menschen entspringenden **subjektiven Wertsetzung** für seine Versorgung mit Gütern und Dienstleistungen.

1.1   Die Veränderung der Produktionsfaktoren des Adam Smith

Am Anfang dieser Industriegesellschaft steht die Begründung der Nationalökonomie durch Adam Smith vor etwa 250 Jahren. Er erkannte, dass alle Produktion ein Äquivalent von Arbeit verkörpert und dass Arbeitsteilung die Produktivität, der Ingenieur würde sagen, den Nutzungsgrad der Energie, steigert. Die Arbeitsteilung und die damit verbundene höhere Produktivität verlangen jedoch größere Märkte und liberale Wirtschaftssysteme, und sie erzeugen Wettbewerb, jenes "großartigste und genialste Entmachtungsinstrument der Geschichte" (Franz Böhm).

Smiths energetisches Weltbild musste noch geprägt sein von den regenerativen Energien Wind, Wasser, Holz, menschliche und tierische Arbeitsfähigkeit. Er konnte nicht ahnen, welche fundamentalen Veränderungen wenige Jahrzehnte nach seinem Tod durch das rasche Aufkommen der durch James Watt in ihrer Wirtschaftlichkeit und Anwendungsmöglichkeit entscheidend verbesserten Dampfmaschine eintreten sollten. Er konnte deshalb auch nicht erkennen, dass dem Menschen Nutzenergie aus diesen Anlagen in einem seine körperliche Arbeitsfähigkeit weit übersteigenden Maß verfügbar werden würde. In Deutschland ist das heute je Arbeiterstunde etwa das 400fache der körperlichen Arbeitsfähigkeit des Menschen allein an Elektroenergie.
Durch dieses große Maß an verfügbarer technischer Arbeit trat eine deutliche Verbesserung der Lebensumstände, aber auch eine wesentliche Veränderung des Inhalts der Produktionsfaktoren, jener Instrumente unserer Handlungsmöglichkeiten, ein. 100 dieser elektrischen Helfer werden bei uns heute durch die Kernenergie und damit kohlendioxidfrei gespeist, und jedes Brötchen ist mit Strom gebacken, jedes Auto mit Strom produziert, der zu einem Viertel aus Kernkraftwerken stammt.

Aus der früher den Menschen abgeforderten überwiegenden körperlichen Arbeit, dem Schuften, wurde so, durch dieses große Maß an Nutzenergie aus technischen Anlagen gefördert, eine Informationen sammelnde und Fertigkeiten erwerbende und einsetzende, also eine planende, überwachende, steuernde und organisierende Tätigkeit, die diese Arbeitsfähigkeit aus technischen Anlagen zweckvoll einzusetzen lernte. Solche Tätigkeiten nennen wir *kreativ*. *Kreativität*, nicht körperliche Arbeit, bestimmte mehr und mehr den Beitrag des Menschen zur Erzeugung von Gütern und Dienstleistungen. Sie wird im heraufziehenden Kommunikationszeitalter der entscheidende Produktionsfaktor sein. Kreativität lässt sich mit dem deutschen Wort *Gestaltungsfähigkeit* übersetzen. Damit bietet sich für durch Gestaltungsfähigkeit zweckvoll eingesetzte technische Arbeit der Ausdruck *Gestaltungsenergie* an. **Unter dem Produktionsfaktor Arbeit verstehen wir heute die während einer Produktion aufzubringende Gestaltungsenergie.**
Smith erkannte auch, dass die Arbeitsteilung den vorherigen Einsatz eines weiteren Produktionsfaktors, des Kapitals, zur Schaffung der Produktionsmittel erfordert.

Dieser zweite Produktionsfaktor, Kapital, ist nach Walter Eucken vorgetane Arbeit, vorab zweckvoll eingesetzte Gestaltungsenergie.

Gestaltungsenergie ist somit durch Gestaltungsfähigkeit zweckvoll eingesetzte technische Arbeit. Sie ist für jede Produktion zweifach aufzuwenden, nämlich *vorher* als Kapital und *während* jeder Produktion als Arbeit.

Arbeit und Kapital erweisen sich heute, denken wir an Belegschaftsaktien und Mitbestimmung, als die beiden Seiten einer Medaille. An ihrer Stelle stehen nunmehr die Produktionsfaktoren Kreativität und Nutzenergie als Gestaltungsenergie nebeneinander. Gestaltungsenergie ist erforderlich, um die Erträge des dritten Produktionsfaktors, des Bodens, nutzen zu können. Boden, allgemein Rohstoff, ist jede durch Gestaltungsenergie für eine Produktion geeignete Materie. Gestaltungsenergie vermag aber auch die Palette von Rohstoffen, über die wir verfügen können, wesentlich zu erweitern, wie es etwa bei der Einführung des Aluminiums und der dadurch möglichen Streckung der Kupfervorräte oder bei der Ammoniaksynthese zur Bekämpfung des Hungers geschehen ist oder, wie es zurzeit bei der Einführung des Siliziums in der Informationstechnik geschieht.

Aus den drei Produktionsfaktoren Arbeit, Kapital und Boden sind somit durch die Energietechnik *Kreativität, Arbeitsfähigkeit und Rohstoff* geworden.

Die manchmal zu hörende Formel, Energie müsse durch den Einsatz von Kapital gespart werden, meint dann doch, es müssten unter Einsatz von vorab aufgewandter Gestaltungsenergie, von Kapital also, Produktionsumwege eingeschlagen werden, um Anlagen, Einrichtungen und Maschinen zu schaffen und Entwicklungen zu betreiben, die den Aufwand von Gestaltungsenergie während der Produktion vermindern und dadurch zu einem besseren Ertrag aus der insgesamt eingesetzten Energie führen. Nach Böhm-Bawerk kann Kapital, das der Schaffung von Produktionsmitteln auf diesen Produktionsumwegen dient, auch als ein Tausch gegenwärtiger gegen zukünftige Güter angesehen werden oder, nach unserer Definition, als ein Tausch gegenwärtig eingesetzter Gestaltungsenergie gegen zukünftige Energieersparnis. Durch das 'Vorher' und 'Während' kommt auch die Zeit ins Blickfeld, deshalb müsste noch das Adverb 'rechtzeitig' ergänzt werden.

Jede Produktion entsteht also aus zeitlich getrenntem Aufwand an Gestaltungsenergien. In der Kostenrechnung teilt sich dieser Aufwand vereinfacht dargestellt auf in die fixen Kosten, die aus dem Kapitaldienst für die vorab eingesetzte Gestaltungsenergie anfallen auch dann, wenn der Betrieb nicht produziert, und in die variablen Kosten für die laufende Produktion. Die fixen Kosten entstehen aus dem Aufwand bei den Vorlieferanten und teilen sich bei denen auch wieder auf in fixe und variable Kosten usw. In der schrittweisen Rückverfolgung dieses Weges hängt schließlich jede Produktion von Gütern und Dienstleistungen allein von dem Aufwand an Gestaltungsenergie ab. Eine wirtschaftlich ungünstigere Lösung verbraucht somit mehr an Energie und Rohstoffen als eine wirtschaftlich günstigere, wenn beide gleichen sonstigen Bedingungen unterliegen, was Steuern, Subventionen usw. betrifft.

Alle Rohstoffe, die für den Strom von Gütern erforderlich sind, und damit auch alle Energierohstoffe, seien es fossile Energien wie Kohle, Öl und Erdgas, seien es die Kernenergie, Wind, Sonne oder Wasser, stehen kostenfrei zur Verfügung. Immer muss jedoch Gestaltungsenergie aufgewandt werden, sie zu sammeln oder zu fördern und sie nutzbar zu machen, sei es durch das Einrichten von Bergwerken, Bohrinseln oder Windrädern. Da mit der Zunahme des Aufwandes bei der Gewinnung der knapper werdenden Rohstoffe und wegen größerer Vielfalt und Komplexität der Produkte die einzuschlagenden Produktionsumwege und damit die vorab zu investierende Gestaltungsenergie wachsen, **steigt die Bedeutung des Kapitals.**

Diejenigen, die Gestaltungsenergie zur Wirkung bringen, seien es Arbeiter, Angestellte, Unternehmer oder Kapitalgeber, werden dafür selbst auch immer mit Gestaltungsenergie aus dem für die letzte Verwendung verfügbaren Strom von Gütern, dem Bruttosozialprodukt, entgolten. Mit sinkendem Anteil ihrer körperlichen Arbeit ist das immer mehr ein Entgelt für Kreativität. Dieses Entgelt entspricht der Wertschöpfung. Seit dem Beginn der Industrialisierung nimmt der Betrag an Gestaltungsenergie ständig zu, der den Einzelnen als Entgelt zur Verfügung steht. Ihr Lebensstandard steigt. Demzufolge verbrauchen sie ihr Einkommen immer weniger zum direkten Lebensunterhalt, sondern treten einen Teil ihres Anspruchs an andere ab. In Anlehnung an den Begriff des Produktionsumweges könnte man von wachsenden Verbrauchsumwegen sprechen. Diese ermöglichen wesentlich die **Dienstleistungsgesellschaft.** Damit folgt:

Wenn auch das Wachstum der Wirtschaft aus Gründen der Verknappung einiger Rohstoffe und des Anwachsens der Stoffströme in der bisherigen Weise nicht über lange Zeit exponentiell weitergehen kann, so könnte Gestaltungsenergie jedoch unbegrenzt verfügbar sein, wenn der Ausbildung von Kreativität die erforderliche Beachtung zukäme und wenn zu den herkömmlichen Energien in den Industriestaaten die Kernenergie verstärkt eingesetzt würde. Kernenergie ist zweifach wesentlich, nämlich für die Rohstoff- und Energieversorgung *und* für den Umweltschutz. Sie vermöchte nicht nur die mengenmäßig begrenzt verfügbaren fossilen Energierohstoffe zu entlasten, sondern auch, denken wir an Verteilungskriege wie den Kuweitkrieg, zur Sicherung des Friedens beizutragen. Sie vermöchte aber andererseits auch dem Umweltschutz zu dienen, **weil die Stoffströme und nicht die Energieströme die Umwelt schädigen,** auch die bei der Energieumwandlung entstehenden. Sie könnte entlasten nach der Devise: bei gleicher Produktpalette mehr

Energieaufwand, dafür aber geringere Stoffströme. **Das Bruttosozialprodukt muss nicht vom Energieverbrauch, sondern von den Stoffströmen entkoppelt werden.**

Gelingt das, dann kann das Wachstum des Bruttosozialprodukts auch bei weiter steigendem Energieverbrauch nicht hoch genug sein, um sowohl den Wohlstand in den Industrieländern zu bewahren, als auch die Lebensumstände in den Entwicklungsländern zu bessern und beides bei ausreichenden Aufwendungen für den Schutz des Biotops Erde, denn über eine bessere Versorgung mit Gütern und Dienstleistungen wird sich die Weltbevölkerung eher, d.h. bei einer geringeren Zahl gleichzeitig lebender Menschen, stabilisieren lassen und dadurch weniger künstliche Eingriffe in die Biosphäre erfordern, weniger Kraftwerke, weniger Düngemittel, weniger Verkehr. Heute bestreiten weltweit die fossilen Energien zu mehr als 90 % die Energieversorgung. Kernenergie und insbesondere noch in Asien und Südamerika vorhandenes großes Wasserkraftpotenzial könnten diesen Prozentsatz in wenigen Jahren erheblich senken.

1.2 Die Nichtumkehrbarkeit allen Geschehens und die objektive Wertsetzung

Wenden wir uns nun der anfänglich genannten zweiten Gegebenheit zu, der durch die Natur festgelegten Begrenzung unserer Handlungsmöglichkeiten und der daraus folgenden objektiven Wertsetzung. Zwei Generationen nach Adam Smith und James Watt wurden die beiden Hauptsätze der Thermodynamik durch Julius Robert Mayer und Rudolf Clausius entdeckt. Beide Hauptsätze reichen weit in den Bereich von Wissenschaft und Technik, von Wirtschaft und Philosophie. Man hat sie deshalb auch als die beiden einzigen Artikel der Verfassung des Universums bezeichnet. Alle anderen Gesetze in der Natur oder des positiven Rechts seien nur als zugehörige Ausführungsbestimmungen zu betrachten. In Analogie zu dem Bismarckwort, wonach Diplomatie die Kunst des Möglichen ist, wird die Thermodynamik ihretwegen auch als die Wissenschaft des Möglichen bezeichnet. Der Physiker Arnold Sommerfeld bezog sich bei der Erläuterung der beiden Hauptsätze der Thermodynamik immer auf ein Zitat, das er aus seiner Studentenzeit in der Erinnerung behalten habe. Danach gäbe in der Fabrik der Naturprozesse der erste Hauptsatz den Buchhalter ab, der Soll und Haben ins Gleichgewicht brächte, während der zweite Hauptsatz die Rolle des Direktors ausfülle, der Art und Ablauf des Geschäftsganges bestimme. Eine solche entscheidende Rolle kommt den beiden Hauptsätzen nicht nur in der Fabrik der Naturprozesse, sondern auch in jeder Handlung des Menschen und damit auch in der Wirtschaft zu.

Während der erste Hauptsatz das uns allen bekannte Perpetuum mobile erster Art ausschließt, schließt der zweite das weniger bekannte Perpetuum mobile zweiter Art aus. Nach ihm ist nichts vollständig wieder umkehrbar. Die in einem abgeschlossenen System vorhandene Energie bleibt nach dem ersten Hauptsatz zwar erhalten, aber mit jeder Umwandlung sinkt nach dem zweiten Hauptsatz durch das 'Sich-ändern' ihre Fähigkeit, etwas zu bewirken, und zwar so lange, bis alle Intensitätsunterschiede ausgeglichen sind und nichts mehr geht. Jeder Aufbau und Erhalt von Ordnungen, sei es in der Natur oder im Handeln des Menschen, unterliegt diesem Prinzip, da, durch Erweiterung der Bilanzhülle, jedes System, jede Ordnung, als abgeschlossenes System dargestellt werden kann. Das ergibt nach Ostwald eine objektive Quelle des Wertbegriffs. Auch in ethischer Sicht! Denn das Nicht-wieder-rückgängig-machen-können, das der Satz ausdrückt, und damit auch, das Nicht-wiedergutmachen-können setzen auch ethische Werte. Durch diese Nichtumkehrbarkeit kommt ein zeitlicher Richtungspfeil (Eddington) in alles Geschehen. Ostwald nannte diesen zweiten Hauptsatz das 'Gesetz des Geschehens'. Für unsere Betrachtung können wir dieses Gesetz des Geschehens mit Begriffen der Wirtschaft auf die Formel bringen:

Die Natur gibt keinen Kredit, sie verlangt immer Vorauszahlung in der Münze Energie und dazu noch mit einem Aufgeld!

Die Bemerkung von der Vorauszahlung deutet auf den Richtungscharakter hin, auf die Nichtumkehrbarkeit, und die Höhe des Aufgeldes bestimmt sich aus der naturgegebenen und damit vom Menschen nicht aufhebbaren Unvollkommenheit aller Vorgänge, der Differenz zwischen dem Wünschbaren und dem Möglichen, zwischen Utopie und Wirklichkeit. Der Begriff der Entropie hilft, über den Vergleich von Entropiezunahmen eine Bewertung durchzuführen. Entropiezunahmen in Ordnungssystemen rückgängig zu machen, wenn das auch nur unvollkommen möglich ist, und immer mit größerer Entropiezunahme an anderer Stelle bezahlt werden muss, dazu bedarf es der Gestaltungsenergie. Diese Fähigkeit der Gestaltungsenergie bezeichnet der Thermodynamiker auch als Negentropie oder Ektropie. Utopien sind allgemein daran zu erkennen, dass sie den zweiten Hauptsatz der Thermodynamik außer Acht lassen. Sie setzen voraus, dass es irgendwie etwas umsonst gibt, in der Energieversorgung etwa ein Stromeinspeisegesetz, für das andere zahlen müssen.

Der zweite Hauptsatz der Thermodynamik ermöglicht uns auch Einsicht darüber, wieweit das Bruttosozialprodukt überhaupt vom Energieverbrauch abzukoppeln ist. Da er Vollkommenheit entsprechend dem genannten Aufgeld ausschließt, ist die Abkoppelung nur einem Grenzwert anzunähern. Kapital und Arbeit als *vorab* und *während* der Produktion aufgewandte Gestaltungsenergie sind beide mit diesem Aufgeld belastet. Bei beiden wird Arbeitsfähigkeit immer nur unvollkommen aus einer Primärenergie zu gewinnen sein. Mit jeder unter vergleichbaren Bedingungen erzielten Steigerung der Wirtschaftlichkeit nähert sich das Verhältnis von Energieverbrauch zum Bruttosozialprodukt asymptotisch einem unteren Grenzwert. Das Optimum des Aufwandes an Energie insgesamt ist also zwischen dem Aufwand vor und während der Produktion zu finden, nicht nur in Kraftwerken oder Automotoren, sondern auch bei jeder anderen Produktionsverbesserung. Nur dadurch ist bei gleicher Produktpalette eine Energieersparnis zu erzielen. Ist der Grenzwert erreicht, dann ist entsprechend dem zweiten Hauptsatz eine Verminderung des Energieverbrauchs nur möglich bei einem Vermindern des Bruttosozialproduktes, bei einfacherem Leben also. Dieses einfache Leben hat aber der größere Teil der Menschen heute ohnehin nur zu erwarten, und er kann wohl deshalb kaum weiter sparen.

Verknappung an unersetzbaren Rohstoffen erfordert zudem den energieaufwendigen Aufschluss ärmerer Lager oder höheren energetischen Aufwand bei der Rezyklierung, sodass langfristig das Verhältnis von Energieaufwand zu Bruttosozialprodukt sogar wieder steigen muss
Anders verhält es sich dagegen mit der Verminderung des als klimagefährdend angesehenen Kohlendioxidausstoßes. Wächst der Anteil der Kernenergie und der Wasserkraft am Gesamtenergieaufkommen, dann lässt sich der Ausstoß an diesem Gas auch bei wachsendem Energieverbrauch noch weiter senken. Deshalb ist nur durch Kernenergie in den Industrieländern und Wasserkraft in den dafür geeigneten Regionen der Welt sowohl der zukünftige Energieverbrauch zu decken als auch zugleich der Schadstoffausstoß zu vermindern!

1.3   Der Mensch und die subjektive Wertsetzung

Hier rückt nun die dritte genannte Gegebenheit, die subjektive Wertsetzung des Menschen ins Blickfeld. Sie lässt sich anhand der Gossenschen Gesetze erläutern. Hermann Heinrich Gossen, ein Zeitgenosse von Mayer und Clausius, war die Bedeutung seiner Erkenntnis bewusst, beschreibt er doch in dem Vorwort zu seinem Buch: *Entwicklung der Gesetze des menschlichen Verkehrs und der daraus fließenden Regeln für menschliches Handeln* seine Überzeugung mit den Worten: "Was einem Kopernikus zur Erklärung des Zusammenseins der Welten im Raum zu leisten gelang, das glaube ich für die Erklärung des Zusammenseins der Menschen auf der Erdoberfläche zu leisten." Er rückte mit den beiden Gossenschen Gesetzen, die Ausgang der Grenznutzenschule werden sollten, den Menschen mit seinen Wünschen in den Mittelpunkt. Indem er den subjektiven Wertbegriff im menschlichen Handeln aufzeigte, ergänzte er den objektiven Wertbegriff, wie er aus dem zweiten Hauptsatz der Thermodynamik gegeben ist.

Das erste der beiden Gossenschen Gesetze sagt aus: Je mehr einer von einem Gut besitzt, desto weniger bedeutet ihm ein Vermehren dieses Besitzes. Dem entspricht naturwissenschaftlich ein Gesetz der Sinnesphysiologie, die Weber-Fechnersche Regel, wonach die Empfindung, die durch das Steigern eines Reizes bewirkt wird, nicht der additiven, sondern der prozentualen Reizsteigerung entspricht. Das zweite Gossensche Gesetz besagt, dass der Mensch die ihm verfügbaren Mittel zur Befriedigung verschiedenartiger Bedürfnisse nach seiner subjektiven Werteskala so aufzuteilen versucht, dass ihm insgesamt ein optimaler Nutzen entsteht. Das ist nach Gossens Überlegung der Fall, wenn den einzelnen Bedürfnissen als Anteil an dem gesamten Aufwand soviel zuteil wird, dass die Differenzialquotienten aller zugehörigen Nutzen-Aufwand-Funktionen gleich sind. Die durch unterschiedliche Bedürfnisse der Menschen dabei entstehenden subjektiven Bewertungen sind geradezu die Ursache dafür, dass überhaupt getauscht wird, dass Handel zwischen ihnen entstehen kann. Die wachsende Zahl von erstrebenswerten Produkten, von echten oder vermeintlichen Bedürfnissen, verstärkt die Bedeutung des zweiten Gossenschen Gesetzes.

Im wirklichen Leben ist es jedoch nur cum grano salis zu verstehen, beispielsweise, um zu erläutern, dass eine ökologisch begründete Erhöhung der Benzinpreise bei den Einzelnen nicht allein Folgen für ihr Autofahren hat, sondern vielmehr zu einer veränderten Aufteilung der ihnen verfügbaren Mittel führt, also nicht nur dazu, weniger mit dem Auto zu fahren, sondern zu Gunsten des Autofahrens andere Ausgaben einzuschränken, vielleicht in der Gesundheitsvorsorge, der Ausbildung oder aus der Kirche auszutreten.

Umgekehrt kann es den Anspruch von Stromkunden beispielsweise auf die Lieferung von Solarstrom rechtfertigen, wenn sie bereit sind, dafür die Kosten selber zu tragen und sie nicht der Volkswirtschaft aufzubürden. Dadurch, dass sie dann die ihnen verfügbaren Mittel entsprechend aufteilen, also wegen des teuren Stromes an anderer Stelle sparen, wird der Mehraufwand an dieser Stelle durch Minderverbrauch an anderer Stelle egalisiert.

Während diese Subjektivität der Werte und damit der Nachfrage zunächst nicht in ihrer Verbindung zu den naturwissenschaftlich-technischen Gegebenheiten und damit zu den Hauptsätzen der Thermodynamik erkennbar sein muss, wird das zweite Gossensche Gesetz in seinem Bezug zu ihnen dagegen sichtbar, wenn wir die Produzenten betrachten. Sie setzen ihre Mittel, nicht von Gefühlen, sondern von der Nachfrage bestimmt, so aufgeteilt ein, dass die Erträge aus unterschiedlichen Produkten maximiert werden. Das ist wiederum der Fall, wenn die Nutzen-Aufwand-Funktion für die einzelnen Produkte die gleichen Differenzialquotienten haben. Die Subjektivität der vielen Einzelnen wird so zu einem objektiv gegebenen Erfordernis und unterliegt nach Schumpeter fortwährender Veränderung durch den

Prozess der 'schöpferischen Zerstörung' durch neue Produkte und neue Verfahren. Daraus folgt:

Da der Aufwand für jede Produktion ein Maß für insgesamt aufgewandte Gestaltungsenergie ist, ist bei dem Vorgehen der Produzenten nach dem zweiten Gossenschen Gesetz die geforderte Produktpalette bei insgesamt geringstem Energieaufwand zu erzeugen, wobei der Gesichtspunkt schonenden Umgangs mit unersetzlichen Gütern dem Streben nach weiterer technischer Vervollkommnung innewohnt. Ökonomie und Ökologie sind so zu versöhnen.

Das zweite Gossensche Gesetz kann im Sinne einer solchen Minimierung des Energieaufwandes jedoch nur wirken, wenn der Wettbewerb zur Geltung kommt, wenn also verzerrende künstliche Verknappungen vermieden werden, die durch Monopole, Oligopole, Zentralverwaltungswirtschaften oder durch lediglich ideologisch begründbare Lenkungssteuern, den nahen Verwandten der Zwangsbewirtschaftung und der Planwirtschaft, entstehen. Insbesondere naturwissenschaftlich-technisch-wirtschaftlich nicht zu begründende, allein einer Ideologie entspringende Vorschriften bewirken das Gegenteil des Beabsichtigten. Nach Popper hat der Versuch, den Himmel auf Erden zu errichten, stets die Hölle beschert, in der dann zweifellos Energie verschwendet wird.

1.4   Die 'schöpferische Zerstörung' erfordert ein Energiegesamtsystem

Wenden wir die bisherigen Überlegungen an, um ein Gesamtbild der zukünftigen Energieversorgung unserer Industriegesellschaft zu entwickeln, das zugleich durch Entlastung der Weltenergiemärkte auch eine Hilfe für Schwellenländer oder Länder der Dritten Welt wäre, dann ergibt sich für die 'schöpferische Zerstörung' nach dem Bild Schumpeters die Strategie für ein Energiegesamtsystem, das nachhaltig die Versorgung sichern und die Lebensfähigkeit des Biotops Erde erhalten kann, weil Gestaltungsenergie zu ihrem Schutz ausreichend verfügbar wird. Die 'schöpferische Zerstörung' Schumpeters muss die Mittel schaffen, die Zerstörung der Schöpfung zu verhindern.

Nach dieser Erkenntnis ist die Hoffnung völlig unverständlich, Wind- oder Solarstrom könnten wesentlich zur Energieversorgung beitragen. Sie werden zwar kostenfrei in der Natur angeboten, aber da sie in geringer Dichte und, weil witterungsabhängig, nicht nachfragegerecht und in der erforderlichen Qualität verfügbar sind, erzwingen sie einen hohen Kapitalaufwand, ein großes Maß an vorab aufgewandter Gestaltungsenergie, beigestellt aus den herkömmlichen Quellen der fossilen Energien oder der Kernenergie, um nachfragegerecht verfügbar zu sein. Zur

Erinnerung: Es kommt doch darauf an, den insgesamt erforderlichen Energieaufwand bei einer Produktion zu vermindern, den vor und den während der Produktion. Da Elektroenergie über das ganze Jahr gebraucht wird, der Wind aber weniger als ein Viertel dieser Zeit hinreichend bläst, ergeben sich für Wärmekraftwerke wegen ihrer höheren Ausnutzung und erfordernisgerechten Nutzungsmöglichkeit geringere Erzeugungskosten je kWh schon bei Einsatz heimischer Kohle und weit mehr bei Importkohle. Die Erzeugungskosten liegen bei Kernkraftwerken etwa in der gleichen Höhe wie beim Einsatz von Importkohle in herkömmlichen Wärmekraftwerken. Die erforderlichen Subventionen bei Windstrom betragen wegen des höheren Aufwandes bei der Errichtung dieser Anlagen und der kostenaufwendigen nachfragegerechten Absicherung der Lieferung durch andere Kraftwerke bei der derzeitigen Einspeisevergütung mehr als das Doppelte der Subventionen für die heimische Steinkohle.

Bei Solarstrom liegen die Verhältnisse gegenüber der Windenergie wegen der wesentlich höheren spezifischen Investitionskosten und der gegenüber Wind noch einmal geringeren jährlichen Nutzungsdauer noch ungleich viel ungünstiger. Solarstrom ist gegenüber Kernenergie oder Strom aus Braun- oder Importkohle in der Erzeugung mindestens zwanzigfach teurer und erfordert dreißigfach höhere Subventionen als heimische Steinkohle, obwohl die Sonne kostenlos scheint, während die Kohle bezahlt werden muss. Generell erspart man bei Wind- und Solarstrom zudem keine Wärmekraftwerke, sie müssen vorgehalten und sogar unwirtschaftlicher im Teillastbereich betrieben werden, um bei Ausfall des Windes oder bei sich bedeckendem Himmel sofort liefern zu können.

Da ist aber auch noch ein anderer Gesichtspunkt. Wind- und Solarstrom verschlechtern sogar die Möglichkeiten, Energie zu sparen und der Umwelt zu nutzen, gegenüber der Möglichkeit, statt ihrer mit gleichem Kapitalaufwand neue Kohlekraftwerke zu bauen. Ausgang dieser Überlegung ist, dass Kapital, vorab aufgewandte Gestaltungsenergie, immer nur einmal ausgegeben werden kann. Da die Entwicklung der Wärmekraftwerke gegenüber den heute noch betriebenen 30 Jahre und älteren Anlagen nicht stehen geblieben ist, würden neue Wärmekraftwerke gegenüber alten heute etwa 20 % weniger Kohle je Kilowattstunde verbrauchen und zudem unabhängig von Wind oder Sonnenschein als gesicherte Leistung nachfragegerecht verfügbar sein.
Auf Windstrom bezogen bedeutet das: Windkraftwerke erbringen gegenüber neuen Kohlekraftwerken, die bei gleichem Kapitalaufwand vorhandene alte Kohlekraftwerke ersetzen, keine Verminderung des Ausstoßes von Kohlendioxid. Die Verminderung dieses Ausstoßes wäre dagegen bei gleichem Kapitalaufwand in neue Kraftwerke auf der Brennstoffbasis Erdgas oder Kernenergie groß.

Solarstrom wird sogar gegenüber gleich großen Investitionen in neue Kohlekraftwerke wegen deren gegenüber alten Anlagen besseren Wirkungsgraden auch noch
eine mindestens fünfzehnfach größere Einsparung an Brennstoff und eine entsprechende Verminderung von Schadstoffen verhindern! Bezogen auf die gleichen Investitionen in ein Kernkraftwerk anstatt in Solarkraftwerke wird sogar durch Photovoltaik etwa das Vierzigfache an Verminderung des Kohlendioxidausstoßes ver-
hindert! Solarstrom ist deshalb nicht als additive Energie, sondern als substraktive
Energie zu bezeichnen. Diese regenerative Energie zehrt sogar unsere Reserven an
fossiler Energie nutzlos und verfrüht auf, ohne der Umwelt zu nutzen. Zudem
würde bei gleichen Investitionen in neue Kraftwerke anstatt in alternative Energien
der Park von Wärmekraftwerken kontinuierlich erneuert und gegenüber neuen
Anlagen im Ausland wettbewerbsfähig bleiben. Ein bei der geforderten Öffnung
der Märkte wichtiger Gesichtspunkt. Diese neuen Kraftwerke sind zudem an den
Standorten vorhandener Anlagen zu errichten, erfordern also keine neuen Standorte, keine neuen aufwändigen Netzeinbindungen. Da zudem die übrige Welt dem
deutschen Weg in das Solarzeitalter nicht folgen, sondern stattdessen weiterhin
wirtschaftlich sehr viel vorteilhaftere Kraftwerke auf der Basis fossiler Energien
oder der Kernenergie errichten wird, gefährdet der Solarstrom in hohem Maß
Wettbewerbsfähigkeit und Arbeitsplätze bei uns. Da der Energieaufwand für die
Produktion von Solarkraftwerken mit den Kosten von 'fossilen' und 'nuklearen'
Energien erbracht wird, wie teuer wären sie zudem, wenn sie mit Strom aus So-
laranlagen erstellt werden müssten? Wie viel aufwändiger werden sie zusätzlich,
wenn eine allgemeine Energiesteuer auf die herkömmlichen Energien ihre Herstellung noch verteuert? Die vorab aufzuwendende Gestaltungsenergie ist bei regenerativen Energien besonders groß, da die gegenüber herkömmlichen Anlagen über-
höhten Erzeugungskosten weit überwiegend aus Kapitalkosten bestehen, und dieses Kapital fehlt dann an anderen Stellen.

Alternative Energien wie Wind- oder Solarstrom bewirken gegenüber mit gleichem
Kapitalaufwand errichteten neuen Wärmekraftwerken das Gegenteil des Beabsichtigten, nämlich Eneregievergeudung und Umweltschädigung.

Energievergeudung heißt aber auch Verminderung von Wettbewerbsfähigkeit und
Verlust von Arbeitsplätzen. Die Behauptung, Wind- und Solarstrom schafften Arbeitsplätze, muss doch wohl auch an der Frage gespiegelt werden, wie viel Arbeitsplätze sie dadurch vernichten, dass das für ihre Einrichtung erforderliche Kapital
fehlgeleitet wird, wichtige Entwicklungen auf dem Energiesektor unterbleiben und
zu hohe Energiepreise die Wettbewerbsfähigkeit schmälern.

Öl und Erdgas decken heute etwa zwei Drittel des Weltenergiemarktes. Die
OPEC-Länder beliefern ihn zurzeit weit unterproportional zu ihren Ressourcen, ihr
Anteil an den Vorräten steigt somit Jahr um Jahr, sodass sie kurz nach der

Jahrhundertwende vermutlich über etwa 90 % der auf der Welt vorhandenen Ölreserven, aber auch über große Erdgasmengen verfügen. Können daraus wirtschaftliche Instabilität bis hin zu Verteilungskriegen entstehen? Wie muss eine Strategie aussehen, bei der rechtzeitig ein Umsteuern zur Entlastung knapper werdender Ressourcen mithilfe wirksamer heutiger Technik in Angriff genommen wird? Außerhalb des Nahen Ostens gibt es in Nordamerika, der früheren Sowjetunion und in Venezuela große Lager an Ölschiefern und Teersanden. Aus ihnen Öl zu gewinnen, erfordert einen hohen vorherigen Energieaufwand. Würde er durch Kernenergie mengenmäßig und umweltfreundlich gedeckt, dann würde gewissermaßen Öl aus Kernenergie gewonnen.

Öl und Erdgas werden zweifellos in den vor uns liegenden Generationen ihre herausragende Bedeutung behalten und das umso mehr, je besser wir darauf vorbereitet sind, sie durch Kohle und Kernenergie abzustützen, je eher wir eine Strategie zur Wirkung bringen, die Öl und Erdgas für die Anwendungszwecke schont, in denen sie sobald nicht zu ersetzen sind.

Dazu sind alle verfügbaren Energien, die fossilen Energien, die Wasserkraft und die Kernenergie in einem sie miteinander verknüpfenden Energiegesamtsystem zu betrachten.

Kohle und Kernenergie haben zusammen und umweltfreundlich Produkte der Synthesegaschemie zu erzeugen. Sie werden aber auch gemeinsam über die Kohlevergasung und die nachfolgende Konversion Wasserstoff in den großen Mengen gewinnen müssen, die für die Düngemittelproduktion und auch sonst in der Chemie erforderlich sind. Wir sollten auch nicht übersehen, dass die Automobilindustrie eine unserer Leitindustrien ist. Das allein rechtfertigt die Ausbildung eines Konzeptes, das den Treibstoffsektor rechtzeitig weniger vom Weltölmarkt abhängig macht, und zwar nicht nur durch die Entwicklung von Fahrzeugen mit geringerem Treibstoffverbrauch und von Elektroautos, sondern auch durch Treibstofferzeugung aus Kohle und Kernenergie, aber auch, indem wir mit Kapital nicht Verkehrsberuhigung betreiben, sondern energiesparende Verkehrserleichterung bewirken.

Die Formel für die Sicherung der Energieversorgung der Industriegesellschaften heißt nach wie vor 'Kohle und Kernenergie', auch damit für die Entwicklungsländer mehr von den mit geringerem Kapital hantierbaren Energien übrig bleibt.

In Nordrhein-Westfalen befand sich noch vor wenigen Jahren eine Bündelung von Wissen und Erfahrung in der Energietechnik, wie sie nirgendwo auf der Welt wiederzufinden ist: Modernste Braun- und Steinkohlebergwerke, fortschrittliche Wärmekraftwerke, langjährige Erfahrung in der Kohlechemie auch zur Gas-, Treibstoff- und Düngemittelerzeugung, einschlägige Forschungseinrichtungen mit internationalem Ansehen u.v.m. Hier gab es die Standorte des Brutreaktors und des Hochtemperaturreaktors, wobei Letzterer das Potenzial birgt, Hochtemperaturwärme für die schadstoffärmere und wirtschaftlichere Veredelung der Kohle und darüber hinaus in der Chemie und Stahlindustrie zu liefern. Diese Bündelung von Anwendungstechnik wurde durch die zugehörigen Lieferindustrien, vom Anlagenbau bis zur Herstellung von Turbinen und Dampferzeugern flankiert. Durch dieses technische Potenzial könnten sich die Öl- und Erdgasvorräte sinnvoll strecken und zugleich die aus den vorhandenen Ressourcen **zwangsläufige Rückkehr der Kohle als weltweiter Primärenergieträger Nr. 1** in der ersten Hälfte des 21. Jahrhunderts vorbereiten lassen.

Wir hören heute oftmals Klagen über die zu teure deutsche Kohle und ihre unzulässige weitere Subvention. Der Begriff der Subvention scheint mir bei ihr jedoch im Gegensatz zu den überzogenen Subventionen bei Wind- und Solarstrom nicht berechtigt. Wenn Kohle in wenigen Jahrzehnten weltweit wieder eine herausragende Rolle spielen wird, dann gilt es angesichts der Tatsache, dass der Weltkohlemarkt größenordnungsmäßig ein Zehntel des Weltölmarktes beträgt, festzustellen, welche Rolle die deutsche Kohle zukünftig wieder spielen muss, welche der getätigten Investitionen zu schützen sind, welches Verhältnis von heimischer Kohle zu Kohleimporten eingestellt werden soll und welche Forschungen und welche Entwicklungen weiter zu betreiben sind.

Die Stromerzeugung wäre im übrigen weitgehend auch ohne fossile Energien, wie die Kohle, durch die Kernenergie zu sichern, wie es beispielsweise bei unserem zukünftigen Mitbewerber auf dem europäischen Strommarkt, Frankreich, geschieht. Aber aus Kohle kann man schließlich weit mehr machen als nur Strom. Es geht um die Weiterentwicklung des beschriebenen großen Aufgabenbereichs, der der Kohle zukünftig wieder zufallen wird. Wenn heimische Kohle heute in der Stromerzeugung eingesetzt wird, dann in erster Linie, um ihr mit einer sinnvollen Verwendung solange ersatzweise einen Markt zu bieten, bis sie für eine ganz andere Produktpalette wieder gebraucht wird. Es gilt also für die heimische Steinkohle festzustellen, wo die Grenze liegt zwischen unzumutbaren Subventionen und notwendigen Zukunftsinvestitionen.

Deutschland war zudem in der Vergangenheit einer der herausragenden Exporteure von Wärmekraft- und Stromverteilungsanlagen, von Lieferungen in einen Markt, dessen weltweites jährliches Volumen 200 Milliarden Mark weit übersteigen dürfte. Tausende von hochwertigen Arbeitsplätzen stehen auf dem Spiel, wenn wir unseren Vorsprung in der Technik von Wärmekraftwerken verlieren, weil bei uns entsprechende Investitionen blockiert werden und unsere Kraftwerke überaltern. Garzweiler ist in diesem Zusammenhang nicht allein zu erwähnen.

Diese Erläuterungen ließen sich in Bezug auf das Thema der Heizwärmeversorgung fortsetzen. Eine Betrachtung über Koppelproduktionen wäre angebracht, wollen wir Energie sparen und zugleich die Umwelt schützen. Warum verbrennen wir wertvolles Öl und Erdgas zu Heizzwecken und rezyklieren Kunststoffe, um minderwertige Produkte zu erzeugen, anstatt sie nach ihrer Nutzung zu verbrennen und aus dem im Wärmemarkt so gesparten Öl und Erdgas wertvolle neue Kunststoffe herzustellen?

Warum sammeln wir Altpapier und lassen die Forstwirtschaft wegen des unverkäuflichen Schwachholzes Not leiden werden, anstatt dieses Holz zur Papiererzeugung einzusetzen und danach als Altpapier in der Müllverbrennung als regenerative Energie zu nutzen?

Warum leisten wir uns das Teuerste und energetisch wie umweltverträglich nutzlose Müllsammelsystem, anstatt den Müll zu verbrennen und damit energetisch zu nutzen? Wir sprechen von Kreislaufwirtschaft und drücken damit wohl unbewusst aus, dass wir damit die Umkehrung des Wirtschaftskreislaufs meinen, ohne wahr haben zu wollen, dass nach dem zweiten Hauptsatz der Thermodynamik jede Umkehr eines Prozesses Gestaltungsenergie und damit Energie erfordert; je gründlicher rezykliert wird, desto mehr.

Warum sehen wir in der Kraft-Wärme-Kopplung mit der kapitalaufwendigen Fernwärmeverteilung allein und nicht in ihrer sinnvollen Verbindung mit der elektrisch betriebenen Wärmepumpe den förderungswürdigen Ansatz, Energie zu sparen und umweltfreundlich zu handeln, nutzt die Wärmepumpe doch Umweltwärme und ist wegen der vorhandenen Stromnetze überall einsetzbar, auch dort, wo Fernwärme wegen zu geringer Abnahmedichte nicht sinnvoll zum Tragen kommen kann.

Es ist innerhalb eines solchen Aufsatzes nicht Raum genug, alle Ungereimtheiten aufzuzählen, die im Gegensatz zu dem mit ihnen postulierten Anspruch nicht nutzen, sondern schaden. Auch dadurch schaden, dass wir auf dem Energiesektor durch zusätzliche Steuern und andere Einschränkungen wie endlose Genehmigungsverfahren, überzogene Einspeisevergütungen usw. dauerhaft ein Hochpreisland werden, so wie wir es jetzt schon zum Leidwesen der Arbeitslosen auf dem Lohnsektor sind?

In Deutschland scheint die Diskussion der Energiefrage in ganz besonderem Maße auf dem Kopf zu stehen, mit hohen Selbstverpflichtungen zum Umweltschutz und Hoffnungen auf die Wirksamkeit alternativer Energien bei gleichzeitiger Ablehnung der Kernenergie. Gelingt es uns nicht, diese Diskussion wieder auf die Füße zu stellen, dann werden wir das nicht nur mit Nachteilen für unsere Volkswirtschaft und unseren Arbeitsmarkt und mit Einbußen bei unseren Hilfsmöglichkeiten für andere bezahlen müssen, sondern mitverantwortlich werden, dass das Ziel des rechtzeitigen Umsteuerns und damit die Nachhaltigkeit weltweit nicht erreicht wird. Wir werden aber auch mitschuldig werden daran, dass wir ein hohes technologisches Potenzial nicht weitergepflegt und vergrößert haben, sondern einer Utopie nachgelaufen sind und damit den nachfolgenden Generationen die Zukunft in einer nachhaltig intakten Umwelt verbaut haben.

Literatur

Knizia, K.:   Schöpferische Zerstörung = zerstörte Schöpfung? – Die Industriegesellschaft und die Diskussion der Energiefrage. 2. Auflage, 447 S., Sept. 1997, Verlag VGB-Kraftwerkstechnik, Klinkestraße, 45136 Essen.

Knizia, K.:   Kreativität, Energie und Entropie – Gedanken gegen den Zeitgeist. 1992, 360 S., Econ-Verlag GmbH, Düsseldorf, Wien, New York und Moskau.

Knizia; K.:   Das Gesetz des Geschehens - Gedanken zur Energiefrage. 4. Auflage, 1986, 232 S., Econ-Verlag Düsseldorf, Wien.

2 Erwartungen aus der Liberalisierung des Strommarktes

Martin Weisheimer

Im Energiebereich kommt es vergleichsweise selten zu tief greifenden und umfangreichen Veränderungen. In den letzten Jahrzehnten zählt namentlich die industrielle Nutzung der Kernenergie (für die Strom- und Wärmeerzeugung) dazu.

Nun – am Ende des alten und zu Beginn des neuen Jahrtausends – vollzieht sich weltweit eine Umkehr energiewirtschaftlicher Rahmenbedingungen. Der im angelsächsischen Raum bereits seit 1990 eingeleitete Prozess der Liberalisierung erstreckt sich nunmehr auf Europa insgesamt, nachdem Nordamerika (mit den USA und Kanada), Australien und mehrere Staaten Südamerikas (wie Argentinien und Chile) bereits deutliche Liberalisierungsfortschritte erreichen konnten.[1]

Im Mittelpunkt des gegenwärtigen Interesses steht die Europäische Union und hier insbesondere Deutschland mit seiner zentralen geografischen Lage und dem größten europäischen Strommarkt mit seiner vollständigen Öffnung. Auf die Liberalisierung (der Strom- und Gasmärkte) orientieren sich darüber hinaus aber auch die Staaten in Europa, die noch nicht zur EU gehören.

- Dass sich beispielsweise Polen und die Tschechische Republik bereits seit Jahren mit den Erfordernissen, Aufgaben und Lösungen der Liberalisierung befassen, versteht sich, da sie als EU-Beitrittskandidaten gelten.

- Dass sich andere Staaten, wie beispielsweise die Schweiz ähnlich engagieren, scheint sowohl in der bisherigen engen Zusammenarbeit (im länderübergreifenden Stromtransport und -austausch) als auch in der fortschreitenden Internationalisierung der Energieversorgungsunternehmen – einem Teilaspekt der Liberalisierung – begründet zu sein.

Die Liberalisierung in der Europäischen Union geht von den beiden EU-Richtlinien für den Elektrizitäts- und Erdgas-Binnenmarkt aus.[2] Die Umsetzung in nationales Recht erfolgt anschließend innerhalb von zwei Jahren. Die Bundesrepublik

---

[1] Vgl. für einen internationalen Überblick aus der stattlichen Literatur insbesondere Utility Regulation 1997, hrsg. von I. Lewington: Privatisation International Ltd., London 1997.

[2] Vgl. EU-Richtlinie 96/92, betreffend gemeinsame Vorschriften für den Elektrizitäts-Binnenmarkt, in: Amtsblatt der Europäischen Gemeinschaften, Nr. L 27/20 vom 30.01.1997 sowie EU-Richtline 98/30, betreffend gemeinsame Vorschriften für den Erdgas-Binnenmarkt, in: Amtsblatt der Europäischen Gemeinschaften, Nr. L 204 vom 21.07.1998.

Deutschland hat mit dem neuen Energiewirtschaftsgesetz vom April 1998 diese Aufgabe erfüllt.[3]

Somit ist der deutsche Strommarkt, über den im Folgenden die Rede sein wird, ab diesem Zeitpunkt zum Objekt der Liberalisierung geworden. Im Gegensatz zu anderen Staaten, die ihren Strommarkt nur schrittweise öffnen, stellt sich Deutschland grundsätzlich ab sofort 100%ig der Liberalisierung. Es erreicht de jure damit eine Spitzenposition in der EU, da bis jetzt nur Großbritannien und Skandinavien die Privatkunden in den Prozess einbeziehen. In Frankreich kann beispielsweise diese Kundengruppe voraussichtlich erst ab 2009 vom Wettbewerb profitieren.

Allen deutschen Kunden wird das Recht eingeräumt, sich einen beliebigen Stromlieferanten auszuwählen und dabei die Strompreise sowie Lieferbedingungen auf dem Markt frei auszuhandeln. Umgekehrt können sich im Prinzip alle Anbieter von Strom – bisherige EVU, Importeure, neue Stromhändler, Broker etc. – über die Grenzen bisheriger Versorgungsgebiete (Demarkationslinien) hinweg engagieren. Der Angebots- und Nachfragemarkt ist vollständig geöffnet. Die Vertrags- und Preisbeziehungen werden sich im brancheninternen und branchenübergreifenden Wettbewerb herausbilden. Neue wettbewerbsfähige Strukturen können entstehen.

Dass es dabei vorübergehende Einschränkungen im Wirkungsbereich gibt, beispielsweise wegen der Braunkohleschutzklausel in Ostdeutschland, ändert nichts am Wesen des Liberalisierungsprozesses: Er überwindet die seit mehr als 60 Jahren etablierte Monopolversorgung. Er führt dazu, dass nichts so bleibt, wie es bisher war. Er initiiert, dass zur Jahrtausendwende die gesamte deutsche Elektrizitätswirtschaft und die mit ihr verbundenen Partner eine „Revolution" durchmachen.[4]

2.1   Erwartungen im Überblick

Die Erwartungen dessen, was die Liberalisierung des deutschen Strommarktes bringt, sind vielschichtig, komplex und nachhaltig. Zu den hohen Erwartungen trägt bei, dass sowohl praktische Erfahrungen von Ländern mit bereits weitgehend geöffneten Strommärkten (wie Großbritannien, Norwegen, Schweden und USA) als auch seit Anfang 1998 selbst erlebte Erfahrungen aus der Liberalisierung des

---

[3] Vgl. Gesetz zur Neuregelung des Energiewirtschaftsrechts vom 24.04.1998, in: Bundesgesetzblatt Teil I Nr. 23/1998.

[4] Über einzelne Reformen wurde bereits früher heftig und fortwährend diskutiert, vgl. Gröner, H.: Die Ordnung der deutschen Elektrizitätswirtschaft, Baden-Baden: Nomos-Verlagsgesellschaft 1975, 409 ff.

deutschen Telekommunikationsmarktes vorliegen. Hinzu kommt, dass im letzten Jahrzehnt zunehmend die bestehenden Defizite in der monopolisierten Elektrizitätswirtschaft erkannt wurden, beispielsweise hinsichtlich der aufgebauten Überkapazitäten, der Entwicklungdiskrepanz von Preisniveau und Nachfragevolumen sowie der Konservierung obsoleter Strukturen zulasten von Innovationen. Des weiteren ist zu berücksichtigen, dass schon im ersten Jahr der Marktöffnung die Stellung und das Verhalten von Anbietern und Nachfragern in Deutschland spürbar in Wandlung begriffen sind:

– Aus zu versorgenden Stromverbrauchern werden durchgängig mehr oder minder interessante Kunden, auf deren differenzierte Wünsche möglichst individuell, flexibel und preisgünstig eingegangen wird.

– Etablierte Energieversorgungsunternehmen, vielfach durch eine vertikale Integration ihrer Geschäftssparten Erzeugung, Transport, Verteilung und Verkauf charakterisiert, unterliegen nach erfolgter buchhalterischer Trennung (unbundling) sowohl im Erzeugungs- als auch im Verkaufssektor dem entstehenden Wettbewerb. Neue Akteure, wie ausländische Lieferanten, Stromhändler und die bisherigen überregionalen, regionalen und kommunalen EVU werben um ursprünglich eigene „Stammkunden", zunehmend mit aggressiveren Konkurrenzangeboten (vgl. Bild 2.1).

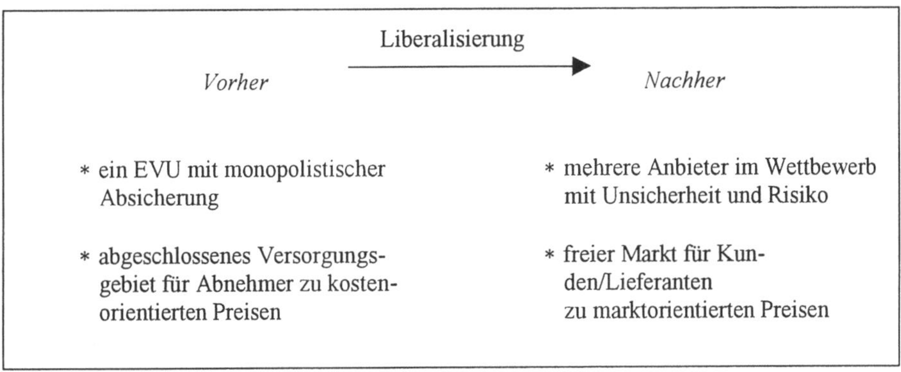

Bild 2.1: Merkmale des Wettbewerbs

Naturgemäß hängen die Erwartungen davon ab, von welcher Gruppe der Akteure und Betroffenen sie ausgehen. Hauptsächlich kommen in Betracht:

* öffentliche und nichtöffentliche Stromlieferanten,
* Haushalts-, Industrie- und sonstige Kunden,
* Brennstoff- und Anlagen-Zulieferer,
* Finanzierungs- und Regulierungsinstitutionen sowie
* weitere Beteiligte der Wirtschafts- und Umweltentwicklung des Landes.

Dabei beziehen sich die zu erwartenden Effekte auf folgende Schwerpunkte (vgl. Bild 2.2):

Stromversorger mit **internen** *Effekten wie*	*Kunden und Direkt-Zulieferer mit* **externen** *Effekten wie*	*Weitere Betroffene mit* **globalen** *Effekten wie*
– veränderte angepasste Unternehmensphilosophie	– Veränderungen der Preise und anderer Marktbedingungen für Absatz und Beschaffung	– veränderte staatliche Regulierungen
– Veränderungen in Kosten, Gewinnen, Technologie, Beschäftigung, ...	– Veränderung im Service und in der Versorgungssicherheit	– volkswirtschaftliche Wirkungen auf Wachstum, Beschäftigung, Investitionen, ...
– stranded investments	– Impulse für den Strukturwandel in der Brennstoff- und Anlagenindustrie	– Veränderungen für die natürliche Umwelt
– Veränderungen in der Branchen- und Firmenstruktur		

Bild 2.2: Effekte der Liberalisierung

2.2   Erwartungen der Stromanbieter

Die Anbieter von elektrischem Strom hegen natürlich vor allem den Wunsch, vom neu aufzuteilenden Marktpotenzial einen recht großen und einträglichen Anteil zu erhalten. Fest steht, dass das bisherige „Tabu" abgeschotteter Versorgungsgebiete und damit zugesicherter Marktanteile nicht mehr gilt. Prinzipiell steht die gesamte deutsche Stromnachfrage von etwa netto 480 Mrd. kWh/a zur Neuaufteilung an. Um diesen Markt – mit einem Jahresumsatz von ca. 80 Mrd. DM – konkurrieren hauptsächlich die acht großen Verbundunternehmen. Sie decken etwa vier Fünftel der öffentlichen Stromversorgung ab. Sowohl mit den Eigentumsverhältnissen als auch Stromlieferungen determinieren sie die regionalen sowie die meisten kommunalen EVU.

2.2.1   Hohe einträgliche Marktanteile

Zum Lieferantenwechsel werden die Sondervertragskunden – mit einem Anteil von 58 % mengenmäßig und 45 % wertmäßig – mehr Bereitschaft zeigen als die Tarifkunden. Bei letzteren wechselt erfahrungsgemäß nur etwa jeder Fünfte.

Da es auf jeden Verbraucher ankommt, rangiert in den ersten Jahren des Wettbewerbs bei den Unternehmungen die Marktpolitik vor der Bilanzpolitik. Im Interesse der Kundenakquisition werden Abschläge von der (überdurchschnittlich) hohen Gewinnmarge hingenommen.

Ein Markt mit fast 30 % Überkapazitäten, nur noch geringem Wachstum (schätzungsweise unter 1 %/a in Deutschland und gut 1,5 %/a in Europa) und sich verschärfendem brancheninternen Wettbewerb verlangt von den Stromlieferanten allein zur Wahrung der erreichten Marktstellung viel. Dabei reflektiert sich die zunehmende Wettbewerbsintensität nicht nur im weiteren Preisverfall und in der größeren Anzahl von Anbietern, sondern auch in ihrer wachsenden Leistungskraft durch Konzentration/Internationalisierung/Kooperation. Zwangsläufig geht sie mit sinkendem Umsatz – selbst bei konstantem mengenmäßigen Absatz – einher.

In der Regel werden für die meisten Stromlieferanten sowohl der wertmäßige Umsatz als auch der Absatz zurückgehen. Dennoch können sich bei den leistungsstarken zulasten der schwächeren EVU gegenläufige Entwicklungen herausbilden, wie Tabelle 2.1 verdeutlicht.

Tabelle 2.1: Veränderungen von Umsatz, Absatz und Strompreisniveau

Ausgewählte EVU	Umsatz	Absatz	Preisniveau
RWE Energie AG (01.07.98 – 30.06.99)	0,95	1,02	0,93
PreussenElektra AG (1. Halbjahr 1999)	0,95	1,03	0,92
Bayernwerk AG (1. Halbjahr 1999)	1,00	1,05	0,95
EnBW AG (1. Halbjahr 1999)	0,96	1,05	0,91
VEAG AG (1. Halbjahr 1999)	0,95	1,07	0,89

Quelle: Abgeleitet aus Geschäftsberichten der Konzerne

Einerseits kam es zu einer leichten Zunahme der deutschen Gesamtnachfrage. So verkauften die Stromversorger (der VDEW) im 1. Halbjahr 1999 gegenüber dem Vorjahreszeitraum lediglich 0,1 % mehr Strom, insgesamt etwa 229 Mrd. kWh. Andererseits konnten leistungsstarke EVU den Verlust von Stromkunden namentlich durch die Belieferung der (neuen) Stromhändler überkompensieren.

Zugleich zeigen die aus den Geschäftsberichten abgeleiteten Daten, wie sich die durchschnittlichen Strompreise entwickelt haben. Die Absenkung des Preisniveaus kommt bisher nur den Sondervertragskunden zugute. Im gesamten Zeitraum blieb sie moderat. Seit Mai 1999 hat sie sich beschleunigt. Nunmehr, da der Wettbewerb auch die Tarifkunden erreicht, wird der eigentliche Preisverfall einsetzen. Da niedrige Marktpreise nur zum Teil durch Rationalisierungen kompensiert werden können, nach dem gegenwärtigen Kostensenkungsprogramm leistungstarker EVU etwa nur zur Hälfte, sind sinkende Ergebnisse und Renditen unausbleiblich. Künftig ist deshalb nicht davon auszugehen, dass leistungsstarke Versorger weiterhin zweistellige Umsatzrenditen (vor Steuern) erzielen, davon andere Geschäftssparten profitieren lassen und sich vergleichsweise leicht im In- und Ausland diversifizieren können. Der Abbau des Monopolprofits sowie die Annäherung an Wirtschaftlichkeiten und Marktrisiken, wie sie in anderen Wirtschaftsbereichen üblich sind, manifestiert sich als charakteristische Entwicklungslinie.

2.2.2 Verkraftbare Anpassung durch Mix von Unternehmensstrategien

Dem kann und muss mit einem Mix an Strategien zur Unternehmensentwicklung entgegengewirkt werden. Höchste Priorität erlangen folgende Zielstellungen: Befriedigung individueller Kundenbedürfnisse bei intensivem Ausbau der Kundennähe einerseits sowie durchgehende Kommerzialisierung/ Kostenrationalisierung andererseits, wobei strategische Allianzen und Fusionen mit verschiedenen Partnern fester Bestandteil der veränderten Unternehmensphilosophie werden.

- Zum einen zieht das die Hinwendung zum Energiedienstleister nach sich. Rund um die Uhr wird den Kunden ein bedarfsgerechtes Angebot von Leistungen, einschließlich komplexer Beratungs- und Serviceleistungen, offeriert. Damit wird das gleichartige Massenprodukt Elektrizität für den jeweiligen Kunden eines bestimmten Versorgers besonders attraktiv gemacht. Dass die bedarfsorientierte Kundennähe eine flexible Vertrags- und Preisgestaltung einschließt, versteht sich von selbst, denn wie sonst könnte und sollte die Verbesserung des Preis-Leistungs-Verhältnisses zur Stabilisierung und Erhöhung der Erträge beitragen?

- Zum anderen muss die Flexibilisierung der Vertrags- und Preisgestaltung durch eine konsequente Rationalisierung und Kostensenkung der eigenen Tätigkeiten ergänzt werden. Dass die Versorger über relevante Spielräume im Kosten- und Preismanagement verfügen, belegen nicht nur ausländische Erfahrungen, sondern auch Selbsteinschätzungen deutscher EVU. Erfahrungsgemäß schließt das in der Stromsparte einen erheblichen Abbau von Arbeitsplätzen und sogar vorübergehende Reduzierungen im Gehalts- und Lohnniveau (wie jüngst beispielsweise bei HEW Hamburg) ein. Dazu gehört aber auch die Stilllegung teurer Erzeugungskapazitäten und der zunehmende Einkauf billigen Fremdstroms.

Die neue Unternehmensphilosophie hat sich beispielsweise in Großbritannien und Norwegen bereits umfassend herausgebildet. So tritt die Technik gegenüber dem Marketing und dem Handel in den Hintergrund, die verbale "Kundenorientierung" wird zur Selbstverständlichkeit. In Deutschland stellt sich insbesondere die RWE Energie AG (mit ihrem Strategiepapier „Challenge 2010") auf diese Entwicklung ein. Um die privaten und gewerblichen Kunden umfassend zu betreuen, ist ein „RWE-Multi-Utility-Haus" in Gründung.

Weitere praktische Beispiele in Deutschland – von Verbund-, Regional- und Kommunalversorgern – demonstrieren darüber hinaus, was in liberalisierten Märkten noch zum Mix moderner Unternehmensstrategien gehört:

- die Diversifizierung der Geschäfte, möglichst in Richtung nicht regulierter Bereiche, Wachstumsbranchen sowie ausländischer Wachstumsmärkte (emerging markets),

  Beispiele:

  a) Neustrukturierung des zweitgrößten Stromerzeugers, der PreussenElektra AG, Hannover in einzelne Gesellschaften,Gründung der 100%igen Tochter HEW Contract bei der Hamburgischen Electricitätswerke AG (HEW),
  b) Beteiligungen der Mitteldeutschen Energieversorgung AG (MEAG) in Tschechien und Polen

- die innere Öffnung der Unternehmen für Privatisierungen öffentlicher Eigentumsanteile, internationale Kooperationen, Beteiligungen und Fusionen zwecks Beschaffung von Kapital und Know-how,

  Beispiele:

  a) Einbeziehung des amerikanischen Energiekonzerns Southern Energy mit 26 % Anteil an der BEWAG Berlin,
  b) Teilprivatisierung der Stadtwerke Leipzig zu Gunsten der MEAG,
  c) Platzierung der Mannheimer Versorgungs- und Verkehrsbetriebe (MVV) an der Börse

- das gemeinsame internationale Engagement in Drittländern, namentlich als Investor und Betreiber von IPP (independent power producers), Stromhändler sowie als Käufer bei Privatisierungen,

  Beispiele:

  a) Engagement von RWE und PreussenElektra AG in Mittel- und Osteuropa,
  b) Engagement bei der Teilprivatisierung der italienischen und spanischen staatlichen Versorger

2.2.3 Wandel der technischen und organisatorischen Strukturen

Die Intensivierung des Wettbewerbs lässt für die EVU völlig neue Marktrisiken entstehen. Kapitalintensive Investitionen mit längeren Rücklaufzeiten werden möglichst gemieden. Dadurch wird tendenziell die Erzeugung des Stroms am stärksten betroffen. Dagegen erlangen der Stromhandel und die -durchleitung einen hohen Stellenwert. Gerade hierfür entwickelt sich ein modernes Risikomanagement, da die Strompreise an der Börse erfahrungsgemäß der höchsten Volatilität (Schwankungsbreite) unterliegen. Die Ware Strom (mit ihrem Massenkonsum und ihrer hohen Bewertung) avanciert künftig an deutschen, europäischen und internationalen Strom-/Energie-/Warenbörsen zu einem der begehrtesten Handels- und Spekulationsobjekte. Für den Strombörsen-Terminmarkt werden Futures, Optionen und andere Finanzderivate hoch interessant.[5]

Bei neuen Anlagen in der Stromerzeugung wird man sich auf kleinere, flexible und preisgünstige Einheiten orientieren. Dazu gehören insbesondere erdgasgefeuerte Kraft-Wärme-Kopplungen als GuD- sowie BHKW-Anlagen. Ihr Einsatz in Verbrauchernähe (für die Strom-, Wärme- und Kältebereitstellung) sowie in Spitzenzeiten (mit hohen Strompreisen) verspricht – vor allem bei den gegenwärtig und längerfristig relativ niedrigen Erdgaspreisen – erhebliche Vorteile in der Wirtschaftlichkeit, Finanzierung und Umwelt-/Klimabelastung. Außerdem begrenzen sie das Investitions- und Marktrisiko.
Ohne staatliche Förderungen (wie Subventionen, Steuerermäßigungen und andere finanzielle Hilfen) sowie wettbewerbliche Ausnahmeregelungen droht dann immer mehr Großkraftwerken auf Basis von einheimischen Braunkohlen und (künftig nicht weiter subventionierten) Steinkohlen sowie Kernbrennstoffen eine ungenügende Auslastung, wenn sie noch nicht abgeschrieben sind. Das hilft zu erklären, warum einige Stromerzeuger letzten Endes noch nicht für den umfassenden Wettbewerb eintreten. Sie erwarten staatliche Hilfestellungen im freien Markt – wie beispielsweise längerfristig steuerfreie Rückstellungen und 35 „Voll-Lastjahre" der Kernkraftwerke – sowie/oder weiterhin Unternehmensabsprachen zur Marktbeschränkung, wie beispielsweise Durchleitungsverweigerungen und hohe Durchleitungsentgelte.

Diese Erwartungshaltung wird es immer schwerer haben, insbesondere mit der

– weiteren Öffnung der Strommärkte in den anderen EU-Ländern (bei Einhaltung der Reziprozität der gegenseitigen Stromlieferungen),

---

[5] Vgl. Kraus, M.: Zielkonflikte einer deutschen Strombörse, Energiewirtschaftliche Tagesfragen 6/1999, 370-373.

– stärkeren Integration mittel- und osteuropäischer Stromlieferanten (beispielsweise im Rahmen des Liefervertrages der Ukraine/Rußland mit der Bayern-
  werk AG München),

– sich festigenden Konsumentensouveränität der deutschen (privaten und gewerblichen) Stromkunden.

Neben dem Strukturwandel in technischer Hinsicht wird die fortschreitende Liberalisierung zu nachhaltigen Veränderungen der Organisations- sowie Eigentums-
struktur führen. Zunächst, bei der Entwicklung des Wettbewerbs, wächst in
Deutschland sicherlich die Anzahl von Stromanbietern. Ausländische Lieferanten,
inländische Stromhändler, Broker und sonstige Akteure treten hinzu. Dauerhaft
scheinen sich allerdings für die meist kleineren unabhängigen Handelsgesellschaften nur geringe Entwicklungs- und Überlebenschancen zu eröffnen. Die
ehemaligen Versorger werden durchweg eigene Handelsgesellschaften (trading
floors) gründen, die sich dabei auf eigene Stromnetze, eigene Erzeugungskapazitäten und auf viele Stammkunden mit großen Nachfragemengen stützen können.
Der Preiswettbewerb verdrängt letztendlich auf dem mehr oder minder stagnierenden deutschen Markt leistungsschwache Unternehmen.
So ist insbesondere zu erwarten, dass von den etwa 570 kommunalen Stromver-
sorgern der größte Teil (der relativ kleinen) nicht eigenständig bleiben kann. Exi-
stenzbedroht erscheinen in erster Linie jene, die sich ausschließlich mit Strom
bzw. mit Strom/Wärme befassen. Sie machen etwa 6 % der Stadtwerke aus. Die
meisten kommunalen Versorger widmen sich zugleich im Querverbund mehreren
der ergebnisintensiven Geschäfte, wie Strom, Gas, Wasser und Entsorgung. Damit
verfügen sie über ein stärkeres variables Wettbewerbspotenzial. Dennoch ist es
geraten, dass auch diese Unternehmungen ihre Stromnachfrage bündeln und sich
zusammenschließen sowie dem Stromhandel zuwenden.

Aus der Sicht der Energie- und Wirtschaftspolitik wird nicht auszuschließen sein,
dass Stadtwerken auf Grund ihrer spezifischen Funktion Nachteilsausgleiche bzw.
besondere Wettbewerbsbedingungen eingeräumt werden. Immerhin sichern sie in
den Kommunen einen großen Teil an Arbeitsplätzen (z.Z. etwa 150.000), an
Haushaltseinnahmen (z. Z. etwa 6 Mrd. DM aus der Konzessionsabgabe sowie
3 Mrd. DM aus Gewinnabführungen/Quersubventionierungen) und an umwelt-
verträglicher Energiebereitstellung (vor allem durch die Auskopplung von Wärme
bei den erzeugten 160 Mrd. kWh/a).
Nachdem Allianzen und Teilübernahmen im internationalen Rahmen nicht mehr
zu verhindern sind, wie beispielsweise zwischen EDF und EnBW, wollen sich
auch deutsche Verbundunternehmen zusammenschließen, wie beispielsweise die
Stromsparten von VEBA AG und VIAG AG. Wettbewerbsrechtlich steht den
Zusammenschlüssen nichts mehr im Wege, da mit der Marktöffnung auch der
sogenannte relevante Markt vergrößert wird. Letzterer bildet nach der Wettbe-

werbstheorie die Basis für die Beurteilung marktbeherrschender Stellungen. Maßgebend ist also nicht mehr das bisher abgeschottete Versorgungsgebiet, sondern der gesamte geöffnete deutsche und zunehmend der geöffnete sowie integrierte europäische Strommarkt. In Europa beeinflussen solche großen EVU, wie die staatliche EDF mit etwa 455 Mrd. kWh/a oder die weitgehend staatliche italienische ENEL mit 225 Mrd. kWh/a die Maßstäbe der Beurteilung.

Problematisch wird die zunehmende Konzentration, wenn es zu weiteren vertikalen Integrationen kommt. Insbesondere drohen dann Gefahren für den freien Anbietermarkt. Unter weiteren Allianzen und Teilübernahmen dieser Art leidet vor allem die Selbständigkeit regionaler und kommunaler Verkäufer. Bestimmte ausländische Entwicklungen, beispielsweise in Großbritannien, weisen in diese Richtung.[6] In Deutschland ist deshalb eine weitere Behinderung des Wettbewerbs zu befürchten. Infolge der Identität von Netzeigentümer und -betreiber dominieren hier ohnehin – bei den nur buchhalterisch getrennten Stromgeschäftsfeldern – die wirtschaftlichen Interessen des Gesamtunternehmens. Fraglich bleibt in diesem Zusammenhang, ob das Fehlen einer einheitlichen nationalen Netzbetreibergesellschaft – wie in anderen liberalisierten Staaten üblich – nicht selbst bei starker horizontaler Konzentration zur Wettbewerbsverzerrung führen kann. So haben sich beispielsweise die meisten Regionalversorger und damit regionalen Stromnetze in Ostdeutschland – je nach Zugehörigkeit zum westdeutschen Mutterkonzern – zu größeren neuen Marktakteuren zusammengeschlossen. Das betrifft beispielsweise die EDIS Nord, d. h. alle zur PreussenElektra AG Hannover zugehörigen sieben ehemaligen ostdeutschen Regionalversorger. Zweifellos bietet dieser neue Unternehmens- und Netzverbund für die PreussenElektra eine äußerst vorteilhafte Marktstruktur bei der Kundenakquisition, Stromdurchleitung, Abrechnung usw. Werden diese Vorteile des Zusammenschlusses von der Hoch-, Mittel- und Niederspannungsebene aber auch von allen anderen Stromanbietern frei nutzbar sein?

2.3 Erwartungen der Kunden

Die gewerblichen und privaten Stromverbraucher erwarten vom Wettbewerb hauptsächlich, dass sie als Kunden umworben und behandelt werden. Sie wollen auf dem liberalisierten Strommarkt die gleiche Kundensouveränität erlangen wie bei anderen tagtäglichen Bedarfsartikeln.
Das schließt insbesondere ein
- über den Stromlieferanten frei zu entscheiden,

---

[6] Vgl. Lewington, I.; Weisheimer, W.: Nichts bleibt, wie es ist – Auswirkungen der Liberalisierung des Strommarktes, unter Berücksichtigung britischer Erfahrungen, Diskussionspapiere des Instituts für Wirtschaftsforschung Halle, Nr. 69/1998, S. 22 ff.

– ein gleichwertiger Partner in den Vertrags- und Preisverhandlungen zu sein,
– für individuelle Bedürfnisse differenzierte Angebote mit überzeugender Beratung und Betreuung zu erhalten.

Der Kundenservice sollte alle Fragen einbeziehen, die sich aus der Inanspruchnahme notwendiger Energien ergeben, also inklusive Gerätekauf und -wartung, Finanzierung, Versicherung, Verbrauchseinsparung, Tarifauswahl etc.

2.3.1 Niedrige Preise plus Dienstleistung

Wenn die Kunden von den Wettbewerbseffekten profitieren wollen, heißt das, zwar zunächst, aber nicht nur, niedrige Preise am Verbrauchsort zu erzielen. Es kommt insgesamt auf ein günstiges Preis-Leistungs-Verhältnis an. Insofern darf die Liberalisierung nicht beim Preisverfall stehen bleiben. Durchaus sind Kunden bereit, die generelle Absenkung des Preisniveaus durch Preiszuschläge zu ergänzen, wenn individuell differenzierte Leistungen zusätzlich realisiert werden. Allerdings muss das bedarfsgerecht zugeschnittene Preis-Leistungs-Verhältnis transparent und überzeugend sein.

Aus diesem Grund wird erwartet, dass trotz der Verschiedenartigkeit der Kundenwünsche die Vertrags- und Preisgestaltung stark vereinfacht und nachvollziehbar gemacht wird, insbesondere für private Haushalte. Die Werbung um diese Massenkunden zeigt erfahrungsgemäß ohnehin nur Spitzenerfolge, wenn sie beim Preis- und Leistungsangebot eingängig ist. Komplizierte Preisformeln mit getrennten Bestandteilen, beispielsweise für Nettopreise, Stromsteuer, Mehrwertsteuer, Grundgebühr, Verrechnungsgebühr und Durchleitungsentgelt, sprechen kaum an. Brutto-Paket-Preise, möglichst als Lineartarif, für die klassischen Haushaltstypen, werden gefragt sein.

Bei den gewerblichen Kunden nimmt der Wunsch zu, gezielter im Strom-/Energiemanagement und -controlling beraten zu werden. Das trägt dazu bei, Lastprofile mehr zu glätten, die Beschaffungskosten zu optimieren, Nachfragen zu bündeln sowie die neue eigene Marktposition im Vergleich – zum Durchschnitt der jeweiligen Branche sowie der anderen Stromkunden – zu erkennen und auszunutzen.[7]

Hinsichtlich der Preisabsenkungen wird noch kein Ende gesehen. Haben früher bereits die großen Stromverbraucher (wie etwa Aluminium-, Stahl-, Zement-,

---

[7] Vgl. Specht, H.: Erfahrungen eines Energieberaters aus der Liberalisierung des Energiemarktes, 3. Ergänzung des Handbuchs ‚Stromeinkauf‘, hrsg. von Richmann, A.; Weisheimer, M., Stuttgart: Raabe 1999.

Glas- und Chemieindustrie) relativ günstige Preise bezahlt, so konnten im ersten Jahr des Wettbewerbs die mittleren Verbraucher (beispielsweise aus dem Maschinenbau und dem Handel) erhebliche Verbesserungen, teilweise bis zu 30 %, erreichen. In dem nun eingeleiteten Preiskampf um die Tarifkunden sind zunächst ähnliche Preisreduzierungen (bis zu 30 %) denkbar.

Auf Grund inzwischen gesunkener Erzeugungskosten, noch nicht erschlossener Kostensenkungspotenziale bei der Durchleitung und Verteilung, größer werdender Preisdisparität bei vorhandenen Überkapazitäten sowie harter Konkurrenz werden weitere Preisnachlässe für gewerbliche und private Kunden vorausgesehen. Während in den letzten sieben Jahren die Erzeugungkosten in Deutschland durchschnittlich um 10 % gesunken sind, werden in den nächsten Jahren die Raten durch verstärkte Rationalisierungen spürbar ansteigen.

Eine deutliche Veränderung der Kosten- und Preisstruktur wird die Folge sein. Während bisher die Verkaufspreise im Haushaltssektor (beim Durchschnitt von 32,5 Pf/kWh für 3.500 kWh/a) etwa 13 Pfennig für die Erzeugung und 11 Pfennig für die Netzdurchleitung umfassen, könnten die Wettbewerbspreise (beim Durchschnitt von 23,2 Pf/kWh) künftig nachstehende Struktur aufweisen (vgl. Bild 2.3).

Dass in diesem Entwicklungsprozess zwischen den Stromanbietern Preisunterschiede auftreten, auch hinsichtlich der Struktur, versteht sich. So könnten beispielsweise die Beschaffungskosten bei billigem Fremdbezug deutlich sinken. In der ersten Phase des Wettbewerbs werden die Strompreise – in gezielter Ausnutzung der Kostenunterschiede und aggressiver Preispolitik – vermutlich weiter divergieren statt zu konvergieren.

Dennoch ist davon auszugehen, dass der Wettbewerb tendenziell preisausgleichend wirkt. Allerdings wird der Ausgleich auf Grund des Käufermarktes zur weiteren Preissenkung tendieren. Zweifellos werden davon auch die äußerst günstigen „Einheitspreise" von 25,87 Pfennig bei RWE und 25,5 Pfennig bei EnBW (Yellostrom) betroffen.

Erst wenn „ruinöser Wettbewerb" mit der massiven Konzentrationswelle um sich greift, scheint eine Preiskonsolidierung in Sicht. Allerdings können äußere Einflüsse, beispielsweise aus der Ölpreisentwicklung der OPEC-Staaten, die Abwärtsentwicklung vorher bremsen.

Dass sich die Preissenkungen nicht durchweg in niedrige Strombezugskosten umwandeln lassen, wird die Kunden, vor allem privater Art, sicherlich nicht erfreuen.

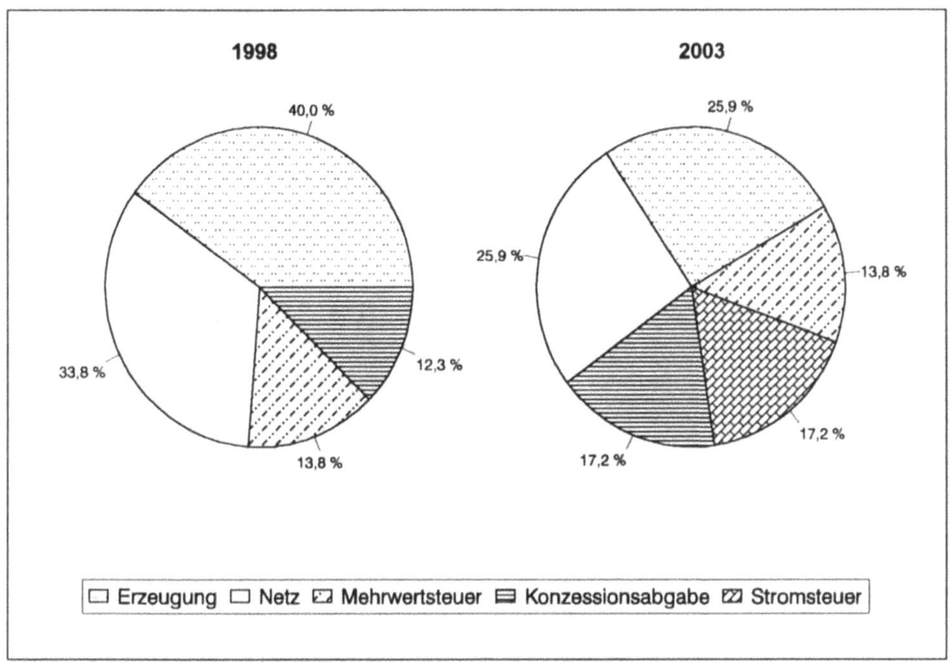

Bild 2.3: Veränderungen in der Preisstruktur, geschätzt anhand von VDEW-Daten

Die zunehmende Stromsteuer (bis zu 4 Pf/kWh im Jahre 2003) sowie ggf. weitere staatliche Abführungen/Umverteilungen (beispielsweise zugunsten regenerativer Energien als Ersatz des Stromeinspeisungsgesetzes) werden das zu verantworten haben. Zugleich könnte durch diese energiepolitischen Maßnahmen nachgefragter Ökostrom über die Marktpreise stimuliert werden und der Preisunterschied zwischen konventionellem sowie bundesweit angebotenem regenerativem Strom von gegenwärtig etwa 8 Pf/kWh weiter schwinden.

2.3.2 Angebote aller Lieferanten

Für die Erwartung der Kunden spielt natürlich eine Rolle, welche Markt- und Wettbewerbsinstrumente zur Anwendung kommen. So sind beispielsweise die Tarifkunden (mit ihrer vergleichsweise geringen und wenig flexiblen Nachfrage) mehr als die Sondervertragskunden auf attraktive Angebote sowie auf eine mehr oder weniger gebündelte Nachfrageaktivität angewiesen.
Alle Lieferanten, sowohl ehemalige Versorger als auch Händler, Broker und Importeure, stehen in der Pflicht. Individuelle Bestrebungen – etwa einzelner Haushalte – bleiben beim Aushandeln besonders günstiger Verträge erfolgsbegrenzt (vgl. Bild 2.4).

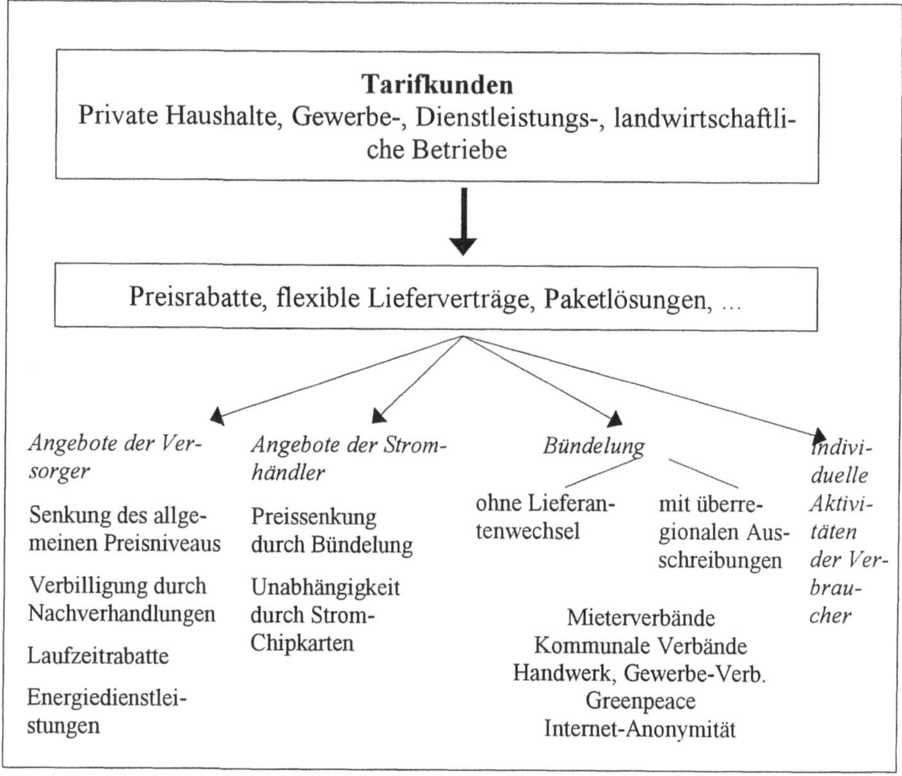

Bild 2.4: Auslöser von Wettbewerbseffekten für Tarifkunden

Interessant ist, dass Versorger nicht nur sehr aggressive und äußerst billige, sondern auch innovative Angebote für private Haushalte bereithalten. Dazu zählt z.B. der Versuch mit Strom-Chipkarten. So installieren die Stadtwerke in Bremen und Hannover Stromzähler mit Chipkartenleser in 800 Testhaushalten. In Auswertung ausländischer Erfahrungen ist vorgesehen, elektronisch gespeicherte Stromguthaben bis zum Ende des Zahlbetrages schrittweise zu verbrauchen. Die Guthaben werden an zentralen Punkten (wie Supermärkten, Tankstellen, Post und Stadtwerken) als Chipkarte zu kaufen sein. Der günstige Einkauf der Chipkarte – je nach Anbieter, Zeitpunkt und Ort – ermöglicht es, individuell die unterschiedlichen Marktbedingungen auszunutzen.

Ob die Nutzung von Strom-Chipkarten in Deutschland ein solches Ausmaß erreichen kann, wie bisher beispielsweise in Großbritannien, bleibt allerdings abzuwarten. In Londoner Bezirken werden bereits bis 80 % des Stromhandels über Chipkarten abgewickelt. Eine praktische Erfahrung aus Großbritannien besteht zugleich darin, dass mit den Vorteilen deutliche Nachteile für die Stromverkäufer und -käufer einher gehen. Das betrifft beispielsweise die Anonymität und die Reduzierung der Kundenbindung auf den reinen Mengenkonsum. Wird also der chiplesende Stromzähler dazu beitragen, beim Lieferantenwechsel das gegenwärtige Problem der fehlenden differenzierten Strommessung und -abrechnung zu überwinden?

Grundsätzlich werden zunächst Hilfsinstrumente (angenommene Lastprofile), dann später ein ausgebautes rechnergestütztes Mess- und Abrechnungssystem erlauben, wechselnde Bestellungen ohne Formalitäten (des Kündigens und Abschließens von Verträgen, der Anschaffung zusätzlicher Messgeräte und der laufenden Verbrauchsablesung) für den Kunden zu realisieren. Unabwendbar bleiben zunächst für die Verrechnung der Unkosten der gelieferten Strommengen pauschale Ansätze zwischen Lieferanten und Netzbetreibern. So müssen bei den gegenwärtig erarbeiteten und dann benutzten analytischen und synthetischen Standard-Lastprofilen verschiedener Kundengruppen durchaus Ungenauigkeiten in Kauf genommen werden.

2.3.3 Erhöhung der Preistransparenz durch Strombörsen

Die Strombörse stellt zweifelsohne eine weitere Innovation für die Kunden dar, insbesondere für die dort direkt handelnden Sondervertragskunden. Aus der Sicht der Stromkunden, die tatsächlich mittels der Börse einen Teil ihres aktuellen Stromeinkaufs billig realisieren wollen, bringt der Kassa- gegenüber dem Terminmarkt erhebliche Vorteile:

* Erstens bieten diese Börsengeschäfte den besten Überblick über die gegenwärtigen Strompreise. Für den Einkauf und Verkauf sind hier die Preise ohne weiteres nachvollziehbar und topaktuell. In Form einer „Versteigerung" bewirkt das höchste Gebot bei entsprechend großer Menge den Tagespreis.

* Wenn der Spotmarkt für Elektrizität funktioniert, werden diese Preise zweitens mit Sicherheit auch für die außerbörslichen Geschäfte, d.h. für den traditionellen bilateralen Stromliefervertrag, die Grundlage der Preisverhandlung bilden. Damit kann die hohe Preistransparenz des Kassamarktes entscheidend zur weiteren Absenkung des Strompreisniveaus bzw. allgemein zur Durchsetzung wettbewerbsfähiger Preise beitragen.

* Drittens lassen sich erfahrungsgemäß die für den Terminmarkt erforderlichen Einschätzungen zur Strompreisentwicklung am besten dadurch begründen, dass sie sich auf die Kassakurse stützen. Preisindizes stellen in der Regel nicht ein solches solides Fundament dar. Sie reflektieren oft nur den Handel zwischen den großen Energieversorgern und nicht den mit der Industrie.

* Viertens ist zu erwarten, dass vom Spotmarkt, der tatsächliche Stromlieferungen impliziert, ein spürbarer Impuls für die weitere Liberalisierung des deutschen Strommarktes ausgeht. Zwangsläufig beschleunigt er die „börsenreife", diskriminierungsfreie, einfache und billige Durchleitung von Fremd- und Handelsstrom. Damit stehen alle Akteure des Strommarktes unter dem Druck, sich für die zügige Überwindung vorhandener Hemmnisse bei der Durchleitung zu engagieren. Die deutschen Netzeigentümer/-betreiber, die zugleich als Stromanbieter und -händler fungieren, sind dabei voll eingeschlossen. Sie müssen letztendlich die Durchleitung der gehandelten Stromverträge sicherstellen, sonst können sie nicht von der Börse profitieren. Zu berücksichtigen ist dabei, dass per se zwischen der Börse (mit ihrer hohen Preistransparenz und Anonymität) und den ökonomischen Interessen der EVU ein Spannungsfeld existiert.

Aus diesen und weiteren Gründen belebt eine Strombörse den Wettbewerb originär dadurch, dass zuerst Kassamarktgeschäfte und danach Termingeschäfte organisiert werden. Dabei versteht sich, dass die freie einfache Netzdurchleitung des zu handelnden Stroms de facto für alle zustande kommen muss. Die Weiterentwicklung von entfernungsabhängigen Durchleitungsentgelten zu entfernungsunabhängigen „Briefmarken" kommt dem zweifellos entgegen.

Künftig werden – namentlich für große Kunden – der direkte und der indirekte (über den Handel vermittelte) Stromeinkauf an Börsen ebenso üblich sein wie die Möglichkeiten – namentlich für mittlere und kleinere Kunden –, tagtäglich über Internet, Fax, Telefon oder Supermarkt billige Strommengen von verschiedenen Anbietern zu ordern. Der Alltag im liberalisierten Markt Skandinaviens, ob Norwegens, Finnlands oder Schwedens, kann als Vorbild dienen.

Dank des elektronischen Börsenhandels (wie Xetra-System) und des transeuropäischen Stromverbundes wird es den Kunden überlassen bleiben, an welcher Strom- bzw. Energiebörse er sich beteiligt. Während Nordpool in Oslo schon seit 1993 arbeitet, hat APX in Amsterdam erst Ende Mai 1999 seine Funktion aufgenommen.
Im nächsten Jahr wird Deutschland hinzutreten, mit dem größten europäischen Strommarkt, mit seiner zentralen geografischen Stellung sowie seinen internationalen Börsenkooperationen. Nach den Erfahrungen wird damit gerechnet, dass bei voller Marktöffnung dem bisherigen bilateral ausgehandelten Stromgeschäft durch die Börse etwa ein Fünftel verlorengeht (vgl. Tabelle 2.2).

* Da in Frankreich, Italien und Spanien der Markt nur schrittweise liberalisiert wird, kann sich dort das nicht geringe Börsenpotenzial erst in Jahren voll entwickeln.

* Erfahrungsgemäß könnten vom deutschen Nettostromverbrauch im längerfristigen Prozess bis zu 20 % an einer Börse gehandelt werden. Das entspricht ca. 90 Mrd. kWh.

* Über Nordpool wurden beispielsweise im Jahr 1998 bereits etwa 56 Mrd. kWh im Spotmarkt und 90 Mrd. kWh im Terminmarkt abgewickelt.

Tabelle 2.2: Börsenpotenziale der größten Strommärkte Europas

	Mrd. kWh/a	gegenwärtige Marktöffnung in %
Deutschland	90	100
Frankreich	70	26
Großbritannien	60	100
Nordeuropa (Finnland, Schweden, Norwegen, Dänemark)	60	100 (Dänemark 90)
Italien	50	30
Spanien	30	30
Polen	20	–

Quelle: Eigene Abschätzung anhand von VDEW-Daten.

Grundsätzlich sei angemerkt, dass es streng genommen bei der Elektrizität wegen der mangelnden Speicherkapazität keinen eigentlichen Spotmarkt geben kann. Wenn dennoch in der Literatur und Praxis davon die Rede ist, beispielsweise in Norwegen und England/Wales, dann deshalb und legitim, weil es sich um sehr kurzfristige, in der Regel tägliche (day-ahead-market) Termingeschäfte handelt. Stündliche (hour-ahead-market) Geschäftsabwicklungen, wie etwa in Finnland und Kalifornien, bleiben vermutlich nur Ausnahmen.
Keine weite Verbreitung wird darüber hinaus dem Echtzeithandel via Internet eingeräumt, wie ihn beispielsweise die finnische Strombörse EL-EX organisiert.

Die Vertragsrealisierung ist allgemein also nicht sofort, sondern am nächsten Tag. Selbst diese Reaktionszeit verlangt beim Strom zusätzliche nicht unerhebliche Aufwendungen, insbesondere den Ausgleichsmarkt (vgl. Bild 2.5):

2.4 Weitere Erwartungen der Gesellschaft

Da die Liberalisierung in der Stromversorgung nichts lässt, wie es ist, beeinflussen die direkten Veränderungen im Angebot-Nachfrage-Verhältnis weitaus größere Kreise als nur die Lieferanten und Verbraucher von Strom. Davon betroffen sind weiterhin beispielsweise der Energiesektor insgesamt, Brennstoff- und Investgüterzulieferer, Finanzierungseinrichtungen, Ausbildungs- und Weiterbildungseinrichtungen sowie die die Energiepolitik begleitenden Wirtschafts- und Verwaltungseinheiten.

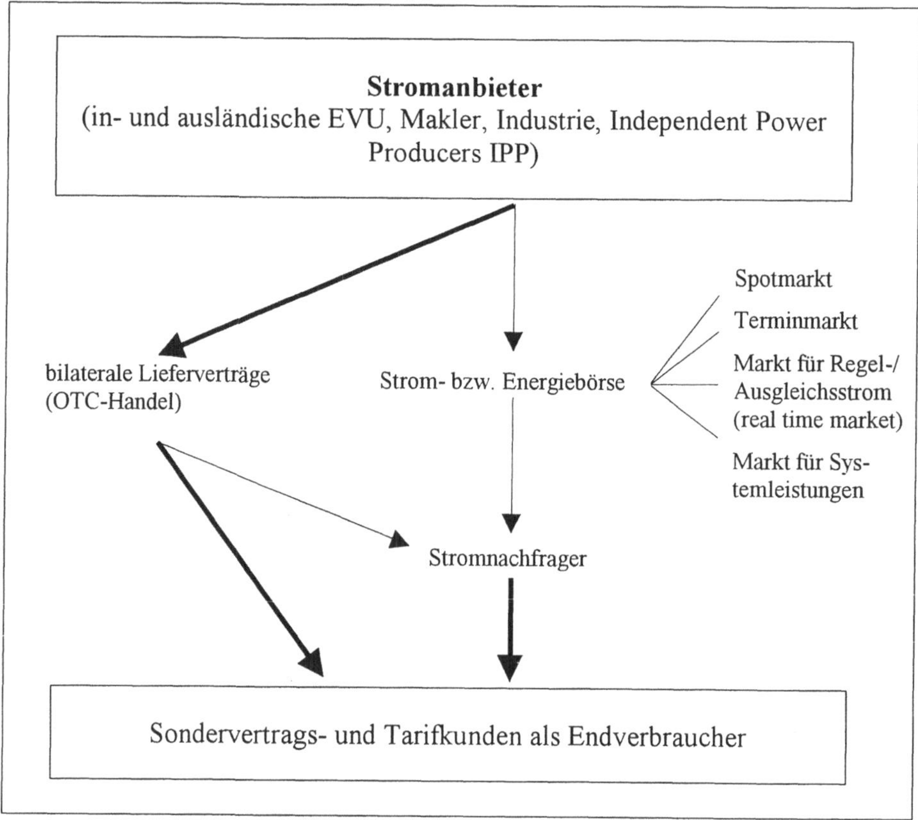

Bild 2.5: Verflechtungen der Strombörse

2.4.1 Zum Spektrum der Erwartungen

Bei den genannten Akteuren löst die Öffnung des Strommarktes beispielsweise folgende Erwartungen aus:

* Da erdgasgefeuerte Anlagen der neu geforderten Flexibilität und Wirtschaft-lichkeit besonders entsprechen, werden sie weiter expandieren. Damit verdrän-gen sie tendenziell in den Kraftwerken andere Brennstoffe, vor allem deutsche Braun- und Steinkohle.

* Wettbewerbspreise für Strom drängen zugleich beim Kuppelprodukt Wärme darauf, die Kostenverteilung zwischen Strom und Wärme sowie die Preisfindung für die Wärme neu zu durchdenken. Die ohnehin problembehaftete Wirtschaftlichkeit von Fernwärme gerät zunehmend unter Kostendruck, und die industrielle Abwärme in Fernwärmenetzen könnte davon profitieren.

* Billige Strompreise bringen die gesamte Einsatzstruktur der Energieträger – beispielsweise im Wärmemarkt für Niedrigenergie-Häuser und für den Wärmepumpeneinsatz – in Bewegung. In Folge dessen werden sich Neubewertungen alternativer Energieversorgungssysteme herausbilden.

* Strom aus regenerativen Quellen sowie Energieeinsparungen (beim Strom und mithilfe von Strom) behaupten sich bei verbilligter konventioneller Elektrizität tendenziell schwerer. Marktkonforme Unterstützungen sollten erarbeitet werden.

* Strompreise, die im Markt unter Druck geraten, verschärfen bei Zulieferern zwangsläufig die Wettbewerbsintensität. Sowohl Brennstoff- als auch Anlagenpreise und -qualitäten konkurrieren immer stärker miteinander. Darüber hinaus wird die Nachfrage für bestimmte Ausrüstungen (beispielsweise von Grundlastkraftwerken) spürbar abflauen, für andere (von kleineren flexibleren Einheiten) ansteigen. Es ist davon auszugehen, dass sich aus den künftigen Mess- und Abrechnungssystemen sowie aus den künftigen Formen der Betreibung sowie Instandhaltung von Produktionskapazitäten und Netzen neue Zulieferer- und Serviceanforderungen ergeben.

* Da nun energiewirtschaftliche Entscheidungen unter Unsicherheiten und engeren Wirtschaftlichkeitsgrenzen fallen, werden neue Finanzierungsstrukturen und –modelle erforderlich. Die Zusammenarbeit mit Finanzierungsinstituten, der Einsatz begrenzter Eigenmittel sowie die erzielbare Verzinsung unterliegen dann den gleichen Regeln und Maßstäben, wie sie für die Industrie schon jahrelang als normal gelten. Banken und andere Geld-/Finanzinstitute werden sich an den neuen Stromhandelsgesellschaften besonders stark beteiligen.

* Dass sich die Aus- und Weiterbildung für das Top- und Geschäftsmanagement im Stromsektor zunehmend auf die Rationalisierung/Kostensenkung, die Marktanalyse/Kundenpflege/Vertriebspartnerschaft, die Privatisierung/internationale Zusammenarbeit sowie auf das Börsenwesen/Risikoinstrumentarium orientiert, scheint einleuchtend. Dass darüber hinaus auch bei allen Mitarbeitern, selbst von ingenieurtechnisch eingesetzten Fachkräften, zunehmend die ökonomische, juristische, wettbewerbsrechtliche und finanztechnische Sicht der Aufgaben verlangt wird, lässt sich aus internationalen Erfahrungen ebenso ableiten.

* Von den Betroffenen in den Wirtschafts- und Verwaltungseinheiten des Bundes und der Länder wird namentlich erwartet, dass sie die energiepolitischen Rahmenbedingungen für einen möglichst vollständigen effizienten Wettbewerb sichern und die Entwicklung der Prozesse kritisch begleiten. Das hilft, ökonomisch und ökologisch nicht vertretbaren Zuspitzungen vorzubeugen.

Diese Gefahren könnten beispielsweise von
– Dumping-Preisen und ruinösem Wettbewerb,
– Liefer-Unzuverlässigkeiten und anderen Qualitätseinbußen,
– marktbeherrschenden Stellungen und wettbewerbsgefährdenden Konzentrationen sowie von
– dauerhaften Umweltverschlechterungen und Benachteiligung regenerativer Energien
ausgehen.

* In diesem Zusammenhang kann es durchaus notwendig und nützlich sein, auch in Deutschland einer gezielten Re-Regulierung vorübergehend mehr Platz einzuräumen. Insbesondere wird – bis zur vollen Entfaltung des freien Wettbewerbs – an eine verordnete Stromdurchleitung gedacht, so, wie es in anderen europäischen Staaten üblich ist. Wenn allen Stromanbietern der diskriminierungsfreie Netzzugang weiterhin erst nach langen Verhandlungen/Verzögerungen bzw. zivilrechtlichen Streitigkeiten praktisch zur Verfügung steht, wird eine Durchleitungsverordnung erwartet.

* Zu diesem Problemkreis gehört weiterhin die Frage, was künftig aus der gegenwärtigen Tarifpreisaufsicht in den Bundesländern wird. Wenn der Stromverkauf dem Wettbewerbsmarkt unterliegt, auch für alle Tarifkunden, benötigen letztere keinen besonderen Schutz mehr. Erforderlich wäre lediglich ein Kontrollorgan für jene Geschäfte, die nach wie vor monopolistisch organisiert sind. Das heißt, es wird eine öffentliche Kontrolle der Netzdurchleitungsentgelte (ihrer Höhe, Struktur und Entwicklung) erwartet.

Auf Grund der komplexen Verbundenheit der Stromnetze kann allerdings hierzu nur eine bundeseinheitliche Betrachtung und nur eine Bundesbehörde in der Lage sein. So scheint die Erwartung legitim, für die nicht einfachen technischen, ökonomischen und juristischen Probleme der Netzbetreibung sowie ihrer weiteren Entwicklung im transeuropäischen Rahmen ein spezifisch geschultes und technisch versiertes Aufsichtsorgan einzusetzen. Warum sollte ein solches Team, das sich zugleich strittigen Durchleitungsfragen und der Entgeltkontrolle annimmt, nicht aus den vorhandenen Kräften der Preisaufsichten, der Preisreferenten und der Kartellämter der Länder entwickelt werden? Die Landeskartellämter und das Bundeskartellamt sind wegen des Fehlens technischer Fachleute für diese Aufgaben allein überfordert.

2.4.2 Zum Abbau der systemwidrigen Schutzklausel für Ostdeutschland

Nach dem Energiewirtschaftsgesetz vom April 1998 sind die ostdeutschen Bundesländer jahrelang vom umfassenden Stromwettbewerb ausgeschlossen. Im Interesse einer „ausreichend hohen" Verstromung ostdeutscher Braunkohle wird dem Verbundunternehmen VEAG eingeräumt, von der generellen Durchleitungsverweigerung in den neuen Bundesländern besonders Gebrauch zu machen. Im Schutz ihres abgeschotteten Versorgungsgebietes kann die VEAG ihre bisherige Abschreibungs- und Bilanzpolitik so fortsetzen, wie es unter Wettbewerbsbedingungen nicht möglich wäre. Die mobilisierenden Entwicklungsimpulse der Angebots- und Preiskonkurrenz des Marktes kommen nicht zustande.

Die ohnehin schon um etwa 10 % höheren ostdeutschen Industriestrompreise und Tarife für Privatkunden überschreiten damit weiterhin – nach dem Gesetz bis mindestens Ende 2003, wenn nicht bis Ende 2005 – das vergleichbare Preisniveau in Westdeutschland. Davon bleibt unberührt, wenn die VEAG hier und da Preisnachlässe gewährt, da in Westdeutschland und Westeuropa durchgängig ein genereller schneller Preisverfall beim Strom einsetzt.
Darunter leiden sowohl die im nationalen und internationalen Wettbewerb stehenden gewerblichen Stromverbraucher als auch die sich als ungleichberechtigt fühlenden ostdeutschen Privatkunden. Selbst für die VEAG gereicht mittelfristig der Schutz nicht nur zum Vorteil. So kann sie nicht von Anfang an lernen – wie die anderen Stromanbieter –, sich unter Wettbewerbsbedingungen erfolgreich zu behaupten.

Die Aussetzung des Wettbewerbs ist systemwidrig. Sie ist mit marktwirtschaftlichen Prinzipien nicht vereinbar. Zugleich ignoriert sie die langjährigen praktischen Erfahrungen und Entscheidungen ähnlicher Problemlagen in den alten Bundesländern, beispielsweise der letzten 30 Jahre im westdeutschen Steinkohlenbergbau.

Deshalb wird erwartet, dass die arbeitsmarkt- und sozialpolitischen sowie geschäftlichen Interessen bei der Braunkohlegewinung und -verstromung wettbewerbs- bzw. marktkonform gelöst werden. Dazu gibt es mehrere Vorschläge, wie insbesondere der Ausgleichsaufschlag auf die gesamtdeutschen Stromdurchleitungskosten, die Verlustübernahme durch die Hauptgesellschafter der VEAG sowie die Quotenregelung einschließlich handelbarer Zertifikatlösungen.

Die mittlerweile entstandene hohe Dynamik im deutschen Strommarkt lässt ohnehin erkennen, dass sich die Praxis nicht länger mit der Wettbewerbsverhinderung in Ostdeutschland abfindet. Auch das ist ein Ausdruck hoher Erwartungshaltung.

3 Energie, Wirtschaftswachstum und Beschäftigung

Dietmar Lindenberger, Wolfgang Eichhorn und Reiner Kümmel

Das von den Produktionsfaktoren Kapital, Arbeit und Energie getragene Wachstum der Wertschöpfung in unterschiedlich strukturierten Wirtschaftssektoren Deutschlands, Japans und der USA während dreier Dekaden wird ökonometrisch beschrieben. Verbesserungen in der Energieeffizienz der Kapitalstöcke nach der ersten Ölpreisexplosion lassen sich identifizieren, und die beobachteten Wertschöpfungsentwicklungen mit nur kleinen Residuen reproduzieren. Die Produktionselastizitäten von Arbeit bzw. Energie, d. h. – grob gesagt – die prozentualen Änderungen der Wertschöpfung bei einprozentiger Änderung des Arbeits- bzw. Energieeinsatzes, liegen im zeitlichen Mittel deutlich unter bzw. über den jeweiligen Faktorkostenanteilen. Die steuerpolitische Bedeutung dieses Ungleichgewichts, das technischen Fortschritt in Richtung zunehmender Automation und abnehmender Beschäftigung induziert, wird diskutiert.

3.1 Einleitung

Fortdauernde strukturelle Arbeitslosigkeit und zunehmende Staatsverschuldung kennzeichnen die gesamtwirtschaftliche Lage in den meisten westlichen Industrieländern. Darum ist gegenwärtig die erste Priorität der Wirtschaftspolitik die Förderung von Beschäftigung und Wirtschaftswachstum. Das Wirtschaftswachstum ist seit jeher von einer Ausweitung des Energieeinsatzes und zunehmender Effizienz der Energienutzung getragen worden. Energie ist das bewegende Element der Wirtschaft. Folglich ist ein fundiertes Verständnis des Zusammenhangs von Energie, Wirtschaftswachstum und Beschäftigung für die Wirtschaftspolitik von grundlegender Bedeutung.

Die Bedeutung der Energie für Wachstum und Beschäftigung ist unter Ökonomen umstritten. Das zeigt z.B. die Kontroverse um die Interpretation der beiden Energiekrisen in den siebziger Jahren. Im Gefolge der vom Jom-Kippur-Krieg ausgelösten ersten Ölkrise war der Rohölpreis von knapp 10 US \$ pro Barrel im Jahr 1973 auf über 30 \$ im Jahr 1975 gestiegen und erreichte 1981 während des iranisch-irakischen Krieges Werte von über 55 \$ (alle Angaben inflationsbereinigt, Wert 1993). In einer Schockreaktion reduzierten viele Industrienationen den Energieeinsatz drastisch. In Ländern wie den USA, Japan oder Deutschland verliefen der Rückgang von Energieeinsatz und Industrieproduktion während der ersten Ölpreisexplosion nahezu parallel, und in der Folge ergab sich eine weltweite

Rezession. Auch der zweite Ölpreisanstieg hatte nachhaltige Auswirkungen auf die wirtschaftliche Entwicklung, diese wurden jedoch gedämpft durch die Entscheidungen von Unternehmen und Regierungen, in Reaktion auf den ersten Ölpreisanstieg in energieeffizientere Technologien und nichtfossile Energietechniken zu investieren.[1] Während nun z.B. Denison [5] unter Verweis auf den geringen Anteil der Energiekosten an den Faktorgesamtkosten (s.u.) argumentiert, dass Energiepreise und Energieeinsatz keinen entscheidenden Einfluss auf die wirtschaftliche Entwicklung gehabt haben können, kommt Jorgenson zum gegenteiligen Ergebnis [10]: "My overall conclusion is that there was a dramatic impact of energy prices on economic growth during the energy crisis." Auch im Rahmen aktueller Energiesteuer-Diskussionen um eventuelle "Zweite Dividenden" der Steuer,[2] insbesondere in der Form positiver Arbeitsplatzeffekte bei Verwendung des Steueraufkommens zur Arbeitsnebenkostensenkung, werden, jeweils unter Berufung auf entsprechende Modellrechnungen, z. B. [3, 4], sehr unterschiedliche bis gegensätzliche Positionen vertreten.

Während der Entstehungszeit der begrifflichen Grundlagen der Nationalökonomie war Energie als technisch-naturwissenschaftliche Fundamentalgröße noch nicht erkannt. Adam Smith's "Wealth of Nations" erschien 1776, bevor der Energiebegriff von Thomas Young (1773-1829) eingeführt wurde.[3] 1865 wurde das Entropie-Konzept von Rudolf J. E. Clausius eingeführt, und Nicolas Georgescu-Roegen war 1971 einer der ersten, der die Ökonomen auf die grundlegende Bedeutung von Energie und Entropie für die Ökonomie hinwies [7]. Nichts kann auf der Welt geschehen ohne Energieumwandlung und Entropieproduktion. Diese komprimierte Fassung des Ersten und Zweiten Hauptsatzes der Thermodynamik spiegelt die Erfahrung der Patentämter wider, dass es keine Maschine gibt, die Arbeit leistet, ohne Exergie zu verbrauchen. Exergie ist der wertvolle, insbesondere in Arbeit umwandelbare Anteil der Energie. Letztlich endet alle Exergie in nutzloser Anergie, d. h. Wärme auf Umgebungstemperatur. In diesem Sinne sprechen wir von „Energieverbrauch" beim Verbrennen fossiler Energieträger, die praktisch hundert Prozent Exergie darstellen. Die damit verbundene Entropieproduktion besteht in der Emission von Wärme- und Stoffströmen wie CO_2, SO_2, NO_x u.a., die die Zusammensetzung der Biosphäre

---

[1] Leider wurden diese Anstrengungen und die unterstützende Forschung und Entwicklung stark zurückgefahren, nachdem der Ölpreis 1985 auf 20 $ absackte und sich bis 1992 auf etwa diesem Niveau hielt. Danach fiel er weiter auf bis etwa 12 $ Mitte 1998.

[2] Die "Erste Dividende" einer Energie-/Umweltsteuer bezieht sich auf ihre direkte Lenkungswirkung, d. h. auf die durch sie bewirkte Ressourcenschonung bzw. Emissionsminderung und Umweltqualität.

[3] Das Konzept Energie war in den Arbeiten von Nicolas L. S. Carnot (1796-1832) implizit enthalten. Erst Mitte des 19. Jahrhunderts wurde Energie als Erhaltungsgröße erkannt. Pioniere waren der Mediziner Robert Mayer und der Ingenieur James Prescott Joule.

und das Klima beeinflussen. (Die Verbrennung fossiler Energieträger erfolgt gegenwärtig mit einer Rate, die die ihrer Bildung um einen Faktor von rund einer Million übersteigt.) Entropieproduktion ist auf der tiefsten, physikalischen Ebene die Ursache von Umweltproblemen, und Energie (genauer: Exergie) ist ein fundamentaler Produktionsfaktor.

Als die gegenwärtig vorherrschende, neoklassische Wirtschaftstheorie Mitte des 19. Jahrhunderts ihre ersten Schritte machte, hatte man die Frage nach der physischen Entstehung der Wertschöpfung[4] jedoch nicht vorrangig im Blick. Zum einen bestand ein starkes Interesse, die Verteilung des Volkseinkommens zu erklären. Zum anderen interessierte man sich für die Frage nach der 'Effizienz auf Märkten'. Dementsprechend wurde das neoklassische Modell zunächst konzipiert als Modell einer reinen Tauschwirtschaft. Sein wesentliches Verdienst liegt in dem Nachweis, dass (bei rationalem Handeln der Konsumenten und wohldefinierten Präferenzen für die betrachteten Güter) vermöge eines Preissystems (definiert als Austauschverhältnisse zwischen den Gütern) sich durch Tauschhandel auf Märkten ein *Gleichgewicht* einstellt, bei dem alle Konsumenten ihren Nutzen maximieren im folgenden Sinne: Es ist nicht möglich, irgendeinen der Konsumenten besser zu stellen, ohne einen anderen dadurch schlechter zu stellen.[5] Als später in das Modell der Tauschwirtschaft Gleichungen zur Beschreibung von Produktion eingefügt wurden, musste die Frage nach der physischen Entstehung der Wertschöpfung bedingt durch die Modellstruktur untrennbar mit der Frage nach ihrer Verteilung verkoppelt werden: Im neoklassischen Gleichgewicht müssen (bei Gewinn-maximierung) (Grenz-) Produktivitäten und Preise der Produktionsfaktoren (s.u.) übereinstimmen. Das bedeutet, dass die Produktionselastizität eines Faktors, d. h. das Gewicht, mit dem dieser Faktor zur Erzeugung der Wertschöpfung beiträgt, durch seinen Faktorkostenanteil bestimmt wird. Die Faktorkosten sind empirisch wie folgt verteilt: Auf die Arbeit entfallen in entwickelten Volkswirtschaften typischerweise etwa 70, auf das Kapital rund 25 und auf die Energie nur etwa 5 Prozent der Faktorkosten. Dementsprechend würde bei Vorliegen eines neoklassischen Gleichgewichts die Produktionselastizität der Arbeit etwa 0,70, die des Kapitals 0,25 und die der Energie 0,05 betragen. Mit einer solchen Gewichtung der Produktionsfaktoren kann man allerdings die tatsächlich beobachtete Wirtschaftsentwicklung quantitativ nicht beschreiben. Es bleibt ein großer, unerklärter Rest, den man dem sogenannten "technischen Fortschritt" zuschreibt. R.M. Solow, der Begründer der neoklassischen Wachstumstheorie, räumt ein: "This ... has lead to a criticism of the neoclassical model: it is a theory of growth

---

[4]   Mit "Wertschöpfung" eines Wirtschaftssektors bezeichnen wir im weiteren den Beitrag dieses Sektors zum Bruttoinlandsprodukt.

[5]   Diese auch als Wohlfahrtstheorem bezeichnete Aussage wird gemeinhin als *die* normative Begründung für das System der Marktwirtschaft betrachtet.

that leaves the main factor in economic growth unexplained" [15].

Wirtschaftswachstum und technischer Fortschritt sind seit jeher mit einer Ausweitung des Energieeinsatzes einhergegangen. Der mittlere Energiebedarf pro Kopf und Tag stieg von 2 kWh vor einer Million Jahren beim Sammler ohne Feuerbeherrschung auf 14 kWh als einfacher Ackerbauer vor 7000 Jahren. Keramikbrennen, Metallverarbeitung, Haus- und Schiffsbau etc. steigerten den Energiebedarf weiter. 30 kWh wurden um 1400 n.Chr. in Westeuropa gebraucht. Im 18. und 19. Jahrhundert erschlossen die Wärmekraftmaschinen die gewaltigen Kohlevorkommen Westeuropas, entfachten die industrielle Revolution und stellen heute jedem Einwohner der industrialisierten Länder Energiedienstleistungen zur Verfügung, die rein rechnerisch der schweren körperlichen Arbeit von 10-30 Menschen entsprechen. Insgesamt lag 1990 der westdeutsche Primärenergiebedarf pro Kopf und Tag bei 140 kWh. Technischer Fortschritt wurde und wird offenbar getragen von der Entwicklung immer neuerer Maschinen und Geräte, die Arbeit leisten, Prozesswärme bereitstellen und Information verarbeiten. Sie erzeugen völlig neue Produkte und geben dem Energieeinsatz immer weiteren Raum. Heute schreitet die Automation schnell voran, d. h. Kapital und Energie substituieren die teure menschliche (Routine-) Arbeit, auf die noch immer der Hauptanteil der Faktorkosten entfällt.[6]

Diese Beobachtungen legen die Frage nahe, ob die grundlegende Gleichgewichtsannahme des neoklassischen Produktionsmodells, die mit der Gewichtung der Produktionsfaktoren gemäß den Faktorkostenanteilen verbunden ist, gerechtfertigt ist. Denn dadurch wird die Bedeutung der Energie für das Wirtschaftswachstum praktisch vernachlässigbar und gleichzeitig ein unerklärter "technischer Fortschritt" sehr wichtig. Sollte es nicht möglich sein, die Bedeutung von Kapital, Arbeit und Energie für das Wirtschaftswachstum direkt aus der beobachteten Entwicklung und ihrer mathematischen Beschreibung herauslesen zu können? Die folgende Analyse, deren Grundlagen detaillierter in [11] dargestellt sind, wird zeigen, dass die Gewichte, mit denen die Produktionsfaktoren zum Wachstum der Wertschöpfung beitragen, sich in der Tat allein auf Grund technologisch-empirischer Überlegungen bestimmen lassen. Gleichzeitig lässt sich die beobachtete Wertschöpfungsentwicklung verschieden strukturierter Wirtschaftssektoren Deutschlands, Japans und der USA über drei Dekaden, einschließlich der Energiekrisen 1973-1975 und 1977-1979, in guter Übereinstimmung mit der empirischen Entwicklung reproduzieren. Die Ergebnisse

---

[6] Zwischen 1960 und 1995 investierte die bundesdeutsche Wirtschaft im Mittel etwa so viel in arbeitssparende Rationalisierungsmaßnahmen wie in Kapazitätserweiterung [9].

weisen darauf hin, dass gegenwärtig die Entwicklung industrieller Volkswirtschaften sich ungleichgewichtig vollzieht, mit möglicherweise spürbaren Konsequenzen bzw. Herausforderungen für Beschäftigung und Wirtschaftspolitik.

Wir beginnen mit einer kurzen Charakterisierung der Produktionsfaktoren Kapital, Arbeit und Energie und der Einführung von Produktionsfunktionen zur Beschreibung der Wertschöpfungsentwicklung in Industrie- und Dienstleistungssektoren (Abschnitt 3.2). In Abschnitt 3.3 werden diese Produktionsfunktionen an die Daten beobachteter Wirtchaftsentwicklungen angepasst, und schließlich wird versucht, aus den Ergebnissen Konsequenzen für die aktuelle Steuerdiskussion abzuleiten (Abschnitt 3.4).

3.2   Produktionsfaktoren und Produktionsfunktionen

Wir gehen aus vom Begriff des **Kapitalstocks** einer Volkswirtschaft. Der Kapitalstock besteht aus allen Maschinen und sonstigen Energieumwandlungsanlagen samt allen zu ihrem Betrieb und Schutz benötigten Installationen und Gebäuden. Er ist die materialisierte Manifestation technischer Kreativität. Heute sind seine Schlüsselelemente Wärmekraftmaschinen und Transistoren[7]. Im Zuge des technischen Fortschritts werden sie in zunehmend komplexeren Strukturen vernetzt. Diese Vernetzung ermöglicht das immer weitere Fortschreiten von Automation und die Ausweitung von elektronischer Datenverarbeitung und Kommunikationsmöglichkeiten. Aktiviert und betrieben wird das Kapital durch **Arbeit** und durch **Energie**. In Arbeitsleistung und Informationsverarbeitung wirken Kapital, Arbeit und Energie zusammen in der Erzeugung der **Wertschöpfung**.[8]

Arbeit und Energie werden in Quantitäten L bzw. E von Arbeitsstunden bzw. Petajoule pro Jahr gemessen. Sie werden den jährlichen Arbeitsmarktstatistiken und Energiebilanzen entnommen. Kapitalstöcke und Wertschöpfungen werden von den Volkswirtschaftlichen Gesamtrechnungen in monetären, inflationsbereinigten Größen K bzw. Q ausgewiesen.[9] Gerechnet wird mit normierten, d. h. relativen,

---

[7]   Früher Relais und Röhren.

[8]   Materialien sind die passiven Partner im Produktionsprozess. Bei Knappheit produktionsnotwendiger Materialien sinkt die Kapazitätsauslastung, d. h. bei gegebenem Kapitalstock wird weniger Arbeit und Energie eingesetzt. - Der in Agrarwirtschaften wichtige Produktionsfaktor Boden hat nur noch als Gebäudestandort und Rohstoffquelle eine Bedeutung.

[9]   Idealerweise wäre der Kapitalstock (physisch) zu messen anhand seiner Fähigkeit zu Arbeitsleistung und Informationsverarbeitung bei Vollauslastung durch Energie und Arbeit. Entsprechend kann die Wertschöpfung auf der technischen Ebene definiert und gemessen werden durch die Arbeitsleistung und Informationsverarbeitung, die zu ihrer Erzeugung aufgebracht werden muss. Die detaillierte, quantitative technologische Definition von K und Q

auf die Mengen K_0, L_0, E_0 und Q_0 eines Basisjahres '0' bezogenen Größen $k=K/K_0$, $l=L/L_0$, $e=E/E_0$ und $q=Q/Q_0$. Auf diese Weise wird sichergestellt, dass die quantitativen Ergebnisse im Endeffekt nicht von den jeweils zugrunde liegenden Maßsystemen abhängen.

Zur quantitativen Analyse wird im weiteren das Konzept der **Produktionsfunktion** verwendet: Wir machen die grundlegende Annahme, dass die zeitliche Entwicklung der (normierten) Wertschöpfung q beschrieben werden kann als eine Funktion der (normierten) Inputs von Kapital k, Arbeit l, Energie e und der Zeit t: $q=q[k(t),l(t),e(t);t]$. Die zeitveränderlichen Faktoreinsatzmengen werden durch die (marktbeeinflussten) unternehmerischen Entscheidungen über Kapazitätserweiterung, Automation und Auslastung festgelegt. Im Rahmen der thermodynamischen und technisch-ökonomischen Grenzen sind sie also unabhängige, von außen vorzugebende Variable. Die explizite Zeitabhängigkeit der Produktionsfunktion berücksichtigt den Einfluss der Kreativität, d. h. des spezifisch menschlichen Beitrags zur ökonomischen Entwicklung, der durch keine lernfähige Maschine erbracht werden kann und nicht durch sich ändernde Faktorkombinationen erfassbar ist.[10] Im weiteren werden Produktionsfunktionen berechnet ausgehend von der folgenden Wachstumsgleichung, die die (infinitesimalen) relativen Änderungen des normierten Outputs in Beziehung setzt zu der relativen Änderung der normierten Inputs und dem Kreativitätsterm Cr:

$$\frac{dq}{q} = \alpha \frac{dk}{k} + \beta \frac{dl}{l} + \gamma \frac{de}{e} + Cr \qquad (1)$$

Die Koeffizienten α, β und γ werden in der Ökonomie als **Produktionselastizitäten** bezeichnet. Sie messen die Produktionsmächtigkeit von Kapital, Arbeit und Energie in dem Sinne, dass sie – grob gesprochen – die prozentuale Änderung der Wertschöpfung angeben, wenn sich der jeweilige Input um ein Prozent verändert. Wie auch Cr, beinhalten sie die partiellen Ableitungen von q.[11] Solange die explizite Zeitabhängigkeit der Produktionsfunktion vernachlässigt werden kann, wovon wir in einem ersten Schritt ausgehen, gilt

---

findet sich in [12]. Da die entsprechenden technischen Informationen empirisch jedoch nicht vorliegen, wird für das weitere Proportionalität zwischen technischen und monetären Größen vorausgesetzt. Insofern sind die technischen Einheiten primär von konzeptioneller und weniger von praktischer Bedeutung.

[10] Kreativität äußert sich in Ideen, Erfindungen und Wertentscheidungen; ihr Einfluss mag kurzfristig gering sein – langfristig ist er entscheidend.

[11] Gleichung (1) folgt aus dem totalen Differential der Produktionsfunktion. Die Produktionselastizitäten sind $\alpha(k,l,e) \equiv (k/q)(\partial q/\partial k)$, $\beta(k,l,e) \equiv (l/q)(\partial q/\partial l)$, $\gamma(k,l,e) \equiv (e/q)(\partial q/\partial e)$, und der die explizite Zeitabhängigkeit der Produktionsfunktion bedingende Kreativitätsterm ist $Cr \equiv (t/q)(\partial q/\partial t)(dt/t)$.

$Cr=0$. Die empirische Analyse wird zeigen, dass dies i.d.R. über Zeiträume von rund eineinhalb Dekaden gerechtfertigt ist.

Wie einleitend angesprochen, wäre ausgehend von Gleichung (1) ein neoklassisches Gleichgewicht dadurch charakterisiert, dass die Produktionselastizitäten von Kapital, Arbeit und Energie gleich den jeweiligen Faktorkostenanteilen sind. Der Faktorkostenanteil der Energie liegt zurzeit in den USA, Japan und Deutschland bei etwa 5 Prozent. Also müsste nach der neoklassischen Theorie die Produktionselastizität der Energie etwa $0,05$ sein. Wir wollen im Folgenden anders vorgehen und die Produktionselastizitäten technologisch-empirisch bestimmen. Das mag zugleich als Test des neoklassischen Konzepts dienen.

Aus der Forderung, dass die Produktionsfunktion zweimal stetig differenzierbar sein soll, d. h. insbesondere dass ihre gemischten zweiten Ableitungen nach den Faktoren gleich sein sollen, folgt ein System partieller Differentialgleichungen für die Produktionselastizitäten α, β und γ. Es muss gelten: $k(\partial\beta/\partial k)=l(\partial\alpha/\partial l)$, $k(\partial\gamma/\partial k)=e(\partial\alpha/\partial e)$ und $l(\partial\gamma/\partial l)=e(\partial\beta/\partial e)$. Unter der Annahme konstanter Skalenerträge, d. h. $\alpha+\beta+\gamma=1$, [12] lässt sich im System der drei Gleichungen eine der Produktionselastizitäten eliminieren. Eliminiert man z.B. γ, so erhält man eine erste Gleichung für α: $k(\partial\alpha/\partial k)+l(\partial\alpha/\partial l)+e(\partial\alpha/\partial e)=0$, eine zweite Gleichung für β mit genau derselben Struktur, und eine dritte, α und β koppelnde Gleichung: $l(\partial\alpha/\partial l)=k(\partial\beta/\partial k)$. Die allgemeinsten Lösungen der ersten beiden Gleichungen sind gegeben durch $\alpha=f(l/k, e/k)$ und $\beta=g(l/k, e/k)$ mit beliebigen, differenzierbaren Funktion f und g. – Die Randbedingungen, die die Lösung dieses Differentialgleichungssystems *eindeutig* determinieren, erfordern die Kenntnis der Werte einer der Produktionselastizitäten (PE) auf einer Fläche und die Werte einer anderen PE auf einer Kurve im k,l,e-Faktorraum [11a]. Die entsprechenden technisch-ökonomischen Informationen sind jedoch praktisch nicht ermittelbar. Deshalb müssen die unbekannten Randbedingungen, die die "wahren" PE und damit die "wahre" Produktionsfunktion festlegen, durch technologisch sinnvolle asymptotische Randbedingungen und entsprechende Ansätze für die PE approximiert werden. [13]

---

[12] Dies ist eine technologisch naheliegende Annahme: bei Verdopplung (allgemeiner: Ver-x-fachung) aller Inputs verdoppelt (ver-x-facht) sich auch der Output.

[13] Die einfachste Lösung des Differentialgleichungssystems, konstante Produktionselastizitäten α_0, β_0, $\gamma_0=1-\alpha_0-\beta_0$, führt auf die energieabhängige Cobb Douglas-Produktionsfunktion

$$q_{CDE} = q_0 k^{\alpha_0} l^{\beta_0} e^{1-\alpha_0-\beta_0}.$$

Die im weiteren diskutierten Produktionsfunktionen lassen sich formal in die Klasse der sogenannten VES- (Variable Elasticies of Substitution-) Funktionen einreihen.

Industrielle Produktion

Besonders einfache nicht-konstante Lösungen des Systems von Diffential-
gleichungen für die Produktionselastizitäten mit technologisch sinnvollen
Randbedingungen für industrielle Produktionssysteme sind gegeben durch
$\alpha=a_0(l+e)/k$, $\beta=a_0(c_t l/e-l/k)$, $\gamma=1-\alpha-\beta$ mit Parametern a_0 und c_t. Der Ansatz für α
berücksichtigt in einfacher Weise, dass ganz ohne Arbeit und Energie, d. h. bei
verschwindender Kapazitätsauslastung, Kapitalstockwachstum nicht zum Outputwachstum beiträgt. Die additive Verknüpfung von l/k und e/k in α trägt der
(Langfrist-) Substituierbarkeit von Arbeit/Kapital-Kombinationen durch
Energie/Kapital-Kombinationen im Zuge des mit wachsender Automation
verbundenen technischen Fortschritts Rechnung. Der Ansatz für β berücksichtigt
in einfachst möglicher Weise die prinzipielle Erreichbarkeit des Zustandes der
Vollautomation im Industriebereich. Bei Vollauslastung und Vollautomation, d. h.
mit $e=e_t$ und $k=k_t$ (*t-t*otal automation) und praktisch verschwindendem
Arbeitseinsatz, trägt das Wachstum des Arbeitseinsatzes nicht mehr zum
Outputwachstum bei. Es gilt: $\beta\rightarrow 0$ für $e\rightarrow e_t$ und $k\rightarrow k_t$ $(c_t\equiv e_t/k_t)$. Setzt man diese
Ansätze für α und β (mit $\gamma=1-\alpha-\beta$, s.o.) in die Wachstumsgleichung (1) ein, setzt
weiter den Kreativitätsterm $Cr=0$ und integriert, so erhält man die (erste) LINEX-
Produktionsfunktion: [14]

$$q_{L1} = q_0 \cdot e \cdot \exp\left[a_0\left(2 - \frac{l+e}{k}\right) + a_0 c_t\left(\frac{l}{e} - 1\right)\right] \qquad (2)$$

die *lin*ear von der Energie und *ex*ponentiell von den Quotienten aus Kapital, Arbeit
und Energie abhängt. Ihre drei empirisch zu bestimmenden Parameter haben die
folgende technologische Bedeutung: a_0 gibt das Gewicht an, mit dem die
Arbeit/Kapital- und Energie/Kapital-Kombinationen zur Produktionsmächtigkeit
des Kapitals beitragen, c_t zeigt den Energiebedarf $e_t=c_t k_t(q)$ des vollausgelasteten
und vollautomatisierten Kapitalstocks $k_t(q)$ an (der erforderlich wäre, um einen
gegebenen Output q vollautomatisch zu produzieren) und ein sich änderndes q_0
zeigt Änderungen in der monetären Bewertung des Warenkorbes an, der im
Basisjahr die Outputeinheit Q_0 definiert. Wenn Kreativität wirkt, d. h. wenn die
explizite Zeitabhängigkeit der Produktionsfunktion nicht mehr vernachlässigbar ist,
dann ändern sich a_0, c_t und q_0.

Produktion im Dienstleistungssektor

Naturgemäß hängt die Wertschöpfung im Dienstleistungsbereich stärker als im

---

[14] Verfeinerte Ansätze für die Produktionselastizitäten und entsprechende "höhere" LINEX-
Produktionsfunktionen führen nicht zu wesentlich anderen Ergebnissen [11c, 13].

Industriebereich vom Einsatz der menschlichen Arbeit ab. Kurzfristig kann im Dienstleistungsbereich das Arbeitsvolumen als eine Proxy-Variable der Kapazitätsauslastung betrachtet werden. Dennoch kann sich auch im Dienstleistungsbereich im Zuge des technischen Fortschritts der Automationsgrad erhöhen, wenn dem damit verbundenen Substitutionsprozess von Arbeit/Kapital- durch Energie/Kapital-Kombinationen auch branchenabhängig mehr oder weniger enge und unterschiedliche Grenzen gesetzt sind. Beispielsweise unterscheiden sich die Möglichkeiten der Automatisierung im Bereich der Banken und Versicherungen durch zentrale und dezentrale elektronische Datenverarbeitung von denen im Bereich des Handels durch weitgehend automatisierte Warenlager oder von denen im Bereich der Reinigung durch den Einsatz moderner Reinigungsgeräte bis hin zu -robotern.

Für Deutschland wurden die Auswirkungen neuester Technologien auf die Beschäftigungssituation im Dienstleistungsbereich auch quantitativ untersucht. Thome [16] leitet aus der Gegenüberstellung von Prozessabläufen ohne und mit Einsatz neuester Informationstechnologien potenzielle Arbeitsplatzeffekte ab. Er kommt zu dem Ergebnis, dass das Rationalisierungspotenzial im Dienstleistungsbereich im Vergleich zum Industriebereich noch wenig ausgeschöpft ist: In Deutschland könnten durch den Einsatz moderner Informationstechnik (beim gegenwärtigen technologischen Stand) im Dienstleistungsbereich bis zu 6,7 Millionen Arbeitsplätze wegfallen, wobei sich diese Zahl auf die Arbeitsabläufe von 15,3 der insgesamt 21,7 Millionen in diesem Sektor tätigen Menschen bezieht. Dabei sind im Handel mit 1,7 Millionen 51 %, im Bereich der öffentlichen Verwaltung mit 1,2 Millionen 46 % und im Bereich der Banken mit 470 Tausend 61 % der jeweiligen sektoralen Arbeitsplätze betroffen. Während im Bereich des Handels z.B. die Automatisierung von Kassiervorgängen zu Buche schlügen, könnte im Bereich der Banken eine Vielzahl von Routinevorgängen ohne Beratung, die rund 80 % des Bankgeschäfts ausmachten, weitestgehend automatisiert werden.[15]

Vor diesem Hintergrund ist es nahe liegend davon auszugehen, dass im Dienstleistungssektor prinzipiell ein Zustand *maximaler* Automation erreicht werden kann. Dies wird durch Anwendung des Gesetzes der abnehmenden Ertragszuwächse analytisch gefasst. Es wird davon ausgegangen, dass die Annäherung an den Grenzzustand maximaler Automation im Dienstleistungssektor mit abnehmenden Wertschöpfungszuwächsen durch (zusätzlichen) Energieeinsatz verbunden ist: die Produktionselastizität der Energie nimmt mit steigendem

---

[15] Diese Zahlen lassen es fraglich erscheinen, ob der Dienstleistungssektor die Hoffnungen erfüllen kann, die mit ihm im Hinblick auf die gegenwärtigen Beschäftigungsprobleme (EU-weit) häufig verbunden werden.

Automationsgrad ab, bis sie schließlich, im Grenzzustand maximaler Automation, verschwindet.[16] Es muss also gelten: $\gamma \rightarrow 0$ für $e \rightarrow e_m$ und $k \rightarrow k_m$, wobei e_m und k_m Energieeinsatz und Kapitalstock im Grenzzustand maximaler Automation sind. Ein einfacher entsprechender Ansatz für die Produktionselastizität der Energie ist $\gamma = a_0(c_m - e/k)$ mit $c_m = e_m/k_m$. Er erfüllt die γ und α koppelnde Differentialgleichung, s.o., wobei für die Produktionselastizität des Kapitals weiter der obige Ansatz $\alpha = a_0(1+e)/k$ verwendet wird, der berücksichtigt, dass Kapitalwachstum ganz ohne Arbeit und Energie nicht zum Outputwachstum beiträgt. Setzt man diese Ansätze, zusammen mit $\beta = 1 - \alpha - \gamma$, in die Wachstumsgleichung (1) ein und integriert wiederum mit $Cr = 0$, so erhält man zur Beschreibung des Dienstleistungssektors die Produktionsfunktion:

$$q_{D1} = q_0 \cdot l \cdot \left(\frac{e}{l}\right)^{a_0 c_m} \cdot \exp\left[a_0\left(2 - \frac{l+e}{k}\right)\right] \quad , \qquad (3)$$

die linear vom Arbeitsvolumen und exponentiell von den Quotienten aus Kapital, Arbeit und Energie abhängt. Der Technologieparameter a_0 misst das Gewicht mit dem die l/k- und e/k-Kombinationen zur Produktionsmächtigkeit des Kapitals beitragen, c_m zeigt den Energiebedarf des maximal automatisierten Kapitalstocks an, und q_0 ändert sich mit der monetären Bewertung der Outputeinheit Q_0. Wenn Kreativität wirkt, werden a_0, c_m und q_0 zeitabhängig.

3.3   Theorie und Empirie

Im Folgenden wird die Entwicklung verschieden strukturierter Wirtschaftssektoren Deutschlands, Japans und der USA über drei Dekaden mit Hilfe energieabhängiger Produktionsfunktionen untersucht. Da Energiebilanzen, Arbeitsmarktstatistiken und Volkswirtschaftliche Gesamtrechnungen (VGR) unterschiedlich gegliedert sind, können nur solche Sektoren betrachtet werden, für die sich ein konsistentes Datengerüst für Faktormengen und Wertschöpfung zusammenstellen ließ. Für die USA und Japan werden die Sektoren "Industries" betrachtet, die im Zeitmittel rund 80 % des amerikanischen bzw. 90 % des japanischen Bruttoinlandsprodukts (BIP) erwirtschafteten. Für die (alte) BRD wird zum einen das "Gesamte Warenproduzierende Gewerbe" (GWG) betrachtet, das im Zeitmittel rund 50 % zum BIP beisteuerte. Zum anderen konnte für Deutschland ein konsistenter Datensatz für den Sektor "Marktbestimmte Dienstleistungen" konstruiert werden, der neben Kreditinstituten und Versicherungsunternehmen, dem Handel und den

---

[16] Im Dienstleistungssektor wird die Arbeit als Proxy-Variable des Auslastungsgrades betrachtet (und nicht, wie im Industriesektor, die Energie).

"Übrigen Dienstleistungsunternehmen" der VGR auch das arbeitsintensive Baugewerbe enthält und der im Zeitmittel rund 30 % des BIP erwirtschaftete.

Die Technologieparameter der Produktionsfunktionen werden durch Anpassung an die Zeitreihen der beobachteten sektoralen Wirtschaftsentwicklungen bestimmt.[17] Für die primär industriellen Sektoren wird die Produktionsfunktion q_{Li}, für den betrachteten Dienstleistungssektor die Funktion q_{Di} verwendet. Die Zeitreihen der sektoralen empirischen Faktoreinsatzmengen und der empirischen Wertschöpfungen sowie die theoretischen, mit q_{Li} bzw. q_{Di} berechneten Wertschöpfungen über drei Dekaden sind für die industriellen Sektoren Deutschlands, Japans und der USA in den Bildern 3.1 - 3.3, sowie für den betrachteten deutschen Dienstleistungssektor in Bild 3.4 dargestellt.[18] Die theoretischen Kurven in diesen Abbildungen können als die ersten Näherungen bezüglich des Kreativitätsterms Cr in der Wachstumsgleichung (1) aufgefasst werden, weil in ihnen eine einmalige Veränderung der Technologieparameter q_0, a_0 und c_t, bzw. für den Dienstleistungssektor q_0, a_0 und c_m zwischen 1977 und 1978 zugelassen ist. Das modelliert auf einfache Weise technologische Anpassungsreaktionen nach der ersten Ölpreisexplosion. Die Bilder 3.1 - 3.4 zeigen zweierlei:

1. Die Wirtschaftsentwicklung der betrachteten Systeme wird durch die energieabhängigen Produktionsfunktionen mit in der Regel kleinen Residuen reproduziert. Für das "Gesamte Warenproduzierende Gewerbe" der (alten) BRD mit seinen ausgeprägten Konjunkturschwankungen zeigt Bild 3.1 nur geringfügige Unterschiede zwischen Theorie und Empirie. Im linken oberen Bild des Bildes 3.1 erfolgt die Anpassung der Funktion q_{Li} mit einer Änderung des Parametersatzes zwischen 1977 und 1978. Im rechten obereren Teil des Bildes 3.1 wird in der Produktionsfunktion die Energie um den Elektrizitätsanteil El von e auf $e_{El}=(1+El)e$ aufgewertet und die Anpassung mit lediglich drei Parametern für den gesamten Zeitraum 1960-1989 durchgeführt. Die Aufwertung der eingespeisten Primärenergie durch den Elektrizitätsanteil modelliert den Einfluss des Kreativitätsterms Cr mit quantitativ nahezu gleichen Ergebnissen wie die Parameterneuanpassung. Das ist insofern plausibel, als der Strukturwandel und die Einführung von Techniken der rationellen Energieverwendung mit

---

[17] Dabei handelt es sich um nichtlineare Anpassungen unter der Nebenbedingung nichtnegativer Produktionselastizitäten. **Diese Nebenbedingungen begrenzen die zulässigen Faktorquotienten in den Produktionsfunktionen der Gln. (2) und (3).** Sie tragen auch der Tatsache Rechnung, dass der Energie-Kapital-Substitution (thermodynamische) Grenzen gesetzt sind und dass nicht mehr Energie in die Maschinen und Geräte eingespeist werden kann, als es deren technischer Auslegung entspricht.

[18] Es sind die jeweiligen Jahreswerte eingezeichnet, zwischen denen linear interpoliert wird.

gestiegenem Elektrizitätsbedarf einhergegangen sind. Formal kann man $(1+El)\equiv\varepsilon(t)$ setzen und so die auf dem Kreativitätsterm beruhende explizite Zeitabhängigkeit der Produktionsfunktion modellieren. Diese Alternative zur kurzzeitigen Zeitabhängigkeit des Parametersatzes konnte aus Datengründen nur für den deutschen Industriesektor GWG durchgeführt werden. Verfolgt man die Entwicklung von GWG in den alten Bundesländern bis 1995, siehe Bild 3.5, so steigt die empirische Wertschöpfung zwischen 1989 und 1992 um knapp 10 Prozent über die theoretische und kehrt ab 1994 auf die theoretische Kurve zurück. Bei diesem Überschwinger kann es sich um eine durch die Wiedervereinigung bedingte Höherbewertung von Lagerbeständen handeln, die von der Theorie nicht nachvollzogen wird. Bild 3.5 zeigt darüber hinaus ein einfaches Wachstumsszenario für GWG bis zum Jahr 2020. Das relativ gleichförmige Wachstum der japanischen Industrie wird in Bild 3.2 von der Theorie so gut beschrieben, dass die theoretische von der empirischen Kurve kaum zu unterscheiden ist. Interessant sind die gute Übereinstimmung zwischen theoretischer und empirischer Entwicklung in den USA zwischen 1960 und 1984 und die ab 1985 auftretenden wachsenden Abweichungen, die man erhält, wenn man, wie in Bild 3.3 geschehen, die Technologieparameter ab 1978 so wählt, dass das Muster der empirischen Wertschöpfungs-*Variation* von der theoretischen Kurve nachvollzogen wird. Hier macht sich die Ausweitung des Dienstleistungssektors während der letzten 15 Jahre bemerkbar. Er bedarf zwar der industriellen Basis, kann jedoch von der für industrielle Produktion konzipierten Produktionsfunktion nicht vollständig beschrieben werden. – Für die (alte) BRD gelang die datenmäßige Separation des Sektors "Marktbestimmte Dienstleistungen". Bild 3.4 zeigt, dass sich auch im Dienstleistungsbereich durch Berücksichtigung der Energie als Produktionsfaktor der mit wachsender Automation und EDV-Durchdringung verbundene technische Fortschritt modellieren lässt. Die für den Dienstleistungsbereich konzipierte Produktionsfunktion q_{DI} liefert eine passable Reproduktion der Wertschöpfungsentwicklung in diesem Sektor.[19, 20]

---

[19] Das Absinken des Energieeinsatzes im Dienstleistungssektor nach 1986, s. Bild 3.4, rechts, ist durch die in den Folgejahren wärmer gewordenen Winter und dem damit verbundenen abnehmenden Energieaufwand zur Raumwärmebereitstellung bedingt. Es wäre wünschenswert, diesen produktionstheoretisch "störenden" Effekt, der in den industriellen Produktionssektoren (mit anteilig wesentlich geringerem Energiebedarf zur Raumwärmebereitstellung) vernachlässigbar ist, datenmäßig, z.B. durch geeignete Temperaturbereinigung der jährlichen Energieeinsätze, zu eliminieren.

[20] Die Bestimmtheitsmaße und Durbin Watson Autokorrelationskoeffizienten [R^2 und dw] sind für GWG 1960-1977 [0,991 und 1,23], 1978-1989 [0,782 und 0,96], 1960-1989 (mit

2.   Die erste "Ölpreisexplosion" 1973 bis 1975 führte in den USA und Deutschland zu einem Rückgang und in Japan zu einem Abflachen von Energieeinsatz und Wirtschaftswachstum. Energieeinsatz und Wertschöpfung verlaufen in diesen Jahren nahezu parallel. Die psychologischen Auswirkungen der unerwarteten, politisch bedingten Verteuerung des unverzichtbaren Produktionsfaktors Energie auf die unternehmerischen Investitionsentscheidungen ("Ölpreisschock") sollen hier nicht im Einzelnen diskutiert werden, wichtig, und allen vier betrachteten Systemen gemeinsam, ist jedoch die Reduktion des Energiebedarfs der Kapitalstöcke, angezeigt durch die Verschiebungen der Parameter c_t, bzw. für den Dienstleistungssektor c_m, hin zu kleineren Werten. In allen Systemen geht damit eine Erhöhung der Produktionsmächtigkeit des Kapitals einher, was durch die Verschiebungen von a_0 hin zu höheren Werten zum Ausdruck kommt. In diesen Parameterverschiebungen spiegeln sich die Entscheidungen von Unternehmen und Regierungen wider, nach der ersten Ölpreisexplosion in energieeffizientere Technologien und Strukturwandel hin zu weniger energieintensiven Produkten zu investieren. Die zweite Ölpreisexplosion 1979 bis 1981 hatte dann auch in allen betrachteten Systemen weniger heftige konjunkturelle Reaktionen zur Folge. Die Beschränkung der Zeitabhängigkeit der Technologieparameter auf ein Jahr ist ein einfaches Modell, das die Auswirkungen der Kreativität pulsartig beschreibt. In Wirklichkeit wirkt Kreativität kontinuierlich, aber kurzfristig ist ihr Einfluss kleiner als der der sich ändernden Kombinationen von Kapital, Arbeit und Energie, und kann über mehr als eine Dekade vernachlässigt werden. Selbst ganz ohne Neuanpassung mit konstantem Parametersatz wird die deutsche und die japanische Entwicklung über drei Dekaden mit Residuen kleiner 10 % reproduziert [12, 13].

Fortschrittsmodellierung durch steigenden Elektrizitätseinsatz) [0,994 und 1,11]; für Japan 1965-1977 [0,995 und 1,22], 1978-1992 [0,992 und 1,15]; für die USA 1960-1977 [0,983 und 0,65]; die Anpassung USA 1978-1993 beruht nicht auf Kleinst-Quadrat-Minimierung, s.o.; "Marktbestimmte Dienstleistungen" der (alten) BRD: 1960-1977 [0,989 und 0,89], 1978-1989 [0,871 und 0,46]. Die positiven Autokorrelationen sind Folge der unvermeidbaren Näherungen auf Grund der nur asymptotisch bekannten Randbedingungen für die Produktionselastizitäten [11a] und des nur näherungsweise erfassten Einflusses der Kreativität.

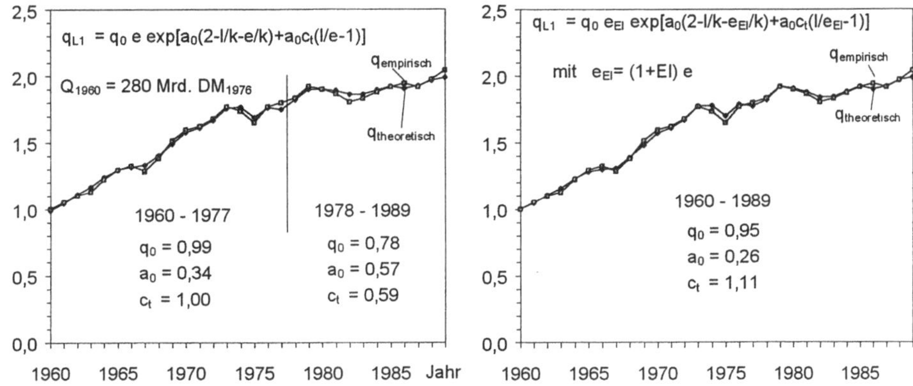

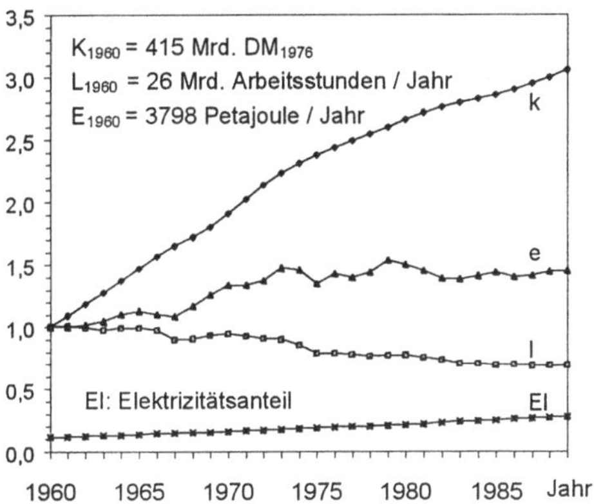

Bild 3.1: Das Wachstum der Wertschöpfung und des Faktoreinsatzes im industriellen Sektor "Warenproduzierendes Gewerbe (GWG) der alten BRD zwischen 1960 und 1989. Im oberen linken und rechten Bild geben die Quadrate den empirischen, die Rauten den mit den angegebenen LINEX-Produktionsfunktionen q_{LI} berechneten theoretischen Verlauf der normierten Wertschöpfung $q=Q/Q_{1960}$ an. Das untere Bild zeigt die empirischen Zeitreihen von $k=K/K_{1960}$, $l=L/L_{1960}$, $e=E/E_{1960}$ und den Elektrizitätsanteil EI am Endenergieverbrauch von GWG. Weitere Erläuterungen im Text.

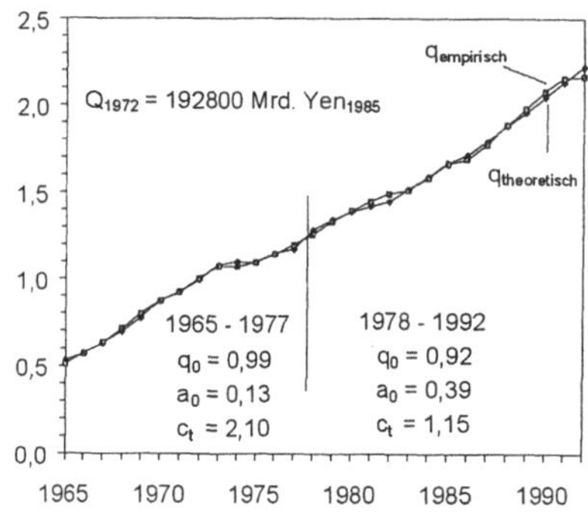

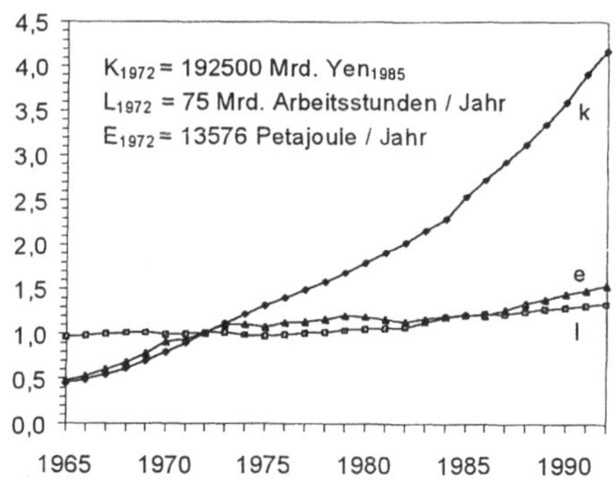

Bild 3.2: Links: Empirisches Wachstum (Quadrate) und mit der Produktionsfunktion q_{LI} berechnetes theoretisches Wachstum (Rauten) der normierten Wertschöpfung $q=Q/Q_{1972}$ des japanischen Sektors "Industries" 1965-1992. Rechts: Empirische Zeitreihen der normierten Faktoreinsätze von Kapital $k=K/K_{1972}$, Arbeit $l=L/L_{1972}$ und Energie $e=E/E_{1972}$.

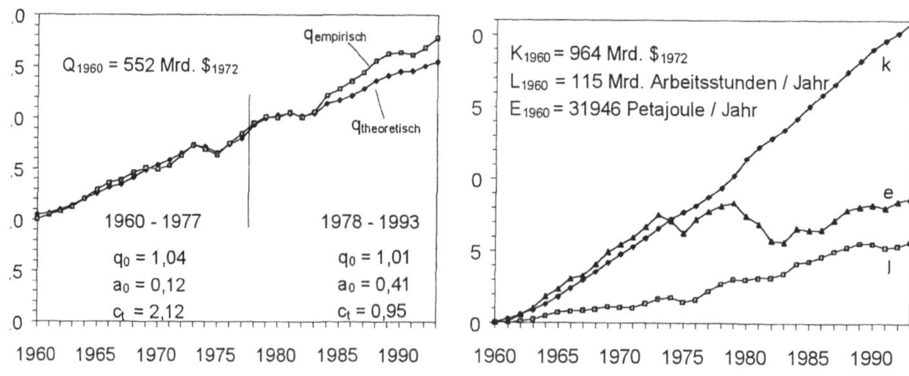

Bild 3.3: Links: Empirisches Wachstum (Quadrate) und mit q_{LI} berechnetes theoretisches Wachstum (Rauten) der normierten Wertschöpfung $q=Q/Q_{1960}$ des amerikanischen Sektors "Industries" 1960-1993. Rechts: Empirische Zeitreihen der normierten Faktoreinsätze von Kapital $k=K/K_{1960}$, Arbeit $l=L/L_{1960}$ und Energie $e=E/E_{1960}$. Weitere Erläuterungen im Text.

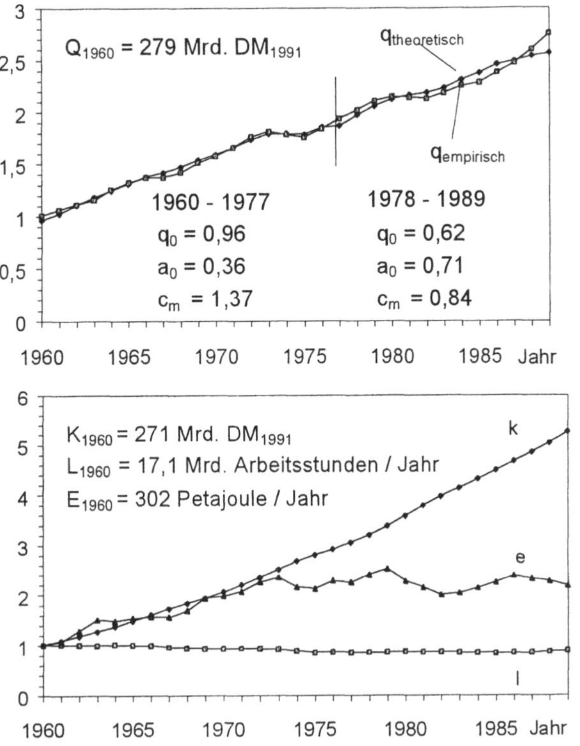

Bild 3.4: Oben: Empirisches Wachstum (Quadrate) und der für den Dienstleistungssektor konzipierten Produktionsfunktion $_{DI}$ berechnetes theoretisches Wachstum (Rauten) der normierten Wertschöpfung $q=Q/Q_{1960}$ des Sektors "Marktbestimmte Dienstleistungen" der (alten) BRD 1960-1989. Unten: Empirische Zeitreihen der normierten Faktoreinsätze von Kapital $k=K/K_{1960}$, Arbeit $l=L/L_{1960}$ und (End-) Energie $e=E/E_{1960}$.

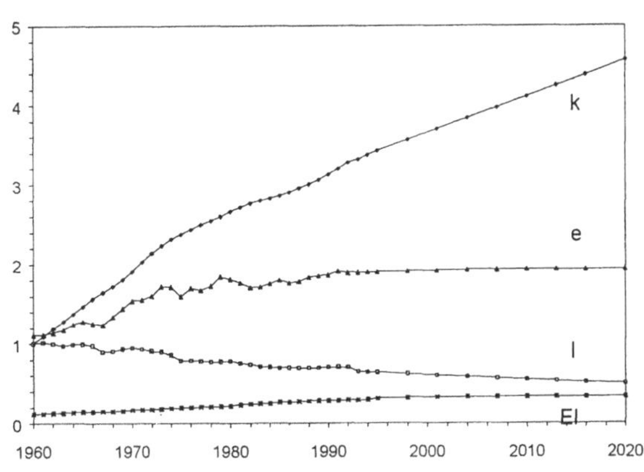

Bild 3.5: Wachstumsszenario für das deutsche Warenproduzierende Gewerbe (GWG) bis zum Jahr 2020. Es wird angenommen, dass der technische Fortschritt in Zukunft so wirkt, wie er für die Vergangenheit durch die Produktionsfunktion q_{LI} in Bild 3.1, rechts oben, modelliert ist. El ist der Anteil der Elektrizität an der gesamten im GWG eingesetzten Endenergie. Die

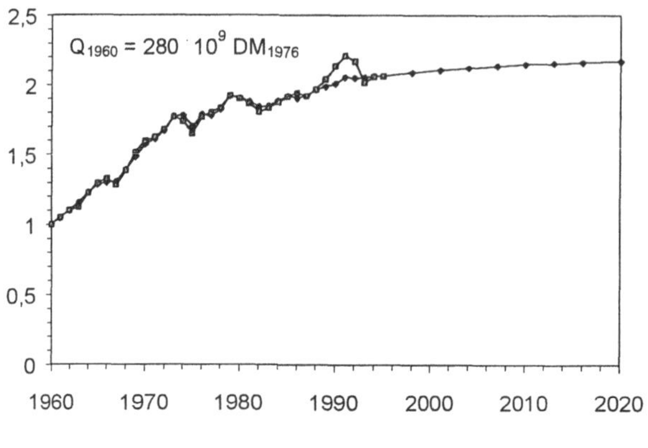

Zeitentwicklung von Primärenergie- und Elektrizitätseinsatz ist gemäß der Studie Prognos 1996 [14] modelliert (Primärenergie bleibt etwa konstant auf dem Niveau von 1989, und Elektrizität steigt sich abflachend noch etwas weiter an), und für Kapital und Arbeit werden einfache Trendverlängerungen angenommen. Ins Auge fällt der im Text, oben, angesprochene Überschwinger in der Zeit nach der Wiedervereinigung sowie das Modellergebnis eines sich abflachenden Wirtschaftswachstums des (west)deutschen industriellen Sektors GWG zwischen 1989 und 2020, das insgesamt knapp 10 %, also durchschnittlich nur etwa 0,3 % pro Jahr, beträgt.

Bemerkenswert ist, dass in den betrachteten Sektoren und Zeiträumen die Wertschöpfung stark gestiegen ist, obwohl in ihnen die empirische Entwicklung des Faktors Arbeit höchst unterschiedlich verlaufen ist: Im Sektor "Industries" der USA wächst das Arbeitsvolumen, im japanischen Sektor "Industries" und auch im betrachteten deutschen Dienstleistungssektor bleibt es nahezu konstant, und im deutschen Warenproduzierenden Gewerbe fällt es. Offensichtlich sind insbesondere in den industriellen Sektoren Wachstum und Konjunkturschwankungen stärker mit Kapitalwachstum und Energieeinsatz korreliert als mit der menschlichen Routinearbeit. Quantitativ bestätigen dies die im folgenden berechneten Produktionselastizitäten.

Produktionsmächtigkeiten von Energie und Arbeit

Die zu den Anpassungen gehörenden faktorabhängigen Produktionselastizitäten (PE) von Kapital, Arbeit und Energie in den betrachteten Wirtschaftssektoren Deutschlands, Japans und den USA werden für jedes Jahr berechnet, indem die Werte der in den Bildern 3.1 - 3.4 dargestellten Faktoreinsatzmengen $k(t)$, $l(t)$ und $e(t)$ in die entsprechenden Gleichungen für die PE eingesetzt und die jeweils bis bzw. nach 1977 geltenden Technologieparameter q_0, a_0 und c_l bzw. c_m verwendet werden. Mittelt man die so erhaltenen PE über die Beobachtungszeiträume von rund 3 Dekaden, so erhält man die in Tabelle 3.1 angegebenen Mittelwerte.

Die Größenordnungen der in Tabelle 3.1 ausgewiesenen zeitlichen Mittelwerte der Produktionselastizitäten erweisen sich als unabhängig von der verwendeten funktionalen Form der Produktionsfunktion. So ergeben sich bei Verwendung der energieabhängigen Cobb-Douglas-Funktion (für dieselben Schätzzeiträume wie oben) für die PE von Kapital, $\bar{\alpha}$, Arbeit, $\bar{\beta}$, und Energie, $\bar{\gamma}$, die folgenden Mittelwerte:"Warenproduzierendes Gewerbe": 0,45; 0,03; 0,53. "Japanese Industries": 0,34; 0,29; 0,38."US Industries": 0,49; 0,06; 0,45."Marktbestimmte Dienstleistungen, alte BRD": 0,50; 0,29; 0,21.[21]

Tabelle 3.1: Zeitliche Mittelwerte der Produktionselastizitäten von Kapital, $\bar{\alpha}$, Arbeit, $\bar{\beta}$, und Energie, $\bar{\gamma}$, in den industriellen Sektoren "Industries" der USA und Japans und dem Sektor "Warenproduzierendes Gewerbe" der (alten) BRD, berechnet mit der Produktionsfunktion q_{LI}, sowie des deutschen Sektors "Marktbestimmte Dienstleistungen", berechnet mit q_{DI}.

WIRTSCHAFTSSEKTOR	$\bar{\alpha}$	$\bar{\beta}$	$\bar{\gamma}$
"Warenproduzierendes Gewerbe" (alte BRD)	0,45	0,05	0,50
"Japanese Industries"	0,34	0,21	0,45
"US Industries"	0,36	0,10	0,54
"Marktbest. Dienstleistungen" (alte BRD)	0,54	0,29	0,17

Für alle vier Produktionssysteme ergeben sich für die mittlere PE der Energie, $\bar{\gamma}$, d. h., grob gesprochen, für den mittleren prozentualen Zuwachs der Wertschöpfung bei einprozentigem Zuwachs des Energieeinsatzes, vergleichsweise hohe Werte. Für die industriellen Sektoren ist die PE der Energie mit Werten zwischen 0,38 und 0,55 in allen Fällen größer als die von Kapital oder Arbeit und liegt um rund eine Größenordnung über dem Anteil der Energiekosten an den Faktorgesamtkosten. Auch im betrachteten Dienstleistungssektor beträgt sie mit 0,17 bzw. 0,20 (Produktionsfunktion q_{DI} bzw. Cobb Douglas) mehr als das Fünffache des dort geringen Anteils der Energiekosten an den Faktorgesamtkosten. Dagegen liegt die

---

[21] Weitere Schätzungen, u.a. unter Verwendung der LINEX-Produktionsfunktion q_{L3}, liefern vergleichbare Ergebnisse. Ergänzende Abbildungen und statistische Gütemaße finden sich in [13].

mittlere PE der Arbeit in allen Sektoren wesentlich niedriger als der Anteil der Arbeitskosten an den Faktorgesamtkosten, der sich in den westlichen industrialisierten Volkswirtschaften in der Größenordnung von 70 % bewegt, was etwa dem Anteil des Volkseinkommens entspricht, das auf die unselbständig Beschäftigten entfällt (Lohnquote). Die mittlere PE des Kapitals liegt dagegen etwa in der Größenordnung der Profitquote (eins minus Lohnquote).

Offensichtlich ist die grundlegende Gleichgewichtsannahme des neoklassischen Produktionsmodells, nämlich die Gleichheit von Produktionselastizitäten (PE) und Faktorkostenanteilen, für die betrachteten Wirtschaftssektoren und Zeiträume für die Faktoren Arbeit und Energie nicht erfüllt. Vielmehr liegt eine Ungleichgewichtssituation vor. Das Ungleichgewicht, einerseits charakterisiert durch die Arbeit mit niedriger PE bei hohem Faktorkostenanteil und andererseits durch die Energie mit hoher PE bei niedrigem Faktorkostenanteil, ergibt eine produktionstheoretische Deutung des beobachteten Anstiegs der strukturellen Arbeitslosigkeit in vielen hochindustrialisierten Volkswirtschaften: Im Zuge des technischen Fortschritts und unter dem Druck der Kostenminimierung wird die teure menschliche (Routine-) Arbeit nach und nach ersetzt durch die Kombination von billiger Energie mit Kapital wachsenden Automationsgrades. Die Richtung dieses Substitutionsprozesses ist durch das Ungleichgewicht von Produktionselastizitäten und Faktorkostenanteilen von Arbeit und Energie eindeutig bestimmt. Im zeitlichen Verlauf wird der Substitutionsprozess gebremst durch i) technologische Grenzen des Automationsfortschritts, ii) die Nachfrage nach Produkten, die nicht hochautomatisiert produziert werden können, und iii) bestehende Gesetze und Verträge. Produktionstheoretisch finden die genannten Technologie- und Marktbeschränkungen ihren Ausdruck in den Differenzen zwischen den Wertgrenzprodukten $\partial q/\partial x$ $(x=k,l,e)$, die sich aus den energieabhängigen Produktionsfunktionen ergeben, und den Faktormarktpreisen p_x. Diese (Preis-) Differenzen, die im Falle der Arbeit negativ und im Falle der Energie positiv sind, bilden den Kosten- bzw. Rationalisierungsdruck ab, den die Unternehmer spüren.

3.4   Zusammenfassung und Schlussfolgerungen

In industriellen Volkswirtschaften ist der Produktionsfaktor Energie ein starker Partner der Faktoren Arbeit und Kapital. Dies wird offenkundig, sobald man auf das Gleichgewichtspostulat des neoklassischen Produktionsmodells, das mit der Gleichsetzung der Faktorbeiträge zur Produktion (Produktionselastizitäten) mit den jeweiligen Faktorkostenanteilen verbunden ist, verzichtet und stattdessen die Faktorbeiträge technologisch-empirisch bestimmt. Das liefert für Arbeit bzw. Energie Beiträge zu Produktion und Wachstum, die wesentlich unter bzw. über den jeweiligen Faktorkostenanteilen liegen. Auf diese Weise wird ein Teil des mit wachsender Automation verbundenen und Beschäftigung sparenden technischen Fortschritts erfasst, und es lässt sich das Wachstum der Wertschöpfung in verschieden großen und unterschiedlich strukturierten Wirtschaftssektoren der USA, Japans und Deutschlands während dreier Dekaden praktisch vollständig rekonstruieren. Die zweite Komponente des technischen Fortschritts, die Erfindungen und Innovationsentscheidungen entspringt und eine explizite Zeitabhängigkeit der Produktionsfunktion bedingt, manifestiert sich in einer Veränderung von Technologieparametern der Produktionsfunktion nach der ersten Ölpreisexplosion im Sinne einer Verbesserung der Energieeffizienz des Kapitalstocks. Auch der wachsende Elektrizitätsverbrauch ist in Deutschland für die Modellierung dieser Fortschrittskomponente geeignet.

Auf Grund des bestehenden Ungleichgewichts – Arbeit: geringe Produktionselastizität bei hohem Faktorkostenanteil, Energie: hohe Produktionselastizität bei geringem Kostenanteil – und dem damit verbundenen Rationalisierungsdruck ist es wahrscheinlich, dass der Beschäftigung sparende Automationsfortschritt weiter zur Verschärfung der gegenwärtigen Arbeitsmarktprobleme beitragen wird. Angesichts der angesprochenen immensen Automatisierungspotenziale von einigen Millionen Arbeitsplätzen in Deutschland allein in den traditionellen Dienstleistungssparten Handel, Banken, Versicherungen und öffentliche Verwaltung, ist es zweifelhaft, ob die Zahl neu hinzukommender Arbeitsplätze aus expandierenden oder neu entstehenden Wirtschaftsfeldern ausreichen wird, um die (bei den gegenwärtigen ökonomischen Rahmenbedingungen) erwarteten Beschäftigungsverluste auszugleichen.

Wenn sich der in vielen westlichen Industrieländern beobachtete allmähliche Anstieg der strukturellen Arbeitslosigkeit fortsetzt, kann dies zu verschiedenen Destabilisierungen führen. Denn die Finanzierung sowohl der sozialen Sicherungssysteme als auch der Gemeinschaftsaufgaben des Staates ist gegenwärtig wesentlich an Beschäftigungsverhältnisse gekoppelt. Somit kann der Automationsfortschritt unserem Gemeinwesen buchstäblich die Grundlage entziehen, indem die Bemessungsgrundlage "menschliche Arbeit" für Steuern und Abgaben zunehmend durch energiegetriebenes Kapital substituiert wird. Folglich wäre aus *Stabilitäts*überlegungen heraus erwägenswert, ob die Belastung der Produktionsfaktoren Kapital, Arbeit und Energie mit Steuern und Abgaben in Zukunft nicht stärker an deren Leistungsfähigkeit, ihren Produktionselastizitäten, orientiert werden sollte. In diesem Sinne kann aus ökonomischen Gleichgewichtsgründen eine langsame, langfristig angelegte steuerliche Energiepreiserhöhung bei gleichzeitiger Lohnnebenkostensenkung sinnvoll sein.

Im Ergebnis liefert die Analyse also ein von ökologischen Gesichtspunkten unabhängiges Argument, das den Grundgedanken einer 'Ökologischen Steuerreform' im Sinne einer Verlagerung der Steuer- und Abgabenlast von der menschlichen Arbeit auf Energie unterstützt. Hierzu ist seit Jahren eine kontroverse Diskussion im Gang, die sich exemplarisch durch die folgenden Zitate kennzeichnen lässt:

Anlässlich der Dritten Vertragsstaaten-Konferenz der Klimarahmenkonvention der Vereinten Nationen in Kyoto im Dezember 1997 erklärten über 2000 Nationalökonomen der Vereinigten Staaten: "The United States and other nations can most efficiently implement their climate policies through market mechanisms, such as carbon taxes or the auction of permission permits. The revenues generated from such policies can effectively be used to reduce the deficit or to lower existing taxes" [8]. In ihrem Energiememorandum 1995 empfiehlt die Deutsche Physikalische Gesellschaft: "Die Preise für die Nutzung von Energie müssen im Endeffekt schrittweise und langfristig kalkulierbar erhöht werden, bis die Techniken der rationellen Energieverwendung und die Nutzung der nichtfossilen Energieträger sich am Markt gegen die Kohlenstoff-Verbrennung behaupten können" [6], und das Umweltbundesamt stellt 1997 in diesem Zusammenhang u.a. fest: "Kein Weg kann an höheren Energiepreisen vorbeiführen" [17].
Andererseits werden Energiesteuern auch sehr kritisch gesehen. So schreibt Gerhard Voss vom Institut der Deutschen Wirtschaft: "Die Folgen ökologisch motivierter Energiesteuern lassen sich auf einen beschleunigten wirtschaftlichen Strukturwandel reduzieren, der primär die umwelt- und energieintensiven Wirtschaftszweige unter zusätzlichen Innovations- und Wettbewerbsdruck setzt. Die extreme Konsequenz einer solchen ökologischen Strukturpolitik: Selbst wenn diese Industriezweige energiewirtschaftlich und umwelttechnisch weltweit das Spitzenniveau vorgeben, wird ihnen eine Produktion am Industriestandort Deutschland unmöglich gemacht" [18].

Wenn auch recht zugespitzt formuliert, ist letzteres Argument der Einbuße internationaler Wettbewerbsfähigkeit bei national konzipierter Energiesteuer ernst zu nehmen. Das ökologische Problem, insbesondere das des anthropogenen Treibhauseffekts, ist ein globales und muss letztlich auf globaler Ebene angegangen werden. Ein erster Schritt dazu wäre ein EU-weit einheitliches Vorgehen, etwa der Vorschlag der Europäischen Gemeinschaft vom 25.10.1991, zum 1.1.1993 eine kombinierte Energie-CO_2-Steuer von 3 US$ pro Barrel Rohöl einzuführen, die auf 10 US$ im Jahre 2000 steigen sollte. Dieser von der Deutschen Bundesregierung im Dezember 1991 begrüßte Vorschlag wurde allerdings solange ausgesetzt, bis die USA und Japan gleiches täten.

Die Steuersysteme Dänemarks, Finnlands oder Schwedens, sind bereits stärker an ökologischen Kriterien orientiert ist als das Deutschlands. In Dänemark wurde dem

Problem des Verlusts an internationaler Wettbewerbsfähigkeit energieintensiver Branchen durch die Energiebesteuerung dadurch begegnet, dass man die betroffenen Industrien im Wesentlichen von der Steuer ausgenommen hat. Das ist insofern ein Kompromiss, als damit in diesen wichtigen Industrien sowohl auf die angestrebte Lenkungswirkung der Steuer als auch auf Steueraufkommen verzichtet wird. Somit stellt sich die Frage, wie ein Recycling von Energiesteuern *sektorspezifisch* und unter möglichst weitgehender Aufrechterhaltung der Lenkungswirkung der Steuer so konzipiert werden kann, dass unverzichtbare energieintensive Produktionssektoren nicht verdrängt werden. U.a. mit Blick auf diese Fragestellung wurde ein auf den skizzierten energieabhängigen Produktionsfunktionen beruhendes Optimierungsmodell entwickelt, das gewinnmaximierendes Unternehmerverhalten unterstellt und es erlaubt, für verschieden energie- und arbeitsintensive Wirtschaftssektoren die Auswirkungen sektorspezifischer Verwendungsmöglichkeiten der (sektoralen) Energiesteueraufkommen zu analysieren [13]. Orientierungshilfen dabei bieten die Empfehlungen einer Expertengruppe der UN-Klimarahmenkonvention, die in einer Studie über die Auswirkungen einer kombinierten Energie-CO_2-Steuer u.a. schreiben: "Appropriate recycling of tax revenues to the productive sector would help to reduce the negative effects of the tax on energy-intensive sectors. Investment tax credits or funding for energy efficiency improvements could also be granted to energy intensive sectors. Other options include progressive carbon tax rebates that limit the tax burden but still encourage lower emissions, or tax rebates with the threat of a full payment of the tax if certain agreed emission limits are not met by the company/sector" [2]. Vonseiten der Welthandelsorganisation WTO und der OECD werden gegenwärtig die Möglichkeiten und rechtlichen Voraussetzungen sogenannter 'border tax adjustments' untersucht: Exporte könnten von der Steuer ausgenommen, Importe heimischen Produkten entsprechend besteuert werden.

Neben diesen Fragen werden auch regelmäßig weniger stichhaltige Argumente gegen eine Verlagerung der Steuer- und Abgabenlast von der menschlichen Arbeit auf Ressourcen- und Umweltverbrauch ins Feld geführt. Auf einige Einwände soll knapp eingegangen werden. **i)** Eine erfolgreiche Energiesteuer entziehe sich selbst die Grundlage. - Dass Steuern in der Tendenz Substitutionsvorgänge auslösen, die ihre Bemessungsgrundlage vermindern, gilt ganz generell. Gemessen wird der Effekt durch die sogenannte Steuerbetragselastizität, die, grob gesagt, die prozentuale Änderung der Nachfrage nach dem besteuerten Gut bei einprozentiger Änderung des Steuerbetrags angibt. Empirische Studien weisen für Energie auf eine vergleichsweise geringe Steuerbetragselastizität hin.[22] **ii)** Energiesteuern seien unsozial. Da Energie zu einem Gutteil die Grundversorgung (Raumwärme,

---

[22] Dies lässt sich verstehen, wenn man bedenkt, dass den technischen Möglichkeiten der Energieeffizienzverbesserung (thermodynamische) Grenzen gesetzt sind.

Elektrizität, Treibstoff) betrifft, werden einkommensschwächere Haushalte in der Tat relativ stärker von Energiesteuern betroffen. Hier gilt, was für jede andere Politik auch gilt: Wenn soziale Härten auftreten, sind diese durch geeignete Sozialpolitik abzufedern. **iii)** Der Grundsatz, die ökologischen Kosten der mit der Energienutzung einhergehenden Umweltbelastung verursachungsgerecht den Nutzern und nicht der Allgemeinheit oder zukünftigen Generationen anzulasten ("Internalisierung externer Umweltkosten"), sei praktisch nicht durchführbar, da eine exakte monetäre Bewertung ökologischer Schäden nicht bekannt/möglich sei. Eine exakte Schadensbewertung ist nicht notwendig, solange Konsens darüber besteht, dass der Klimaschutz eine drastische Reduktion der absoluten Mengen klimarelevanter Emissionen erfordert.[23]

Nach diesem Ausflug in die Umweltpolitik kommen wir zum eigentlichen Punkt dieses Beitrags zurück. Sollte bei als zu hoch eingeschätzter Arbeitslosigkeit und einer wesentlich von Energieeinsatz getragenen Produktion die Besteuerung der Produktionsfaktoren Arbeit und Energie nicht stärker an dem Prinzip der Besteuerung nach Leistungsfähigkeit (das für Individuen in Deutschland Verfassungsrang hat) orientiert werden? Im Wesentlichen wäre die menschliche Arbeit von Steuern und Abgaben zu entlasten, im Gegenzug der Produktionsfaktor Energie zu belasten, und die Ökonomie würde dem von rational handelnden Akteuren aus Gründen der Stabilität angestrebten Zustand eines ökonomischen Gleichgewichts näher gebracht. Unter der Voraussetzung, dass internationale Abstimmungsprobleme gelöst und Wettbewerbsverzerrungen minimiert werden können, wäre der Gewinn groß: *Vom Abrutschen auf schiefem Hang zur Handlungsfreiheit im Gleichgewicht.* Im Gleichgewicht wird die Richtung des technischen Fortschritts nicht mehr vorwiegend von Rationalisierungsdruck bestimmt – vielmehr könnte bei reduzierten Arbeits- und erhöhten Energiepreisen einerseits gegen strukturelle Arbeitslosigkeit dauerhaft wirksam vorgegangen werden, und es könnten andererseits die Techniken der rationellen Energieverwendung und der erneuerbaren Energien stärker als bisher in den Markt eingeführt werden.

---

[23] Die Weltklimakonferenz von Toronto 1988 forderte eine CO_2-Reduzierung von 20 % bis 2005 und 50 % bis 2050 (jeweils gegenüber 1987). Die Bundesregierung hielt 1997 in Kyoto an ihrem Reduktionsziel von 25 % bis 2005 (gegenüber 1990) fest. Im dritten Band der Schriftenreihe des Instituts für Energetik und Umwelt (Energie, Umwelt und Wirtschaft: Visionen statt Illusionen), B. G. Teubner Stuttgart/Leipzig, 1999, führt D. Ufer die Argumentation an, wegen des 2. Haupsatzes der Thermodynamik könne es keinen Treibhauseffekt geben. Hier wird nicht der Unterschied zwischen Wärmeleitung und der Reflexion elektromagnetischer Strahlung verstanden. Wärme, d. h. kinetische Energie der ungeordneten Bewegung von Atomen und Molekülen kann nicht von kalt nach warm fließen. Aber kalte Moleküle können sehr wohl elektromagnetische Wellen absorbieren und re-emittieren. Jeder, der schon einmal auf einem Gletscher einen Sonnenbrand bekommen hat, hat diese Erfahrung gemacht.

Hätte Energie (steuerbedingt) den an ihrer hohen Produktionselastizität orientierten hohen Gleichgewichtspreis, so würde sie nur in lohnenden Verwendungen eingesetzt und weniger "verschwendet". Darüber hinaus könnten Energiesteuereinnahmen zur Subventionierung und Entlastung des Arbeitsmarktes verwendet werden. Zwar ließe sich aus einer strikt marktwirtschaftlichen Sicht einwenden, dass Subventionen immer mit Wohlstandsverlusten verbunden sind und dass es besser sei, alles dem "freien Spiel der Kräfte" zu überlassen. Ein reines freies Spiel der Kräfte würde jedoch für die menschliche Arbeit zu Gleichgewichtspreisen führen, die für viele Menschen "Hungerlöhne" bedeuteten. Darum sollten wir – da die Wirtschaft für die Menschen da ist – uns nicht scheuen, über eine Redistribution von Einkommen über Energiesteuern nachzudenken.

Literatur

[1]   Baranzani, A., Carlevaro, F. (eds.): Econometrics of Environment and Transdisciplinarity Vol.II, Applied Econometrics Association, Lisbon/Geneva 1996.

[2]   Baron, R.: Competitive Issues Related to Carbon/Energy Taxation, Annex I Expert Group on the UN FCCC, Working Paper 14, ECON-Energy, Paris 1997.

[3]   Bovenberg, A., de Mooij, R.: Environmental Levies and Distortionary Taxation", American Economic Review **84** (1994), 1085

[4]   Capros, P.: Using the GEM-E3 Model to study the Double Dividend Issue, in: [1] (1996), 680

[5]   Denison, E.F.: Explanations of Declining Productivity Growth, Survey of Current Business **59** (1979), No.8, Part II, 1

[6]   Deutsche Physikalische Gesellschaft: Energiememorandum 1995 der Deutschen Physikalischen Gesellschaft, Physikalische Blätter **51** (1995) 388

[7]   Georgescu-Roegen, N.: The Entropy Law and the Economic Process, Harvard University Press, Cambridge, Mass., 1971.

[8]   Global Change, Electronic Edition: Economists's Statement on Climate Change, Pacific Institute for Studies in Development, Environment, and Security, Oakland, Calif., Feb. 1997.

[9]   Institut der Deutschen Wirtschaft: 1996 - Zahlen zur wirtschaftlichen Entwicklung in der Bundesrepublik Deutschland, Deutscher Instituts-Verlag, Köln 1996.

[10]   Jorgenson, D.W.: The Role of Energy in Productivity Growth, The American Economic Review **74** (1984), No.2, 26

[11]   a) Kümmel, R.: Growth Dynamics of the Energy Dependent Economy, Mathematical Systems in Economics, Vol. 54, Hain, Königstein/Ts. and Oelgeschlager, Gunn & Hain, Cambridge Mass. 1980; b) Kümmel, R., Energy – The International Journal **7** (1982) 189; c) Kümmel, R, Strassl, W., Gossner, A., Eichhorn, W., Z. f. Nationalökonomie/Journal of Economics **45** (1985) 285; d) Kümmel, R., Ecological Economics **1** (1989) 161; e) Kümmel, R., Kunkel, A., Lindenberger D.: Energy dependent production functions, technological change, and industrial evolution, in: [1] (1996), 593

[12]   Kümmel, R., Lindenberger, D., Eichhorn, W.: The Poductive Power of Energy and Economic Evolution, Indian Journal of Applied Economics (Special Issue on Macro and Micro Economics), im Druck

[13]   Lindenberger, D.: Wachstumsdynamik industrieller Volkswirtschaften: Energieabhängige Produktionsfunktionen und ein faktorpreis-gesteuertes Optimierungsmodell, Dissertation, Karlsruhe 1999.

[14]   Prognos AG (Hrsg.): Energiereport II, Schäffer-Poeschel, Stuttgart 1996.

[15]   Solow, R.M.: Journal of Economics Perspectives **8** (1994) 45

[16]   Thome, R.: Arbeit ohne Zukunft? Grundlagen, Organisatorische Konsequenz der wirtschaftlichen Informationsverarbeitung, Vahlen, München 1997.

[17]   Umweltbundesamt: Presse-Informationen Nr. 18, S. 3, 1997.

[18]   Voss, G.: Folgen ökologisch motivierter Energiesteuern, in: Ökologische Steuerreform (O. Hohmeyer, Hrsg.), Nomos, Baden-Baden, 1995, 53

4 Ökologische Potenziale der Energieversorgung zukünftiger Generationen[1]

Hans-Dieter Schilling

4.1 Energie und Lebensqualität

Als die beiden Ölkrisen 1973 und 1979 die ungeheure Bedeutung einer sicheren Energieversorgung für das Wohlergehen der Wirtschaft und unseren persönlichen Wohlstand einer breiten Öffentlichkeit schockartig zum Bewusstsein brachten, ahnten wir nicht, dass 20 Jahre später ein weltweites Überangebot an Energieträgern entstehen und in der Öffentlichkeit ein distanzierteres Verhältnis zur Energie eintreten könnte: Ein tiefgreifender, ökologiebetonter Wertewandel, noch verstärkt durch einen katastrophalen Kraftwerksunfall und den zunehmenden Erkenntnisprozess in der klimarelevanten CO_2-Problematik, führte zu einer energiepolitischen Polarisation im Parteienspektrum und in der Öffentlichkeit. Sie löste eine bisher unbekannte Selektiv- und Ausstiegsmentalität aus.

Nun ist ein Bewusstseinswandel, der der Ökologie einen hohen Rang einräumt, grundsätzlich positiv zu bewerten. Dennoch darf die Situation nicht darüber hinwegtäuschen, dass humanes und menschenwürdiges Leben in der heute gesellschaftlich anerkannten Form, wie z. B. menschenwürdiges Wohnen, eine hohe Mobilität und Individualität, die Freiheit fast jeglichen Handelns sowie eine hohe Qualität von Gütern und Dienstleistungen nun einmal außerordentlich hohe Energiemengen mit hohen Energiedichten erfordert. Auf den wenigen Wohlstandsinseln unserer Welt hat dies zu einem Pro-Kopf-Verbrauch an Energie geführt, der z. B. in unserem Lande 6 t Steinkohle jährlich entspricht. Dies ist gleichbedeutend mit einem ständigen energetischen Leistungsanspruch von 6000 Watt pro Kopf. Ein Mensch hat eine Leistungskraft von ca. 60 Watt. Unser Lebensstandard erfordert somit 100 technische Sklaven, die rund um die Uhr für jeden von uns arbeiten.

Etwa 1 Mrd. Menschen haben diesen Standard erreicht, rund 2 Mrd. leiden unter ständigem Mangel an Nahrung und Wasser und unter geringer Lebenserwartung. Nach Angaben der Weltgesundheitsorganisation sterben täglich 125.000 Menschen, meist Kinder, und leiden teilweise ihr Leben lang an den Folgeerscheinungen dieser Mangelsituation. Es handelt sich um eine weltweite Dauerkatastrophe, die kaum noch wahrgenommen wird, aber in Wirklichkeit alles in den Schatten stellt, was wir an Weltkatastrophen bisher erlebt haben.

---

[1] Aktualisierung eines Beitrages, der 1997 in der "VGB Kraftwerkstechnik" erschienen ist: VGB Kraftwerkstechnik 77 (1997) 11, S. 897-906.

Diese Tatbestände niederer Lebensqualität sind eine direkte und indirekte Folge permanenten Mangels an verfügbarer und bezahlbarer Energie. Wo Energie fehlt, herrschen Armut, Hunger, Umweltzerstörung und Bevölkerungsexplosion mit den daraus folgenden bedrohlich ansteigenden Armutsmigrationen. In diesem Sinne dokumentiert sich die Umweltzerstörung u.a. in einem Waldsterben von unvorstellbarem Ausmaß: Nicht hier – Waldsterben herrscht dort, wo die Menschen die letzten Reisige sammeln, um sich eine warme Mahlzeit bereiten zu können. Waldsterben herrscht dort, wo die Menschen aus Mangel an Dünger, dessen Herstellung sehr energieintensiv ist, Brandrodung in großem Ausmaß betreiben. Waldsterben herrscht dort, wo die Menschen aus Mangel an anderen Energieträgern große Mengen an Feuerholz verwenden müssen. Nach Angaben des Weltenergierates wird jährlich soviel Feuerholz verbraucht, wie 600 Millionen Tonnen Steinkohle entspricht. Und was die Armutsmigrationen betrifft: Der Weltbevölkerungsfond der Vereinten Nationen (UNFPA) hat 1993 prognostiziert, dass bis Anfang des 21. Jahrhunderts kumulativ 700 Millionen bis eine Milliarde Menschen grenzüberschreitend gewandert sein werden.

Nur eine hinreichende und bezahlbare Energieversorgung als unverzichtbare Voraussetzung für die Bildung von Kapital und Wohlstand wird die Menschen in die Lage versetzen, ihrer Not zu entrinnen und in ihrer Heimat zu bleiben. Auf den Wohlstandsinseln, etwa in Zentraleuropa, konnte durch die ständige Verfügbarkeit ausreichender Mengen an Energie, Kapital und Wohlstand auf Kinderreichtum zur Existenzsicherung der Familie verzichtet werden: Das Bevölkerungswachstum wurde innerhalb von zwei Generationen zum Stillstand gebracht. Maßgebliche demographische Daten wie Kindersterblichkeit, Analphabetentum, Lebenserwartung u.a. sind eindeutig mit dem Energieverbrauch korreliert.

4.2 Entwicklung des Energieverbrauchs – Energiereserven

Das berechtigte Streben aller Regierungen der Welt, den Lebensstandard ihrer Völker zu heben, und die zunehmende Weltbevölkerung haben seit Erfindung der Dampfmaschine vor 200 Jahren zu einem ständigen Wachstum des Primärenergieverbrauchs auf heute ca. 13 Mrd. t Steinkohleneinheiten (SKE) pro Jahr geführt.
An der Spitze liegt das Erdöl mit 34 %, Kohle mit 24 %, Erdgas mit knapp 19 %, Industriegase, Holz, Dung usw. mit 10 %, Kernenergie und Wasserkraft mit 6 % und Abfälle, Biogas, Sonne und Wind mit rd. 2 %. Wie Bild 4.1 zeigt, lässt sich ziemlich genau nachweisen, dass die Menschheit bis 1990 rund 420 Mrd. t SKE verbraucht hat. Nach vorsichtigen Schätzungen des Weltenergierates wird die Menschheit in den nächsten 30 Jahren knapp 500 Mrd. t SKE verbrauchen. Das ist mehr, als sie bisher insgesamt in Anspruch genommen hat. Da in den meisten Län-

dern ein ausreichender Umweltschutz fehlt, kann dies die Welt an die Grenze ihrer ökologischen Belastbarkeit führen. Deshalb ist zu fragen:

— Welche Energieträger und -formen und welche Techniken kommen für die nach uns kommenden Generationen in Betracht?

— Wie kann eine ausreichende Energiemenge für die kommenden Generationen unter hinreichend ökologischen Bedingungen gesichert werden, um den bisherigen Lebensstandard zu erhalten und den der Entwicklungsländer zu mehren?

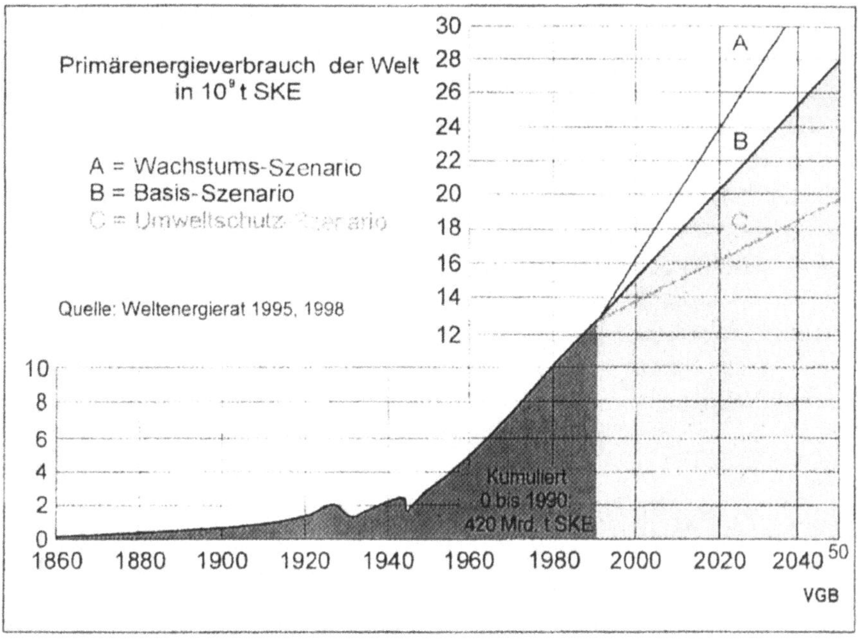

Bild 4.1: Primärenergieverbrauch der Welt in 10^9 t SKE.
Quelle: Weltenergierat 1993

Nun ist auch unter den eingangs genannten Bedingungen eine Energieverknappung kaum zu befürchten, denn die Erde verfügt über einen fast unerschöpflichen Reichtum an Energieträgern. Die heute als von wirtschaftlichem Interesse bezeichneten Kohlereserven reichen linear für mehr als 1000 Jahre. Zudem sind sie relativ gleichmäßig auf der Erde verteilt. Auch Erdöl und Erdgas sind in vergleichsweise großen Mengen noch vorhanden.

Zusammen mit den Vorräten an Kernbrennstoffen bei Anwendung des Brüters und vielleicht auch einmal der Kernfusion sind die Energiereserven der Welt unerschöpflich.

4.3   Mehr Energie, weniger Schadstoffe – ein Zielkonflikt?

Das auf die Menschheit zukommende Problem ist zwar energierelevant, aber primär kein Energiemengenproblem; Beweis: Die Sonne strahlt auf die Erdoberfläche 7000 mal mehr Energie ein als die Menschheit freisetzt. Nicht die steigenden Energiemengen gefährden Umwelt und Menschheit; die Gefährdung hat zwei andere Schwerpunkte: Es sind die weltweit sich ausbreitende Armut, "die tödlichste Krankheit der Welt" (Weltgesundheitsbericht Genf, 1. Mai 1995), und die steigende Menge an Schadstoffen. Die drängende Aufgabe unserer und der kommenden Generation wird darin bestehen, die Schadstoffmengen unter wirtschaftlichen und unter sozialverträglichen Bedingungen auf ein umweltverträgliches Maß zu senken; gleichzeitig ist dafür Sorge zu tragen, dass eine ausreichende Energieversorgung der weitentwickelten Länder erhalten bleibt und die Schwellenländer über mehr Energie verfügen können.

Die stets erhobene Forderung der Abkopplung des Energieverbrauchs vom Bruttosozialprodukt greift viel zu kurz. Nicht die Energieströme, sondern die Stoffströme sind vom Bruttosozialprodukt abzukoppeln. Kurz: **Mehr Energie für die wachsende Weltbevölkerung bei gleichzeitiger Senkung der Schadstoffmengen** – das ist kein Zielkonflikt, sondern eine technische, ökologische, aber auch gleichermaßen sozialpolitische Herausforderung, wie sie in diesem Ausmaß bisher nicht bestanden hat. Das ist die Aufgabe, die von uns und der nach uns kommenden Generation zu bewältigen ist.

4.4   Über welche Instrumente verfügen wir?

Welche Instrumente, welche geistigen und technischen Ressourcen sind verfügbar, um dieser Herausforderung zu begegnen? – Energiesparen ist eine griffige und plausible Antwort. Nun, es gibt in der Tat erhebliche Einsparpotenziale, die subsidiär ausgeschöpft werden müssen. Man weiß aber, dass diese auch bei tiefen Einschnitten in den Lebensstandard bei weitem nicht ausreichen. Effizienzrevolutionen und ein ökodiktatorischer Umbau der Wirtschaft werden von durchaus bekannten Persönlichkeiten gefordert. Wirkungs- und Nutzungspotenziale bestehen in der Tat, und sie werden ausgeschöpft werden. Aber revolutionäre Entwicklungen in Form von Entwicklungssprüngen wird es nicht geben können und hat es auch bisher nicht gegeben. Bisher sind keine Ereignisse in der makrophysikalischen Welt bekannt, die den bekannten Erfahrungssatz "Natura non facit saltus" widerlegen. Natur und Technik sind auf Evolution angelegt, auf Entwicklung in Kontinuität. Revolutionen sind ihr wesensfremd: Die Evolution hat den Rang eines Naturprinzips.

Die notwendige Entwicklung neuer Techniken ist stets mühsam und zeitaufwendig. Sie erfordert erfahrungsgemäß 10 bis 30 Jahre bis zur Markteinführung und bis zur endgültigen Marktdurchdringung mit ökologisch spürbaren Konsequenzen noch einmal etwa 20 Jahre. Ökodiktaturen mit dem geforderten Umbau der Wirtschaft setzen dirigistische, planwirtschaftliche und subventionistische Instrumentarien voraus. Sie führen die Politik in die falsche Richtung und eher in kapitalintensive und ineffiziente Strukturen, die irreversibel sind und genau das bewirken, was man zu vermeiden beabsichtigt; sie führen, zunächst schleichend und unmerklich, aber sicher in den wirtschaftlichen Niedergang.

Nach wie vor sind folgende Instrumente von nachhaltigem Interesse:
–   Erhöhung der Effizienz der Energiewandlung;
–   Schadstoffrückhaltung vor, während und nach der Energieumwandlung;
–   Einsatz von Energieträgern mit inhärent niedrigen Stoffströmen;
–   Einsatz von Exergie zur Senkung von Stoffströmen;
–   Maßnahmen der nachhaltigen Entwicklung (sustainable development).

4.5   Potenzial der Wirkungsgraderhöhung

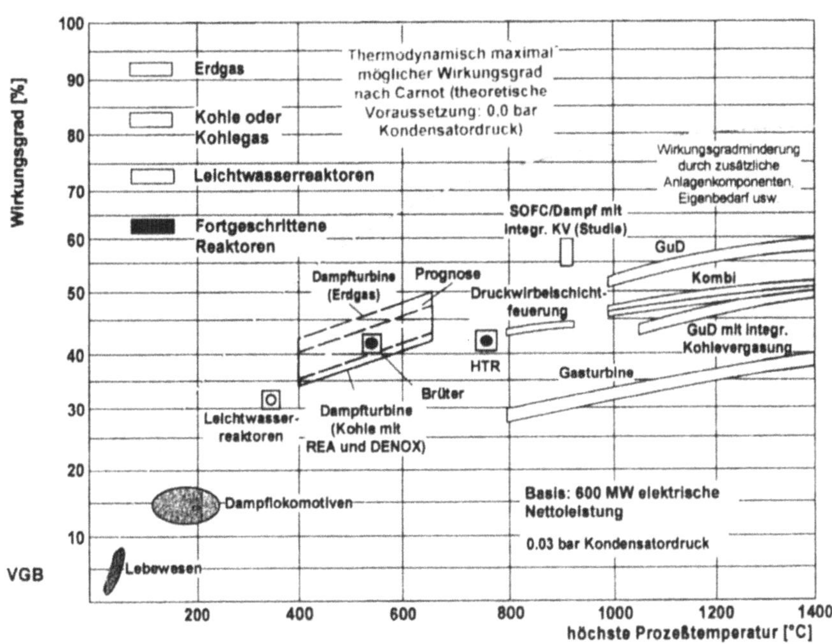

Bild 4.2: Ideale und reale Wirkungsgrade

In diesem Bereich sind in den vergangenen 100 Jahren erhebliche Erfolge erzielt worden. Hatten die Kraftwerke Ende des vorigen Jahrhunderts noch Wirkungsgrade von 1 bis 3 % (12 bis 4 kg SKE/kWh), werden heute bereits Bestwerte von 43 und in nächster Zeit unter günstigen Bedingungen der Direktkühlung 47 % erreicht. Die langfristige Entwicklung zielt auf 50 % (0,254 kg SKE/kWh). Hier sind erhebliche Stoffmengensenkungen bereits erfolgt. Bild 4.2 vermittelt einen Überblick über die Wirkungsgradentwicklung als Funktion der Eingangstemperatur des Arbeitsmittels, wobei der durch den Zweiten Hauptsatz vorgegebene Wirkungsgrad durch die obere einhüllende Kurve dargestellt ist: Ein Wirkungsgrad oberhalb dieser Kurve ist aus naturgesetzlichen Gründen nicht möglich.

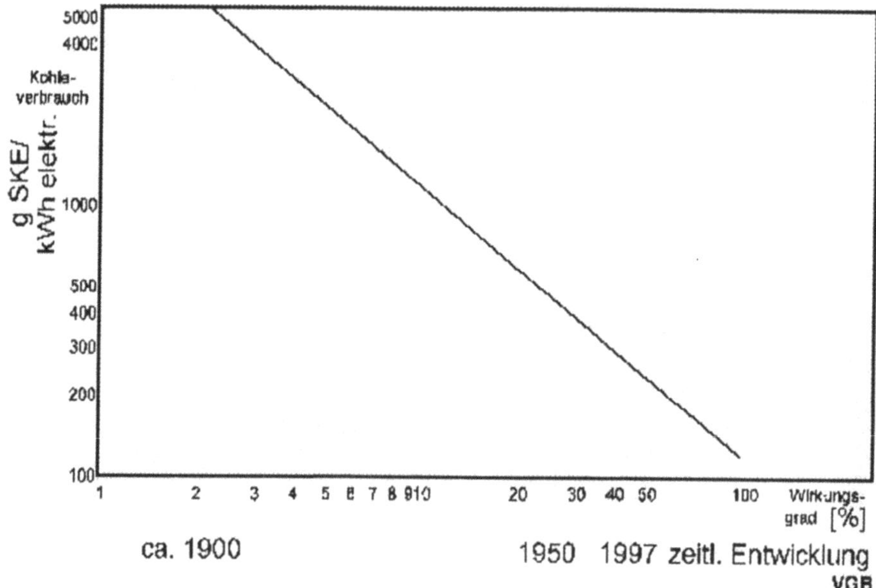

Bild 4.3: Kohleverbrauch und Wirkungsgrad – Effizienz der Kohleverstromung in der Entwicklung

Bild 4.3 zeigt den spezifischen Kohleverbrauch (in Steinkohleeinheiten, SKE) als Funktion des Wirkungsgrades im doppellogarithmischen Maßstab mit der Zeitachse. Ein Wirkungsgrad von 100 %, also vollständige Umwandlung der in der Kohle enthaltenen chemischen Energie, der allerdings aufgrund des Zweiten Hauptsatzes nicht möglich ist, würde einem Kohleverbrauch von ca. 123 g/kWh entsprechen. Geht man davon aus, dass wir im 21. Jahrhundert etwa auf 60 % kommen, würde dies einen Kohleeinsatz von rund 200 g oder knapp unter 600 g CO_2/kWh für Steinkohle entsprechen. Rein technisch erscheint dies im Bereich des Möglichen zu liegen, ob aber betriebssicher und wirtschaftlich, ist nicht absehbar.

Die sich vollziehende Globalisierung der Wirtschaft und die einhergehende Deregulierung der Märkte zwingt mehr und mehr zu kurzfristig rentablen Formen der Energiebereitstellung. Zur Zeit ist dafür der Einsatz von Erdgas prädestiniert, da es mit hohem Wirkungsgrad verstromt werden kann und aufwendige Schadstoffrückhaltemaßnahmen nicht benötigt werden. Besonders vorteilhaft wirkt sich der höhere Wirkungsgrad der Verstromung auf die Wirtschaftlichkeit aus: Die Realisierung der 60 %-Marke ist absehbar. Die Nutzung der chemisch gebundenen Energie kann bei diesem fossilen Energieträger mit der geringsten Freisetzung an CO_2 je erzeugter kWh Strom erreicht werden (zur Zeit etwa 370 g CO_2/kWh gegenüber 800 g bei modernen Kohlekraftwerken). Die Erdgasressourcen sind im Gegensatz zu denjenigen von Braun- und Steinkohle jedoch begrenzt: Beim Stand der heutigen Förderung würde die Reichweite der Ressourcen Erdöl und Gas die Hälfte bzw. 2/3 eines Jahrhunderts nicht überschreiten. Da Kohle auf längere Sicht zur Substitution von Erdöl und Erdgas herangezogen werden wird, muss die Verbesserung der Kohleverstromung ein nachhaltig ökologisch und ökonomisch orientiertes Ziel bleiben.

4.6 Schadstoffrückhaltung

Die Großfeuerungsanlagenverordnung (GFAVo) 1983 und der UMK-Beschluss 1984 haben die bereits in Gang befindlichen Entwicklungen der Rauchgasreinigung erheblich angeschoben. Bild 4.4 zeigt die Entwicklung der Emissionen von Schwefeldioxid, Stickoxiden und Staub in West- und Ostdeutschland.

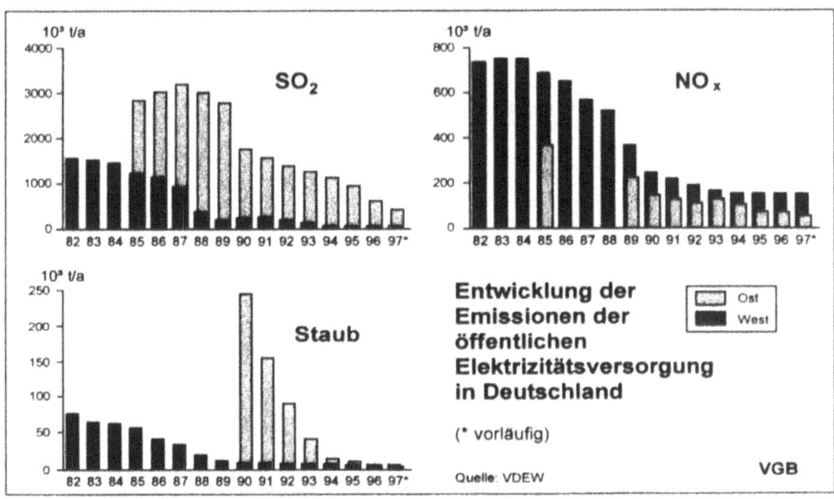

Bild 4.4: Entwicklung der Emissionen der öffentlichen Elektrizitätsversorgung in Deutschland

Die nunmehr erreichten Werte, die vielfach veröffentlicht sind, entsprechen etwa 3,5 kg SO_2 und NO_x bzw. 300 g Staub je Kopf der Bevölkerung und Jahr. Allerdings sind sie mit einem Investitionsaufwand von 25 Mrd. DM und einem Betriebsaufwand von 5 Mrd. DM pro Jahr erkauft worden. Dies entspricht einem zusätzlichen Kostenaufwand von 3 Pf/kWh oder einer Erhöhung der Kohleeinstandskosten von rd. 100 DM/t SKE. Weitere Senkungen würden kaum zu nachhaltigen Verbesserungen führen und auch wohl kostenmäßig kaum mehr tragbar sein.

Die drastischen Emissionsminderungen sind auch lokal deutlich messbar (Bild 4.5). Das hat sich in der Vergangenheit besonders auf stark belastete Regionen wie das Ruhrgebiet sehr positiv ausgewirkt, wie am Beispiel für die Schwefeldioxid-Immissionen in der Stadt Gelsenkirchen ersichtlich wird. Der Erfolg der reduzierten Immissionen ist bei Schwefeldioxid besonders gut nachweisbar, da hier Kraftwerke neben dem Hausbrand einen wesentlichen Beitrag hatten.

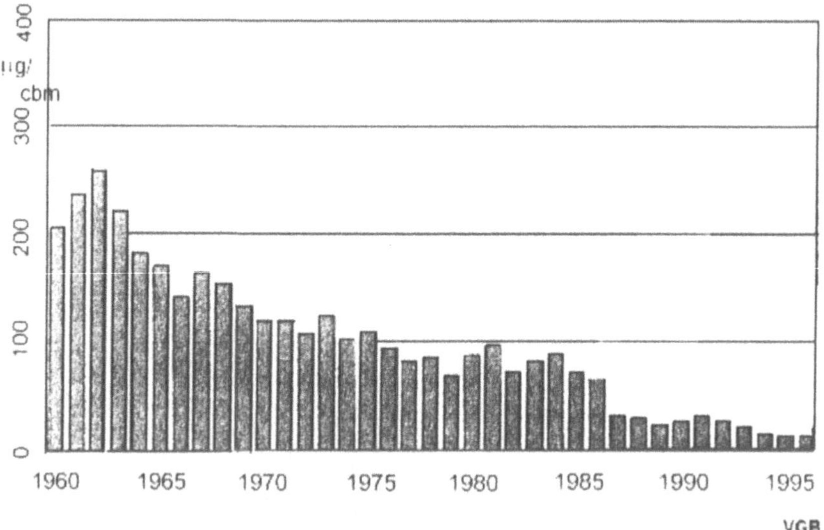

Bild 4.5: Entwicklung der Luftbelastung mit Schwefeldioxid für die Stadt
Gelsenkirchen (Jahresmittelwerte)
Quelle: Landesumweltamt NRW, 1996 und Umweltbundesamt, 1995

Schadstoffströme machen nicht vor Grenzen halt, deshalb kann effektiver Umweltschutz nur in grenzübergreifender Kooperation dauerhaft sein. Die Anstrengungen im Bereich der Kraftwerkstechnik auf europäischer Ebene konzentrieren sich zur Zeit auf die Durchsetzung einheitlicher Emissionsgrenzwerte im Rahmen der europäischen Großfeuerungsanlagen-Richtlinie, deren erstmalige Verabschiedung im

Jahr 1988 einen Meilenstein im europäischen Umweltschutz darstellte (Tabelle 4.1).

Tabelle 4.1: Grenzwerte für Neuanlagen

Vorschlag der EU-Kommission für eine Richtlinie des Rates zur Änderung der Richtlinie 88/609/EWG zur Begrenzung von Schadstoffemissionen von Groß-feuerungsanlagen in die Luft (Europäische Zielsetzungen im Kraftwerks-Umweltschutz)

50 - 100 MW $_{th}$		100 - 300 MW $_{th}$	> 300 MW $_{th}$
Feste Brennstoffe, (in mg/Nm^3, O_2-Gehalt: 6 %) (ausgen. Biomasse)			
SO_2	850	850-200 *)	200
No_x	400	300	200
Staub	50	30	30
Flüssige Brennstoffe (in mg/Nm^3, O_2-Gehalt: 3 %)			
SO_2	850	850-200 *)	200
No_x	400	300	200
Staub	50	30	30

*) Linearer Anstieg der zulässigen Schadstoffemissionen bei 100 bis 300 MW thermischer Anlagenleistung

Quelle: Amtsblatt C 300 der Europäischen Gemeinschaften vom 29.09.1998

Auf der 3. Vertragsstaatenkonferenz der Klimarahmenkonvention im Dezember 1997 in Kyoto haben sich die Industriestaaten dazu verpflichtet, ihre Emissionen an Treibhausgasen (CO_2-Äquivalente) vom Basisjahr 1990 (CO_2, CH_4 und N_2O) bzw. 1995 (SF_6, FCKW, perfluorierte Kohlenwasserstoffe) bis zum Zeitraum zwischen 2008 und 2012 um insgesamt rund 5 % zu verringern. Die Europäische Union hat eine Reduktionsverpflichtung von 8 % übernommen. Unter den EU-Mitgliedstaa-ten befindet sich Deutschland mit 21 % Minderung in einer Vorreiterrolle.

4.7 Einsatz von Energieträgern mit niedrigen Stoffströmen

Angesichts der Tatsache, dass Kohle wohl auch im nächsten Jahrhundert weltweit einer der wichtigsten Energieträger bleiben wird und die Wirkungsgrade insbesondere in den Schwellenländern noch vergleichsweise gering sind, kommt dem Einsatz und der Weiterentwicklung effizienzsteigernder Maßnahmen sowie denjenigen der Schadstoffrückhaltung große Bedeutung zu. Vor dem Hintergrund des enorm steigenden Kohleeinsatzes reichen diese Maßnahmen aber nicht aus. Es wird zunehmend notwendig werden, zum Ausgleich Energieträger einzusetzen, deren Umsetzung in Nutzenergie mit niedrigen Stoffströmen verbunden ist.

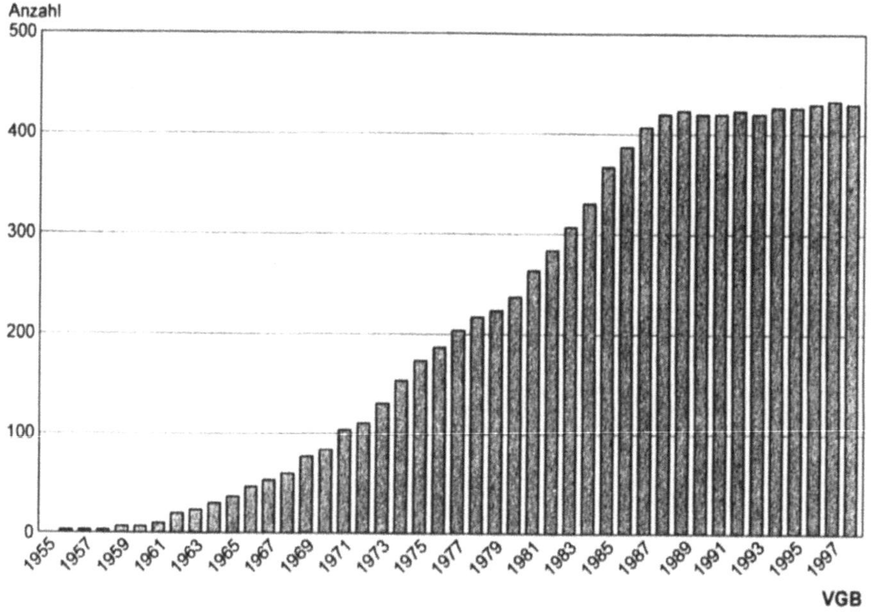

Bild 4.6:   Entwicklung der Anzahl der in Betrieb befindlichen KKW-Blöcke

Die besonders umweltschonende Verstromung von Erdgas, die wegen der bereits angesprochenen hohen wirtschaftlichen Attraktivität zur Zeit in einigen Ländern die Kohleverstromung sogar verdrängt, wird aufgrund der geringeren Reichweite der Vorkommen nur eine Übergangslösung sein können.

Eine der bereits heute einsetzbaren Zukunftstechnologien ist die Kernenergie, um die man aus ökonomischen und ökologischen Gründen nicht herumkommen wird. Zahlreiche Schwellenländer haben das erkannt und nutzen in nüchterner Abwägung ihrer Energiesituation die Chancen dieser Technik. Bild 4.6 zeigt die Entwicklung der Kernenergie, die mit den vier noch laufenden MAGNOX-Reaktoren in England

1956 begann. Heute bestehen weltweit 435 Blöcke in 34 Ländern mit einer Gesamtleistung von über 350.000 MW. Mehr als die Hälfte aller Blöcke steht in Europa, ein Viertel in den USA. Ein weiterer Schwerpunkt ist Südostasien, wo der weltweit größte Wirtschaftsraum entsteht und der größte Teil der 79 im Bau und in der Planung befindlichen Blöcke errichtet wird.

Die Kernkraft geht auf eine Erfahrung von knapp 10.000 Reaktorbetriebsjahren zu. Der Atmosphäre werden jährlich knapp 2000 Mio. t (1000 Mrd. m^3) CO_2, mehr als 15 Mio. t SO_2 und 8 Mio. t NO_x erspart. Keine andere Technik hat bisher so viel Umweltschutz bewirkt wie die Kernenergie. Das wird wohl auch in der Zukunft so bleiben.

Das technische und auch das sicherheitsrelevante Potenzial der Kernenergie ist hoch. Die in enger Zusammenarbeit zwischen neun deutschen Betreibern und SIEMENS sowie der EdF und Framatome durchgeführte Weiterentwicklung des Druckwasser-Reaktors zum EPR – European Pressurized Reactor – ist mittlerweile so weit gediehen, dass an den Bau einer Prototypanlage gedacht werden kann. Das Konzept ist so angelegt, dass auch im Fall einer Kernschmelze ein Austreten radioaktiven Materials nicht möglich ist.

Die Weiterentwicklung wird langfristig über den Hochtemperatur-Kernreaktor und über ein Brutkonzept verlaufen müssen. Letzteres nutzt den nuklearen Brennstoff um den

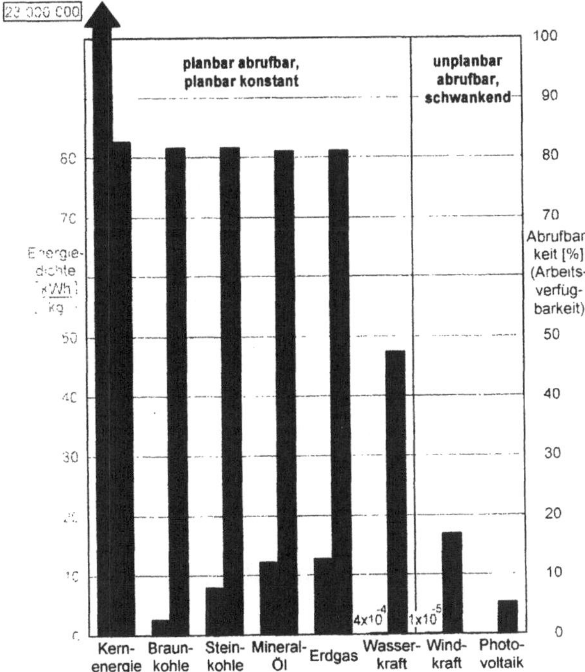

Wasserkraft: 1 m³ Wasser bei Fallhöhe 150 m; Windkraft: 1 m³ Luft bei 10 m/s (Windstärke 5); Photovoltaik: nicht angebbar, max. 0,6 kWh/(m²·h) bei klarem Wetter und senkrechter Einstrahlung
Abrufbarkeit: Arbeitsverfügbarkeit; bei Regenerativen: Arbeitsausnutzung
Angaben für Deutschland im Jahr 1995

jeweils linke Säule: Energiedichte; rechte Säule: Abrufbarkeit

Bild 4.7: Energiedichte und Abrufbarkeit verschiedener Energieträger
Quelle: VGB, VDEW 1996

Faktor 60 besser aus. Damit könnte einmal eingeführter Kernbrennstoff, der sich problemlos lagern lässt, zu einer quasi-heimischen Energiequelle werden. Sollte es gelingen, die Kernfusion wirtschaftlich nutzbar zu machen – eine Realisierung ist indessen heute nicht absehbar –, wird die Energieversorgung der Menschheit auf lange Zeit gesichert sein.

Auch die meisten regenerativen Energieträger zeichnen sich durch hohe Stoffstromarmut aus. An erster Stelle steht die Wasserkraft. Sie ist weltweit erheblich ausbaubar. Das Ausbaupotenzial soll bei 12.000 Mrd. kWh pro Jahr liegen, was dem heutigen Weltverbrauch an elektrischer Energie entspricht. Davon werden heute erst etwa 20 % genutzt.
Die Achillesfersen der anderen Möglichkeiten regenerativer Energiegewinnung bestehen in deren äußerst geringen Energiedichte sowie in ihrer geringen, unplanbaren Verfügbarkeit. Sie erfordern deshalb große Flächen und berühren den Landschaftsschutz. Die Arbeitsausnutzung ist außerordentlich niedrig: Bei der Windkraftnutzung beträgt sie etwa 17 %, bei der Fotovoltaischen Sonnenenergienutzung sogar nur 5 % (Bild 4.7); beide sind unter den heutigen wirtschaftlichen Bedingungen nicht vergrößerbar. Wirtschaftlich ist sie leider in großen Kapazitäten nicht tragbar. Insbesondere die Fotovoltaik ist herstellungsmäßig außerordentlich energieintensiv, die energetische Amortisationszeit liegt immer noch bei mehreren Jahren. Sie ist deshalb auch nicht CO_2-frei, solange sie mit Energie hergestellt wird, die auf fossilen Energieträgern basiert. Hier ist noch erhebliche Entwicklungsarbeit zu leisten. In diesem Sinne engagieren sich zahlreiche EVU, um alle Möglichkeiten auszuschöpfen.

Mit der Kernenergie und der Wasserkraft, vielleicht eines Tages auch mit der Sonnenenergie, steht uns ein hohes ökologisches Potenzial zur Verfügung, das langfristig fast beliebig ausbaubar scheint.

4.8   Einsatz von Exergie zur Senkung der Stoffströme

Der Zweite Hauptsatz der Thermodynamik trägt der Tatsache Rechnung, dass Energie unterschiedliche Qualität haben kann und bei ihrer Umwandlung einer Entwertung unterliegt. Qualitätskriterium ist ihre Arbeitsfähigkeit. Energie besteht somit aus einem vollständig in Arbeit wandelbaren Teil (Exergie) und einem nicht in Arbeit umwandelbaren Anteil (Anergie).

Das Entwertungsprinzip gilt in modifizierter Form auch für volkswirtschaftliche Zusammenhänge. Kapital entsteht nur durch Arbeit (Exergie), z. B. des Menschen oder von Maschinen. Als vorgetane Arbeit ist Kapital gemeinsam mit der Kreativität des Menschen eine Form von operativer „Gestaltungsenergie“, mit der sich das Entwertungsprinzip umkehren lässt. Im Zusammenwirken mit menschlicher Kreativität und Kapital bietet nun der gezielte Einsatz von Exergie, wie z. B. elektrischer

Strom, ein enormes Potenzial zur Substitution von Rohstoffen, insbesondere von Energierohstoffen und damit zur Senkung der Schadstoffe.

Elektrische Energie ist praktisch reine Exergie: sie ist nahezu vollständig in Arbeit umwandelbar. Dieser Umstand sowie ihre universelle Anwendbarkeit, ihre leichte Transportierbarkeit, ihre einfache Handhabbarkeit sowie ihre Umweltfreundlichkeit haben die elektrische Energie zu einem der begehrtesten Energieträger werden

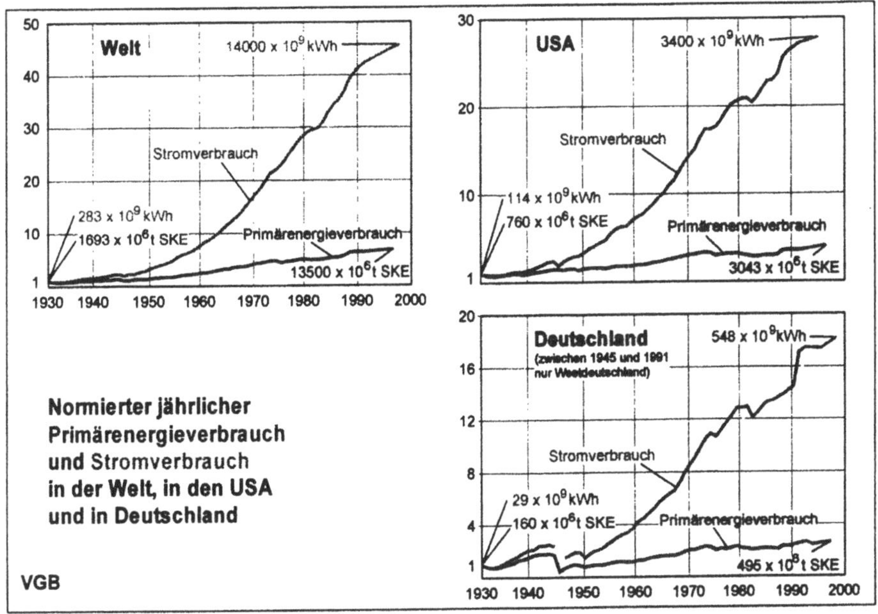

Bild 4.8: Normierter jährlicher Primärenergieverbrauch und Stromverbrauch in
           der Welt, in den USA und in Deutschland

lassen. Wurden noch um die Jahrhundertwende etwa 1 % aller Primärenergieträger in elektrische Energie umgesetzt, nähern wir uns heute regional wie global einem Durchschnittswert von 40 %. Wie Bild 4.8 erkennen lässt, ist der Stromverbrauch seit 1930 in Deutschland um den Faktor 18, in den USA um den Faktor 30 und weltweit um den Faktor 49 gestiegen. Weltweit herrscht seit Jahrzehnten ein ausgesprochener Trend zu elektrischem Strom. In der Zukunft wird elektrische Energie zunehmend die Aufgabe der Stoffstromsenkung mitübernehmen müssen.

Dies ist in der Vergangenheit bereits in großem Maße geschehen: Die Substitution der fossilen Energieträger z. B. im Haushalt durch elektrische Energie hat zu einer enormen Senkung der spezifischen Schadstoffströme geführt, weil der Nutzungsgrad in der Umwandlungskette vom Kraftwerk bis zum Haushalt beim Einsatz elektrischer Energie höher ist. Allgemein wächst die Stromintensität des Bruttosozialproduktes seit Jahrzehnten, während die Primärenergieintensität sinkt und damit Schadstoffströme spezifisch reduziert werden. Mit anderen Worten: Der "intelligente" Einsatz von elektrischer Energie spart Primärenergieträger, senkt die Stoffströme und schont auf diese Weise die Umwelt.

Ein besonders prägnantes Beispiel ist der Einsatz von Wärmepumpen zur Raumheizung. Mit einem relativ geringen Einsatz von Strom, d.h. Exergie, kann eine große Menge sonst nicht nutzbarer Umgebungswärme auf Raumtemperaturniveau gehoben werden. Auch wenn dieser Strom mit fossilen Energieträgern hergestellt würde, ergäbe sich in der gesamten Umwandlungskette mit vergleichbaren Bilanzgrenzen ein Nutzungsgradvorteil und somit eine Stoffstromsenkung. Selbst im Vergleich zu modernen Gaszentralheizungssystemen beträgt die Einsparung mehr als 20 % (Bild 4.9).

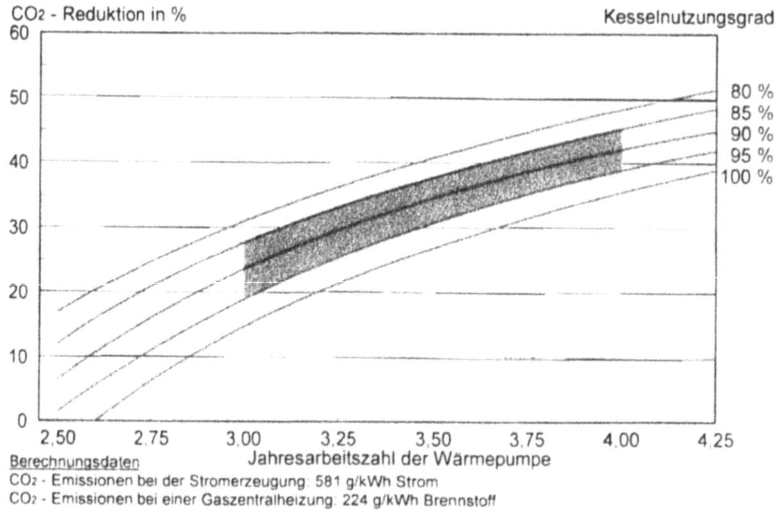

Bild 4.9: Minderung der CO_2-Emissionen durch die Elektrowärmepumpe im
Vergleich zur Gaszentralheizung
Quelle: Laue, H.-J., Keue: Bewertung des Primärenergiebedarfs und der Treibhausemissionen von Wärmepumpensystemen. Stuttgart: Verlag Deutscher kälte- und klimatechnischer Verein, 1997.

Im Vergleich zur Schweiz oder zu Österreich ist diese Technik in Deutschland noch kaum verbreitet. Vor dem Hintergrund, dass bei uns rund 27 % der CO_2-Emissionen auf das Konto von Raumheizungen gehen, erscheint das ökologische Potenzial enorm.

Eine weitere bedeutende Entlastung insbesondere in Ballungsgebieten würde ein Ersatz von Verbrennungs- durch Elektroantriebe ergeben. Enorme Öleinsparungen wären die Folge, da nunmehr auch Kohle einsetzbar wäre. Die kumulierte Emission von Stickoxiden und Kohlenwasserstoffen ließe sich gegenüber dem Antrieb mit Vergaser- und Dieselkraftstoffen erheblich reduzieren; der Ausstoß von Kohlenmonoxid könnte nach Studien sogar um mehr als das 25-fache gesenkt werden. Ähnliches gilt für die Schiene: Erhöhte Mobilität durch erhöhte Geschwindigkeiten, wie sie mit der Magnetschiene möglich sind, könnte einen großen Teil des Personenverkehrs von der Straße und aus der Luft wieder auf die Schiene verlagern – ein ungemein großes Potenzial der Rohstoffsubstitution und Umweltschonung, das ebenfalls greifbar nahe ist. Aber man muss es nicht nur technisch können, man muss es auch politisch wollen!

Das hohe Stoffstrom-Senkungspotenzial besteht besonders dann, wenn elektrische Energie aus stoffstromarmen Primärenergieträgern wie Wasserkraft und Kernenergie zur Verfügung steht. Frankreich, in dem der größte Teil der Elektrizität besonders stoffstromarm in Kernkraftwerken erzeugt wird, und das innerhalb Europas in Sachen Elektrifizierung der Mobilität eine Vorreiterrolle angenommen hat, strebt an, den Elektroauto-Anteil auf 10 % zu heben.

Beim Aluminiumschmelzen bietet der Übergang von brennstoffbeheizten zu elektrothermischen Prozessen nicht nur energetische, sondern auch verfahrenstechni-

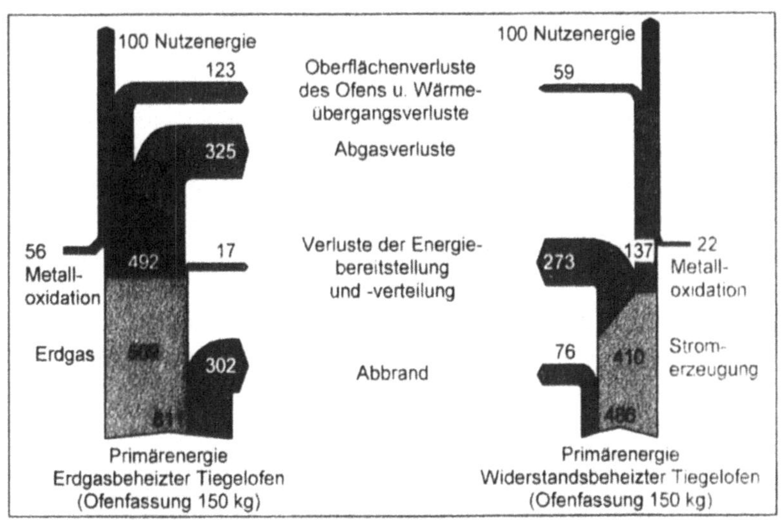

Bild 4.10: Energieverbrauch beim Schmelzen von Aluminium beim Einsatz von Erdgas (links) und elektrischer Energie (rechts) bei vergleichbaren Bilanzgrenzen
Quelle: VGB Kraftwerkstechnik 77 (1997) 11, S. 897-906)

sche Vorteile. Einschließlich der durch diese erreichten zusätzlichen Minderverbräuche ergibt sich z. B. beim Einsatz widerstandsbeheizter Tiegelöfen gegenüber den gasbeheizten Ausführungen eine Primärenergieeinsparung von bis zu 40 % (Bild 4.10). Diese Beispiele ließen sich beliebig fortsetzen. Strom ist in zahlreichen Wirtschaftsbereichen eine Quelle des Umweltschutzes.

4.9   Nachhaltige Entwicklung

Über die genannten Maßnahmen hinaus existiert noch eine Vielzahl anderer Möglichkeiten zur Freisetzung ökologischer Potenziale in einer wachsenden Weltgemeinschaft. Sie werden häufig unter dem bekannten Sammelbegriff des „Sustainable Development" zusammengefasst. Im Brundtlandbericht 1987 wurde dieser nur schwer übersetzbare Begriff erstmals definiert; dort heißt es: „Die nachhaltige Entwicklung befriedigt die Bedürfnisse der Gegenwart, ohne zu riskieren, dass künftige Generationen ihre eigenen Bedürfnisse nicht befriedigen können" – mit anderen Worten, den Kapitalstock an natürlichen Ressourcen auch für zukünftige Generationen zur Gewährleistung einer angemessenen Lebensqualität zu erhalten.

Entsprechend dem umfassenden, aber auch allgemein gültigen Anspruch dieser Aussage reichen die vorgeschlagenen und teilweise bereits durchgeführten Maßnahmen von Projekten globaler Kooperation (Joint Implementation) über regional wirkende Aktivitäten (Integrierte Ressourcenplanung /IRP/, auch: Least Cost Planning /LCP/) bis zum Appell an den Einzelnen hinsichtlich eines ressourcen-, insbesondere energiebewussten Verhaltens im Sinne eines allgemeinen Wertewandels. Dem Anspruch einer dauerhaften Wirksamkeit werden sie allerdings auf unterschiedlichste Weise und wohl kaum immer gerecht, da vielfach die mangelnde Wirtschaftlichkeit eine vollständige und nachhaltige Durchsetzung erschwert.

Die schwerpunktmäßig marktorientierten Maßnahmen auf der Versorgungsseite im Rahmen der integrierten Ressourcenschonung und Stoffstromsenkung wurden bereits erwähnt; der Erfolg der etablierten Schadstoffrückhaltemaßnahmen sowie Wirkungsgraderhöhungen und anderer Mittel zur effizienteren Brennstoffausnutzung liegt auf der Hand. Die Kraft-Wärme-Kopplung (KWK) wird gelegentlich politisch überschätzt, da sie nur dann mit den oft genannten hohen Nutzungsgraden arbeitet, wenn Strom- und Wärmebedarf konstant auf Auslegungsniveau anfallen. Dieser Anwendungsfall wird z. B. in der Industrie weitgehend genutzt und ist ausbaubar. Die Umweltentlastung wird häufig aufgrund des Brennstoffwechsels z. B. auf Erdgas noch erhöht.

Auch wenn der „Boom" der letzten Jahre in den Märkten dezentraler Blockheizkraftwerke (BHKW) auf einen stärkeren Anteil dezentraler Energieversorgung

hinweist: Die Notwendigkeit der Bereitstellung eines massiven Sockels an Grundlast auf der Basis von verhältnismäßig kostengünstiger Kohle und Kernenergie besteht unvermindert fort. Mit zunehmender Liberalisierung der Versorgungsmärkte wächst der Druck auf die Erzeugungskosten – tatsächlich vernehmen wir stärker den Ruf der BHKW-Branche nach Subventionen.
Der Erfolg von nachfrageseitigen Maßnahmen (Demand Side Management) im Rahmen der Integrierten Ressourcenplanung fällt, wenn er denn überhaupt abgeschätzt werden kann, sehr unterschiedlich aus. Effizientes Lastmanagement durch geschickte Preis- und Tarifgestaltung haben sich schon lange bewährt. Der „Verkauf von Energieeinsparung" durch Contracting (Wärme-Direkt-Service) oder umfassender im Rahmen von strategischen Programmen zur ökonomischen und ökologischen Gebäudebewirtschaftung (Facility Management) sind aufgrund hoher Kosteneffizienz besonders erfolgreich.

Der Effekt einer Bezuschussung des Kaufs von energiesparenden Haushaltsgeräten sowie der sonstigen Beratung von Haushalten und Gewerbe durch die EVU lässt sich dagegen nur schwer abschätzen; in vielen Fällen erscheint selbst die gesamtvolkswirtschaftliche Rentabilität fragwürdig.

Vor dem Hintergrund einer möglichen klimatischen Veränderung durch verstärkte anthropogene CO_2-Emissionen wurden die im globalen Rahmen entworfenen Maßnahmen der Joint Implementation angegangen. Diese klimapolitischen Kompensationslösungen, z. B. in Form von Aufforstungsprogrammen oder einer Implementierung regenerativer Energienutzung in Ländern der Dritten Welt, werden vor Ort allerdings oft kritisch beurteilt und als ökologischer Kolonialismus gesehen. Bis jetzt laufende Projekte wurden entsprechend vorsichtig und ohne Ermittlung von Kompensationsgutschriften angegangen. An der Verteilung von Emissionsgutschriften in Form von Zertifikaten auf regionaler Ebene wird kritisiert, dass sie in der Bevölkerung oft mit einer Legalisierung von Umweltverschmutzung verbunden werden, und dass das Wissen zur Bestimmung der regional wirksamen „critical loads" lückenhaft ist.

Angesichts der Tatsache, dass in den Kraftwerksparks Zentral- und Osteuropas ein Großteil der Kraftwerke seine geplante Lebensdauer weit überschritten hat, ist es leicht nachvollziehbar, dass hier enorme ökologische Reserven erschlossen werden können. Schätzungen gehen von Einsparpotenzialen zwischen 30 und 50 % aus. Die Emissionsreduktionskosten liegen dabei so niedrig, dass die Rückflussdauern einmaliger Aufwendungen vergleichsweise kurz sind.

Ein rechtlicher Rahmen für die energiewirtschaftliche Zusammenarbeit insbesondere zwischen West- und Ost-Europa ist die Europäische Energiecharta, in der sich 48 Staaten, darunter alle Staaten des ehemaligen Rates für gegenseitige Wirtschaftshilfe (RGW), zu einer engen Kooperation im Sinne einer umfassenden ökonomischen wie ökologischen Energieversorgung bereit erklärt haben. Zu den wesentlichen Zielen gehört auch die Schaffung von Garantien für die zu tätigenden, umfangreichen Investitionen der westlichen Länder. Mit der Energiecharta ist der Weg hin zu einer weltumspannenden Energiegemeinschaft vorgezeichnet; seit April 1998 ist sie in Kraft.

Die Diskussion um die Gestaltung einer zukunftsfähigen Gesellschaft, die haushälterisch mit den ihr zur Verfügung stehenden Ressourcen umgehen kann, trägt oft ideologische Züge. Aus der Behauptung, dass Umwelt als Gemeinschaftsgut nicht der monetären Bewertung mit entsprechender Austauschbarkeit unterliegen könne, wird die Forderung nach besonderen Schutzmechanismen erhoben. Der Umweltschutz soll durch Ökosteuern forciert werden, die nach den Vorstellungen einiger Parteien jährlich dreistellige Milliardenbeträge erbringen und in umweltneutrale Techniken umgelenkt werden sollen. Diese Umlenkung über die ineffizienten Staatskassen stellt ein dirigistisches, geldentwertendes Element dar. Eine in welcher Form auch immer geartete Energie- und Ökosteuer bestraft besonders den Endenergieträger, der wie kein anderer als Schöpfungsenergie wirkt und weiter aktiviert werden kann: den elektrischen Strom. Mit anderen Worten, die Öko- und Energiesteuer forciert genau das, was man zu vermeiden beabsichtigt.

4.10 Wie geht es weiter? – Was ist zu tun?

Die Erkenntnis, dass fossile Brennstoffe, im wesentlichen Kohle, und Kernenergie, aber auch Wasserkraft, die Hauptstützen der zukünftigen Energieversorgung sein müssen, zieht sich als einzige Konstante durch die wechselvolle Geschichte der Energieversorgung der vergangenen 30 Jahre. Sie wird auch in den kommenden 30 Jahren gültig sein; die stoffstromarme Kernenergie wird die vergleichsweise höheren Schadstoffströme der Kohle ausgleichen. Insofern bleibt eine verstärkte Anwendung der Kohle auch an den Einsatz der Kernenergie gebunden. Die Schadstoffproblematik ist allein mit der Kernenergie nicht lösbar, aber ohne Kernenergie wird eine Lösung nicht möglich sein.

Eine Änderung der aktuellen Versorgungsstruktur mit Blick auf Versorgungssicherheit und Ökologie verlangt eine abgestimmte Änderung und Anpassung der Variablen, wobei die langsamste Komponente die Geschwindigkeit bestimmt. Aber schon die notwendige Entwicklung neuer ökologischer Techniken verlangt bis zur ökologischen Auswirkung einen Zeitaufwand zwischen 30 und 50 Jahren. Kraftwerke z. B. des Jahres 2030 sind entweder schon in Betrieb, auf dem Reißbrett oder an der Schwelle der Markteinführung. Will man deshalb auf die Entwicklung langfristig Einfluss nehmen, dann ist es offensichtlich, dass wir alle Energieträger verwenden und heute bereits Rahmenbedingungen für die nächsten 50 bis 100 Jahre setzen müssen.

Was nun die Technik betrifft, so müssen wir uns bewusst sein, dass 150 Jahre nach der Entdeckung des Zweiten Hauptsatzes durch Clausius, der in modifizierter Form für alle Technik, alles Wirtschaften und das gesamte Leben gilt, und 95 Jahre nach der Entdeckung der Äquivalenz von Masse und Energie durch Einstein alle Möglichkeiten der Energieumwandlung grundsätzlich bekannt sind. Ähnliches gilt für die Energieressourcen. Mit anderen Worten: wir wissen, was wir haben.

Das Zeitalter grundlegend neuer Entdeckungen ist weitgehend vorüber. Wir befinden uns im fortgeschrittenen Zeitalter der Erfindungen und mitten in der Ära der Verbesserungen und Optimierungen mit einer, soweit nicht durch den Zweiten Hauptsatz begrenzt, fast unübersehbaren Variabilität und einem enormen Verbesserungspotenzial. Der menschliche Erfindungs- und Optimierungsgeist, abhängig von der Güte von Bildung und Ausbildung, wird bestimmen, inwieweit wir über das verfügen können, was wir haben und was wir kennen.

Wir haben praktisch die Gewissheit, dass die Bevölkerungszahl im Jahre 2100 bei etwa 9 bis 12 Milliarden Menschen kulminieren wird. Wir wissen aber auch, dass die Menschen seit ihrer Existenz stets wirtschaftliche Vereinigungsstrukturen, Freihandelszonen und nachfolgende föderative Systeme angestrebt und verwirklicht haben. Beispiele aus der jüngsten Zeit sind die die Europäische Union, die IEA, die ASEAN, die NAFTA und andere. Das wirtschaftliche Zusammenwachsen wird sich, auch wenn es Rückschläge geben wird, weiter fortsetzen und verstärken. Die gegenwärtig angelaufene Globalisierung der Wirtschaft, die wohl nur im Wettbewerb stattfinden kann, ist nur der Anfang und wird enorme Strukturveränderungen nach sich ziehen. Wir dürfen davon ausgehen, dass diese Entwicklung letztlich auch aus dem gegenwärtigen Stand nationaler Egoismen herausführen und eine Art weltweiter Wirtschaftsgemeinschaft hervorbringen wird, wie sie etwa heute in Europa besteht.

Selbstverständlich bleibt die nahe und ferne Zukunft unsicher und genaue Prognosen lassen sich nicht realisieren. Trotz bestehender Risiken verfügt die Menschheit mit den bestehenden und in der Entwicklung befindlichen technischen Instrumenten, wie Energietechnik, Elektronik, Informationstechnik und Regelungstechnik, die Entwicklung der Hochtemperatur-Supraleitfähigkeit usw., die ganz langfristige Weiterentwicklung der Kraftwerkstechnik, der sicheren Kernenergie sowie insbesondere der Gentechnologie über alle Chancen und Gestaltungsmöglichkeiten, die ebenfalls sichtbaren Risiken zu beherrschen.
Und was besonders unser Land betrifft: Eine unverzichtbare Voraussetzung ist eine verlässlich und langfristig stabile Energiepolitik mit Richtungscharakter und Füh-

rungskraft, die zusätzlich Rechts-, Planungs- und Kostensicherheit garantiert. Dazu bedarf es weiterhin einer Politik nicht nur eines Teils, sondern aller staatstragenden Kräfte, die nicht die Angst, sondern die Zuversicht zu ihrem politischen Instrument macht. Dazu bedarf es weiter der nachhaltigen Entwicklung und Implementierung umweltfreundlicher Techniken, auch der Kernenergie.
Bereits in der Eröffnung zum Weltenergiekongress 1995 in Tokyo wurde auf die vier großen "E" hingewiesen, die bei der Energiefrage nicht isoliert, sondern parallel entwickelt werden müssen: Energy, Environment, Economy und nicht zuletzt Education.

Es bedarf unbedingt eines höheren Niveaus an Schulung, Bildung und operativer Ausbildung, das wieder Kompetenz vor Quotierung und Qualität vor Quantität stellt; denn das Wollen setzt das Können voraus! Von großer Bedeutung sind selbstverständlich auch das Maßhalten und das Sparen. Diese bürgerlichen Tugenden mit der Bereitschaft zur Einsicht sind ein Produkt der Erziehung in den Familien und Schulen. Wenn schon umgebaut werden soll, dann gehört dazu der Umbau des Schul- und des Wertesystems: Die konservativen Werte – und konservativ heißt nicht, die Asche zu bewahren, sondern die brennende Flamme zu erhalten – wie Verantwortung, Pflicht und Leistung, sind als Grundwerte der menschlichen Gesellschaft nachhaltig einzufordern und in dem Bewusstsein junger Menschen zu verankern. Dabei muss Verantwortung vor Freiheit, Pflicht vor Recht und Leistung vor Anspruch stehen. Verantwortungs-, Pflicht- und Leistungsbewusstsein und -wille sind unverzichtbare ethische Grundlagen, derer es für die Lösung dieser überaus schwierigen Aufgabe bedarf.
Die aufgezeigten Probleme und Risiken sind nicht gering, aber sie sind beherrschbar. Die zahlreichen bereits vorhandenen Möglichkeiten müssen weiterentwickelt und mit Stützung auf alle Energieträger auch im politisch konsensualen Sinne konsequent verfolgt werden, und zwar ohne Aufschub.

Die Herausforderung ist als hochrangig technisches, ökologisches und gleichermaßen sozialpolitisches Engagement im Sinne eines Dienstes an den Menschen zu begreifen. Unter diesen Voraussetzungen werden die zukünftigen Generationen alle Aussichten haben, eine ausreichende Energieversorgung zu sichern und die Unterversorgung und Umweltbelastung, die zu den größten Zukunftsproblemen der Menschheit gehören, in den Griff zu bekommen.

Literatur

[1]   Hlubek, W., Schilling, H.-D.: Potenziale der Forschung und Entwicklung in der Kraftwerkstechnik. Energiewirtschaftliche Tagesfragen 46 (1996), S. 6 - 14.

[2]   Jacke, S.: Forschungsaufwendungen für Kernenergie und für regenerative Energie-
        träger im Vergleich. Energiewirtschaftliche Tagesfragen 44 (1994), S. 38-41.

[3]   Kaltschmitt, M., Wiese , A. (Hrsg.): Erneuerbare Energieträger in Deutschland,
        Potenziale und Kosten. Berlin, Heidelberg, Springer-Verlag, 1993, ISBN 3-540-
        56631-7.

[4]   Knizia, K.: Kreativität, Energie und Entropie - Gedanken gegen den Zeitgeist. Düs-
        seldorf, Wien, New York, Moskau, ECON-Verlag, 1992, ISBN 3-430-15496-0.

[5]   Knizia, K.: Schöpferische Zerstörung = zerstörte Schöpfung? Essen, VGB-
        Kraftwerkstechnik GmbH - Verlag technisch-wissenschaftlicher Schriften -, 1996,
        VGB-B 200.

[6]   Knizia, K.: Gefährdet das Klima unserer Energiepolitik die Erde? VGB-
        Kraftwerkstechnik 76 (1996), S. 538 - 544.

[7]   Korff, W.: Die Energiefrage, Entdeckung ihrer ethischen Dimension. Trier, Pau-
        linus-Verlag, 1992, ISBN 3-7902-0151-0.

[8]   Ott, G.: Energie für die Welt von morgen. Globale Herausforderungen - Regionale
        Prioritäten. Energiewirtschaftliche Tagesfragen, 43 (1993), S. 742-749.

[9]   Schilling, H.-D.: Erfordernisse einer sicheren Energieversorgung im Lichte der
        Risiko- und Akzeptanzdiskussion. VGB Kraftwerkstechnik 72 (1992), S. 1-6.

[10]   Schilling, H.-D.: Zukünftige Orientierungen in der Kraftwerkstechnik - Wege und
        Wertungen. VGB Kraftwerkstechnik 73 (1993), S. 658-670.

[11]   Schilling, H.-D.: Orientierungen der Energietechnik im Spannungsfeld ethischer
        Wertmaßstäbe und naturgesetzlicher Zwänge. Loccumer Protokolle 22/94, Per-
        spektiven der zivilen Nutzung der Kernenergie.

[12]   Schilling, H.-D.: Effizienzrevolution - Wunsch oder Wirklichkeit? Energiewirt-
        schaftliche Tagesfragen 45 (1995), S. 7 - 13.

[13]   World Energy Council: Energy for Tomorrow's World - the Realities, the Real
        Options and the Agenda for Achievement. New York, St. Martins Press, 1993,
        ISBN 0-312-10659-9.

[14]   World Energy Council 16th Congress, Tokyo, Japan, October 8-13, 1995. Roun-
        dUp: Energy for Our Common World - What will the Future ask of us? - Tokyo,
        London 1995.

5 Panta rhei – Die anthropogenen Energieflüsse verändern ihren Inhalt, ihre Mächtigkeit, ihre Richtung und Geschwindigkeit

Carl-Jochen Winter

*Wer vorsieht, ist der
Herr des Tages
(Goethe)*

5.1 Einführung

Der laienhafte Betrachter sieht ein eher unverrücktes Bild und konstatiert, dass er mit Energie aus aller Welt gut versorgt ist, dass die Preise einigermaßen erträglich und die Verlässlichkeit von Energie eigentlich keines Gedankens wert sind. Zwar liest er in der Zeitung, dass über erneuerbare Energien und Kernenergie gestritten wird, aber das wurde es schon immer. Und neuerdings sorgen liberalisierte Märkte sogar für sinkende Strom- und Gaspreise; die Ängste, welche in den 70er-Jahren von der OPEC heraufbeschworen wurden, sind längst verflogen – wo also ist das Problem?!

Guckt jener Betrachter nicht hin und wieder auf die Preistafeln der Tankstellen, denn seine Strom- oder Gasrechnung liest er in der Regel nicht, spürt er tatsächlich wenig von den Umwälzungen in der Energiewirtschaft, gar von erkennbaren Trends. Von ihnen soll in diesem Beitrag die Rede sein, überschrieben mit dem Heraklit (fälschlich?) zugeschriebenen Wort „panta rhei", alles fließt, die anthropogenen Energieflüsse der Welt verändern ihren Inhalt, ihre Mächtigkeit, ihre Richtung und Geschwindigkeit. Entcarbonisierung des Energiemix' findet statt, einhergehend mit Hydrogenierung und folglich Entmaterialisierung. Energie wird leichter. Hocheffiziente Energiewandler, Maschinen, Verfahren, Regelungstechniken, ... bilden Inseln der Entropieminderung im thermodynamischen Bezugssystem prinzipiell anwachsender Entropie [7].

Der Entropiezuwachs von genutzter Sonnenenergie und ihren Derivaten wird durch den Negentropiestrom von der Sonne sogleich immer wieder kompensiert. Der Schwerpunkt in der Energiewandlungskette rückt sukzessive gegen ihr Ende. Für jede Kilowattstunde an Energiedienstleistungen, die hier wegen effizienterer Energieanwendung und lokaler Nutzung erneuerbarer Energien auf dem Markt nicht nachgefragt wird, brauchen bei einem nationalen Energienutzungsgrad Deutschlands von ca. 30 % drei Kilowattstunden an Primärenergie an ihrem Anfang nicht bereitgestellt zu werden. Die Welt gar liegt bei etwa 1:10! Welch riesige Potenziale also für Energieeffizienz, für rationelle Energiewandlung und Energieanwendung!

Nie haben die Menschen nur eine Energie genutzt, nie hat eine jeweils neu hinzukommende ihre Vorgängerinnen ganz verdrängt, der Energiehunger der wachsenden Menschheit brauchte sie alle. Bis weit ins 18. Jahrhundert hatte die erste solare Zivilisation Bestand (Bild 5.1), es gab ausschließlich erneuerbare Energien; das 19. Jahrhundert gehörte der Kohle, sie befeuerte die Industrialisierung der Welt; im 20. Jahrhundert begann mit dem Mineralöl die Automobilisierung; Erdgas und Kernspaltungsenergie kamen hinzu.

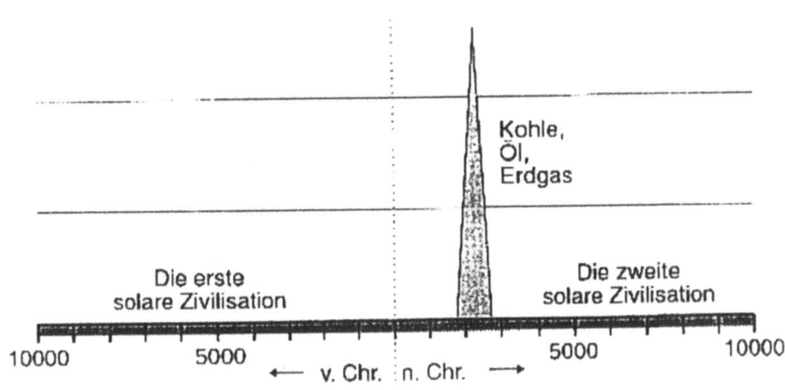

Bild 5.1: Die erste und zweite solare Zivilisation

Und das 21. Jahrhundert? Dürfen wir ihm die energetische und ökologische Effizienz zurechnen, die strikt rationelle Energiewandlung auf allen Energiewandlungsstufen und die rationelle Energieanwendung, den drastischen Rückgang der Energierohstoffströme, die Dominanz der Technik der Energiewandlung, Energiespeicherung und Energiedistribution, die erneuerbaren Energien, Wasserstoff als Sekundärenergieträger? Kurz: „No-energy (raw materials) energy supply", also die Bereitstellung von Energiedienstleistungen, ohne oder doch nur stark verminderte Mengen Primärenergierohstoffe einsetzen zu müssen, nur mit Hilfe technischen Wissens zu effizienter Energiewandlung und Energieanwendung sowie zur Nutzung erneuerbarer Energien garantiert? Die Blockheizkraftwerke, die Kombikraftwerke, die Sonnenkraftwerke [9], die Niedrigenergiehäuser, die 3-Liter-

Automobile, die schadstofffreien, hocheffizienten Brennstoffzellen, ...: zeigen sie die Richtung?

Niemand kann in die Zukunft sehen, der Menschen Fantasie ist endlich, sehr endlich, gemessen an den für Energie typischen Zeiten. Wer schon hätte in den 50er-Jahren vorausgesagt, dass der Steinkohlebergbau an Ruhr und Saar, das Rückgrat der deutschen Industrie der Nachkriegszeit, auf ein Drittel seiner Förderung schrumpfen würde, oder dass seit längerem schon der Primärenergiebedarf des Landes stagniert, obwohl doch die Wirtschaft wächst? Dass die „deutsche" Energiewirtschaft, wie in der Überschrift zu diesem Buch geschrieben, zu mehr als zwei Dritteln ihres Bedarfs Importeur, längst Teil der Weltenergiewirtschaft geworden ist, nur mehr eingeschränkt nationaler Energiepolitik zugänglich?!

Was gesagt werden soll, ist, dass die Dinge zu Ende gedacht werden müssen, bevor sie begonnen werden, oder doch, bevor Unumkehrbarkeiten sich verfestigen. Die der Energie eigenen typischen Zeitkonstanten von vielen Jahrzehnten bis zu halben Jahrhunderten eher denn Jahren verlangen dies. Legislaturen, in denen Entscheidungen fallen, und Energie stehen zeitlich in einem Missverhältnis! Wo Erfahrungen noch fehlen, müssen abgewogene Plausibilitäten an ihre Stelle treten. Plausibilitäten und Illusionen sind sauber voneinander zu trennen, so man die Unterschiede zwischen ihnen erkennt wie die von Spreu und Weizen.

Zum alles überragenden Parameter wird die energetische Nachhaltigkeit werden, nicht erneuerbare Ressourcen letztlich nur bis zur Substitutionsrate ihrer erneuerbaren Substitute zu nutzen sowie erneuerbare nur bis zu ihrer Erneuerbarkeitsrate. Das gewachsene Energiesystem ist hiervon meilenweit entfernt. Die Forderungen der Umwelt- und Klimaökologie zu erfüllen, oder schärfer, sie zeitgerecht zu erfüllen, stößt sich an der langen Lebensdauer getätigter Investitionen, an Beschäftigungspolitik, an Wirtschaftspolitik, und an anderem. Verantwortbare Kompromisse müssen erarbeitet werden.

Die nachfolgenden Ausführungen geben eine Bestandsaufnahme, versuchen einen Blick zu werfen über die Schwelle des neuen Jahrhunderts und Wege zu weisen, welche über diese Schwelle hinausführen. Panta rhei, das entstehende Energieflussbild hat eine erkennbare Grundströmung und überlagerte Turbulenzen; die Grundströmung zeigt in die Zweite Solare Zivilisation.

5.2   Der Primärenergierohstoffbedarf

Primärenergiebedarf und Wirtschaftswachstum Deutschlands sind weitgehend entkoppelt. Der Primärenergiebedarf nimmt kaum mehr zu, obwohl doch die Wirtschaft integral kontinuierlich wächst. Der spezifische Energiebedarf [kg SKE/DM (1980) Bruttowertschöpfung] der Industrie in den alten Ländern sank im Zeitraum 1950 bis 1990 von 430 auf 140, also mit knapp 2 %/a auf ein Drittel, nach der Wiedervereinigung waren es zwischen 1991 und 1998 noch durchschnittlich 1,6 %/a. Der Trend flacht ab, ohne seine Richtung zu ändern. Selbst der Strombedarf hat sich auf Zuwächse um 1 %/a eingependelt. Der Energiemix verändert seine Zusammensetzung.

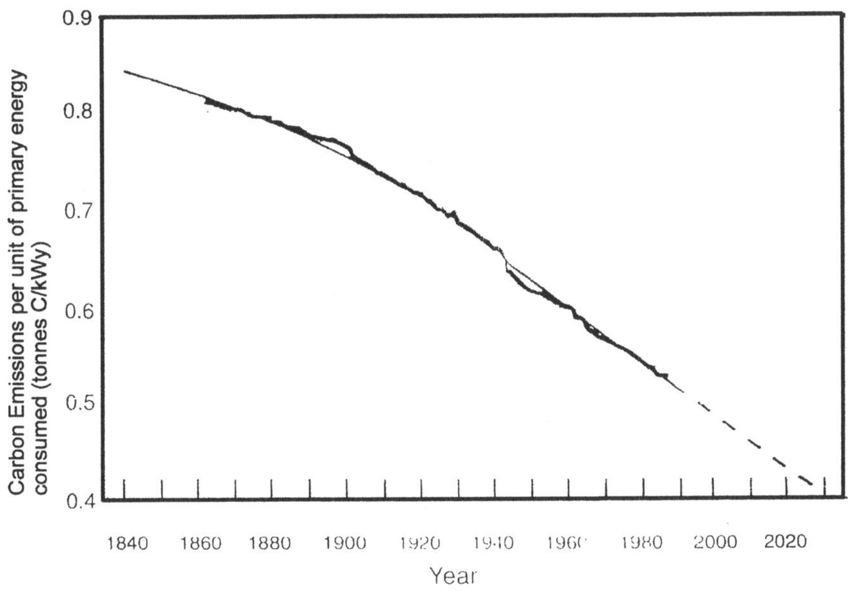

Bild 5.2: Entcarbonisierung
Quelle: Nakicenovic, N. and John, A. (1991) "CO_2-reduction and removal: measures for the next century", Energy 16, 11/12 pp. 1347-1377

Der Steinkohleanteil schrumpft, die Produktivität im deutschen Steinkohlebergbau hinkt, bei allen Fortschritten, mit 600 Tonnen pro Beschäftigtem und Jahr um den Faktor 6 hinter Südafrika, um den Faktor 15 hinter Kanada und um 20 hinter Australien und den USA her; das ist volkswirtschaftlich auf Dauer nicht durchzuhalten. Braunkohle schrumpfte stark nach der Wiedervereinigung Deutschlands, Öl und Wasserkraft stagnieren, Gas weitet seinen Marktanteil aus, Kernenergie muss mit einem Rückgang rechnen, sofern die bevorstehenden Außerdienststellungen von Kraftwerken nicht durch Neubauten kompensiert werden. Neue erneuerbare Energien nehmen stark zu, wenn auch noch auf bescheidenem Niveau [2].

Weltweit sank die energiebezogene Kohlenstofftonnage in den letzen 120 Jahren um 35 % (Bild 5.2). Die beobachtete Entcarbonisierung [5], Hydrogenierung und damit Entmaterialisierung findet auch in Deutschland ihr Abbild. Der Trend ist ungebrochen, der Gradient weist weiter nach unten. Der Wasserstoffanteil wird größer, der Energierohstoff folglich leichter, weil die Atomgewichte von Kohlenstoff 12 und von Wasserstoff 1 sind. Die Leitungsgebundenheit nimmt zu.

Vertreter der Automobilindustrie, der Elektrizitätsversorgungsunternehmen, der Mineralölwirtschaft und des Bundesverkehrsministeriums haben sich zusammengetan, um über eine Verkehrswirtschaftliche Energiestrategie (VES) nachzudenken. Die drei wichtigsten Motive sind die absehbare Oligopolisierung der wirklich mächtigen Ölfelder der Welt von heute 15 auf 5, der immer stärkere Einbezug von Exporteuren aus Weltgegenden schwerlich überzeugender politischer Stabilität und die ungebrochene Zunahme der Treibhausgasemissionen. Nach 100 Jahren Kohlenwasserstoffen in Transport und Verkehr geht es um nicht mehr und nicht weniger als um die Ergänzung, später Ablösung durch den Energieträger der Zukunft. Kein Kandidat wie Strom, Methanol, Wasserstoff, ... wird ausgenommen. Noch ist es zu früh für ein letztliches Ergebnis, das im Jahre 2000 vorliegen soll. Doch eines steht schon heute fest: Es wird ganz im Sinne der Argumentation dieses Beitrags einen "entmaterialisierten" Kraftstoff präsentieren, dessen Anteil an Kohlenstoff ab- und an Wasserstoff zugenommen haben wird.

Die betrieblich energierohstofffreien Energien[1] verstärken diese Entwicklung. Rationelle Energiewandlung und rationelle Energieanwendung, physikalisch keine Energien, aber in ihrer Wirkung Energie gleichkommend, liefern mehr Energiedienstleistungen bei vermindertem Primärenergierohstoffeinsatz. Die Beispiele sind beeindruckend: Gasturbinen nähern sich 40 % Wirkungsgrad, Dampfturbinenkraftwerke 50 %, GuD-Kombikraftwerke 60 % und, wird in weiterer Zukunft eine Hochtemperaturbrennstoffzelle vorgeschaltet, gar 70 %. Es wird erwartet, dass von den 60 bis 70 GW/a Kraftwerkszubauten weltweit 12 % auf Gasturbinen, 54 % auf GuD-Kraftwerke und 34 % auf die angestammten Dampfkraftwerke entfallen werden. Und, einige Beispiele aus dem Nutzerbereich, das Niedrigenergiehaus fragt nur mehr 10 % des Energiebedarfs von Gebäuden des Bestandes des Landes auf dem Markt nach.

Das 3-Liter-Auto verbraucht nur noch ein Drittel des Kraftstoffbedarfs der Automobile der bestehenden Flotte, in vergleichbarem Trend liegen Flugzeuge, ... die Reihe ließe sich unschwer fortsetzen. Konsequenterweise lautet eine der Handlungsempfehlungen der Enquête-Kommission des 12. Deutschen Bundestages

---

[1] betrieblich energierohstofffrei: ohne betriebliche Primärenergierohstoffe, d.h. ohne Kohle, Öl, Erdgas, Uran

„Schutz der Erdatmosphäre": man „... verdoppele den nationalen Energienutzungsgrad von 30 auf 60 % ...". Damit sänke der zu erwartende Primärenergiebedarf auf ca. 250 Millionen t SKE, ohne Einbuße an Wohlfahrt, wohlgemerkt.

Energiepolitik in der Ersten Solaren Zivilisation und in der von Kohle dominierten ersten Phase der fossilen Ära, die bis ins 20. Jahrhundert reichte, war nationale Energiepolitik. Deutschland war autark. Die dann aufkommenden Weltmärkte für Mineralöl, Erdgas und Uran verlangten internationale Energiepolitik. Deutschland wurde zu mehr als zwei Dritteln seines Bedarfs Importeur. Jetzt steht zu großen Teilen eine Re-Nationalisierung der Energiepolitik bevor. Denn rationelle Energiewandlung und rationelle Energieanwendung und die Nutzung erneuerbarer Energien, die auch unter den Bedingungen Mitteleuropas ein technisches Potenzial in Höhe von gut der Hälfte des derzeitigen Endenergiebedarfs unseres Landes haben [1], sind quasi-heimische Energien, sie drängen den Importanteil wieder zurück. Umso effektiver, als jede im Nutzenergiebereich wegen rationeller Energieanwendung und der lokalen Nutzung erneuerbarer Energien (Strahlung, Umgebungswärme, Biomasse, ...) nicht auf dem Markt nachgefragte Kilowattstunde die Bereitstellung von drei zu großen Teilen importierter Kilowattstunden an Energierohstoffen erübrigt [10].

5.3   Die Umwelt- und Klimaökologie

Der Mensch verändert die Konzentration der Treibhausgase in der Atmosphäre. Seit Beginn der Industrialisierung vor 250 Jahren ist allein die Kohlendioxidkonzentration von 280 auf 360 ppm um 30 % angestiegen, sie wächst weiter. Hierzulande ist Energie einschließlich Transport und Verkehr mit ca. 50 % beteiligt. Atmosphärische Mitteltemperatur und Treibhausgaskonzentration korrelieren. Derzeit nimmt die Temperatur um 0,1 Grad/Dekade zu.

In der Konferenz der Vereinten Nationen in Kyoto/Japan (1997) verpflichtete sich die Europäische Union (EU), die Treibhausgasemissionen bis zum Zeitraum 2008/12 um 8 % unter diejenigen des Jahres 1990 zu senken. Nach der EU-internen Quotierung hat Deutschland mit 21,3 % den Löwenanteil zu erbringen. Die zuvor bereits von der Bundesregierung beschlossene Reduktion ist mit 25 % bis 2005 noch ehrgeiziger. Beide Ziele werden nicht erreicht werden; bis 1998 waren es erst 13 bis 14 %, und dies zu großen Teilen auch nur als Folge der Industriestrukturänderungen in Ostdeutschland. Heute werden die emissionsreduzierenden Wirkungen durch die Verwendung kohlenstoffärmerer Energien und vor allem die sinkende Energieintensität zu großen Teilen wieder zunichte gemacht durch die emissionsmehrende Wirkung steigenden Einkommens und die zeitweilige Zunahme der Bevölkerung.

Die physikalisch ein-eindeutige Zuordnung des anthropogenen Einflusses auf die atmosphärische Treibhausgaskonzentration zu den Schäden von Naturgewalten ist bislang noch nicht zweifelsfrei nachgewiesen. Gleichwohl setzte der Deutsche Bundestag der 11. und 12. Legislaturperiode vorsorglich je eine Enquête-Kommission „Vorsorge zum Schutz der Erdatmosphäre" sowie „Schutz der Erdatmosphäre" ein. Die Handlungsempfehlungen zur Stabilisierung des Weltklimas der letztgenannten Kommission an Parlament und Bundesregierung lauten [4]:

Bis 2020
- Halbierung der Kohlenstoffintensität
- Verdopplung des nationalen Energienutzungsgrads von 30 auf 60 %.

Bis 2050
- Reduzierung der Nutzung fossiler Energien auf 25 % (heute 87 %)
- Ausbau der Nutzung heimischer erneuerbarer Energien auf 25 % (2 - 3 %)
- Ausbau des Imports erneuerbarer Energien (~0 %) und/oder der Nutzung der Kernenergie (11 %) auf 50 %.

Zwei Dinge fallen besonders auf: Die vorgesehenen Zeitdauern von Jahrzehnten bis zu einem halben Jahrhundert und, dass drei dieser Empfehlungen mit Wasserstoff zu tun haben. Die Zeitdauern sind, wir erwähnten es, Ausdruck der Lebensdauern von Energiewandlern sowie deren langer Kapitalbindung. Bergwerke haben Lebensdauern von Jahrhunderten, thermische Kraftwerke von 30 bis 50 Jahren, Wasserkraftwerke noch längere, Häuser als Energienutzer solche von fünfzig bis hundert Jahren, Industrieanlagen und Maschinen werden häufig erst nach Jahrzehnten re-investiert, Flugzeuge, Lastwagen und Automobile nach 10 bis 30 Jahren. Die Frage allerdings, ob die Stabilisierung des Klimas nicht wesentlich kürzere Zeiten verlangt, als den Lebensdauern der Energiewandler entspricht, ist letztlich noch nicht beantwortet; Zweifel wachsen.

Zum Wasserstoff: Heute tragen Kohlenwasserstoffe mit einem mehr oder minder hohen Wasserstoff/Kohlenstoff (H/C)-Verhältnis zu 87 % zum Energiemix Deutschlands bei. Das atomare H/C-Verhältnis verhält sich für Kohle : Öl : Erdgas = <1 : 2 : 4. Wenn die Klimaökologie also die Halbierung der Kohlenstoffintensität verlangt, so ist das nur durch vermehrten Einsatz betrieblich kohlenstofffreier Energien oder mit dem Übergang von Kohle zu Öl zu Erdgas durch die Erhöhung der Wasserstoffintensität erreichbar. Ferner muss der massive Ausbau der Nutzung heimischer und importierter erneuerbarer Energien auf 25 % mit der Verwendung eines speicherbaren und transportierbaren chemischen Energieträgers (Wasserstoff, Methanol, ...) einhergehen, da keine der acht erneuerbaren Energien Strahlung, Wind, Wasserkraft, Umgebungswärme, Biomasse, Geothermie, Gezeiten, Meeresenergie in der genannten quasi-volkswirtschaftlichen Dimension primärenergetisch oder sekundärenergetisch (Ausnahme Wasserkraft, Biomasse) speicher- und transportierbar ist.

Der vermehrte Einsatz von Erdgas (H/C = 4) in Elektrizitätswirtschaft, Hausheizungen und Automobilen sowie die in Ansätzen beginnende Wasserstoff-Transport- und Verkehrswirtschaft, schließlich der potenzielle Brennstoffzelleneinsatz an Bord von Automobilen und als Blockheizkraftwerke in Gebäuden liegen auf der Linie.

5.4 Die Energie- und Stoffwandlungskette, die Technik der Energiewandlung

Energiewirtschaft vollzieht sich operationell in Energie- und Stoffumwandlungsketten. Die Energiewandlungsketten beginnen mit dem Primärenergierohstoff, gehen über auf Primärenergie, Sekundärenergie(n), Endenergie, Nutzenergie und enden bei Energiedienstleistungen. Um ihretwillen wird die Kette durchlaufen. Die Energiedienstleistungen zu marktfähigen Preisen zeit-, orts- und umweltgerecht bereitzustellen, ist der einzige und ausschließliche Grund für den Durchlauf durch die vorgelagerten Kettenglieder; sie haben ihrerseits keinen Selbstzweck, sie sind Mittel zum Zweck.

Es gibt Energiewandlungsketten mit und ohne parallel zu durchlaufenden Stoffumwandlungsketten. Alle erneuerbaren Energien kennen keinen betrieblichen Primärenergierohstoff, folglich auch keine Stoffumwandlungskette, die zu durchlaufen wäre, wir müssen uns nicht weiter um sie kümmern, nicht technisch, nicht ökonomisch, nicht ökologisch. Anders die Stoffumwandlungsketten fossiler und nuklearer Energie: Sie beginnen mit dem aus der Erdkruste entnommenen Primärenergierohstoff und enden mit der Rest- und Schadstoffübergabe an die Geosphäre. Anfang und Ende sowie die vielen intermediären Kettenglieder dazwischen bilden zur Umwelt hin offene Enden, über die sie mit ihr in Konflikt treten. Nicht die Energiewandlung, sondern die Stoffumwandlung birgt das eigentliche ökologische Schadenspotenzial. Hier liegt einer der kardinalen Unterschiede zwischen den fossil/nuklearen und den erneuerbaren Energien: Die einen müssen durch nachgeschaltete Entschwefelungsanlagen, Entstickungsanlagen, Katalysatoren und dgl. sowie durch höhere Effizienzen, durch rationelle Energiewandlung und rationelle Energieanwendung das stoffliche umwelt- und klimaökologische Schadenspotenzial reduzieren, die anderen haben keine betrieblichen Primärenergierohstoffe, ihr stoffliches Schadenspotenzial beschränkt sich auf das der Investivstoffe, die zum Bau der Energiewandler erforderlich sind und nach Erreichen ihrer Lebensdauer wieder verwendet, rezykliert oder endgelagert werden. Hier gibt es keinen prinzipiellen Unterschied zwischen den Energiearten. Gleichwohl lehrt die operationelle Erfahrung, dass Flächen- und Materialintensitäten eher zu lasten der fossilen und nuklearen Energien ausgehen, wenn die Energie- und Stoffumwandlungsketten auf ihrer ganzen Länge betrachtet werden. Denn die solare Stoffumwandlungs"kette" ist das Sonnenkraftwerk, der Sonnenkollektor, die Windenergieanlage, ..., hingegen ist die Stoffumwandlungskette fossiler/nuklearer Energien sehr lang und hat viele vorgelagerte und nachgelagerte Kettenglieder, die umwelt- und klimaökologisches Schadenspotenzial bergen.

Die Bedeutung der einzelnen Kettenglieder der Energiewandlungskette ändert sich. Historisch lag und liegt noch immer der Schwerpunkt der ausgesprochen energierohstoff-geführten Energiewandlungsketten stromauf an ihrem jeweiligen Anfang, dort, wo wenige zehntausend Profis die Bergwerke der Welt, die Öl- und Gasfelder, die Raffinierien, die Tankerflotten und Pipelinenetze, die Kraftwerke und Überlandleitungen, ... entwickeln, bauen und betreiben; hier herrscht Sachverstand und Verlässlichkeit. Ihnen stehen stromab am technik-geführten Ende der Kette weltweit heute 6 Milliarden, morgen 8 oder 10 Milliarden Laien als Energienutzer gegenüber, denen in ihrer großen Mehrheit gar nicht bewusst ist, dass sie mit ihrem Verhalten und der Effizienz ihrer Endenergie/Nutzenergiewandler (Autos, Häuser, ...) pointiert formuliert – den Schlüssel für die vorgelagerten (und nachgelagerten) Kettenglieder in der Hand halten. Das Kettenende ist zu professionalisieren, denn – noch einmal pointiert: das Ende entscheidet über die künftige Energieökonomie und Energieökologie: Ende gut, alles gut.

Wir erwähnten schon Deutschlands Energienutzungsgrad von ca. 30 %, den der Welt von kaum mehr als 10 %. Für den Ingenieur ist das nur die eine Seite der Medaille, die andere und wichtigere ist der mit 15,9 % (1997) [6] nicht minder beklagenswert niedrige Exergiewirkungsgrad (der der Welt ist mit wenigen Prozenten kaum anzugeben), und all das nach 250 Jahren Industriegeschichte und damit Energiegeschichte – bitter zu sagen! Wenn die Energierohstoffe bis heute die Industrialisierung der Welt trugen, wird das technische Wissen um die Energiewandlung und vor allem die Energieanwendung am Ende der Energiewandlungskette die ökologisch verantwortbare Energieökonomie der Zukunft zu tragen haben. Es wird nicht möglich bleiben, mangelnde Effizienz durch ein Mehr an billigen Energierohstoffen zuzudecken. Exergetisierung des Energiesystems wird die herausragende energetische Aufgabe des 21. Jahrhunderts werden! Technisches Wissen ist der Schlüssel. Das Potenzial ist aber auch nicht im Entferntesten ausgeschöpft!

Die sich anbahnenden Techniken sind Legende: Das schon erwähnte Niedrigenergiehaus, ja, zugegeben, mit einem sehr weiten Blick in die Zukunft, das opak oder transparent wärmegedämmte „Negativ"energiehaus, das mit einer Fotovoltaik- und Solarthermiehaut sowie elektro- und thermoaktiven Gläsern mehr Energie umwandelt, als es zur Deckung seines Eigenbedarfs braucht, also zum Energielieferanten wird; die Brennstoffzellen als Nicht-Carnotscher Energiewandler hoher Stromkennzahl für stationäre Anwendungen und in der Traktion; Transport und Verkehr auf Straße, Schiene und in der Luft, die den Passagier nicht mehr mit 1 kWh/Personen-km transportieren, sondern nur mehr mit einem Zehntel; Haushaltsgeräte, deren Strombedarf das Minimum bei weitem noch nicht erreicht hat, u.v.m.

Der Wandel in der Industriestruktur zeigt in die richtige Richtung. Wenn auch der Strombedarf der industriellen Volkswirtschaft im Zuge der Industrialisierung wächst, sinkt der Brennstoffbedarf nach Übergang von den energieintensiven Sektoren der Grundstoff- und verarbeitenden Industrie auf den energieextensiven Sektor der Dienstleistungen ab (Bild 5.3). Dienstleistungen haben in modernen industriellen Volkswirtschaften inzwischen 60 bis 80 % erreicht, ihr Anteil nimmt weiter zu. Ein ausschlaggebendes Kriterium des im Gange befindlichen Industriestrukturwandels begünstigt die Energieextensivierung: das für die aufstrebenden Branchen samt und sonders charakteristische niedrige spezifische Gewicht.

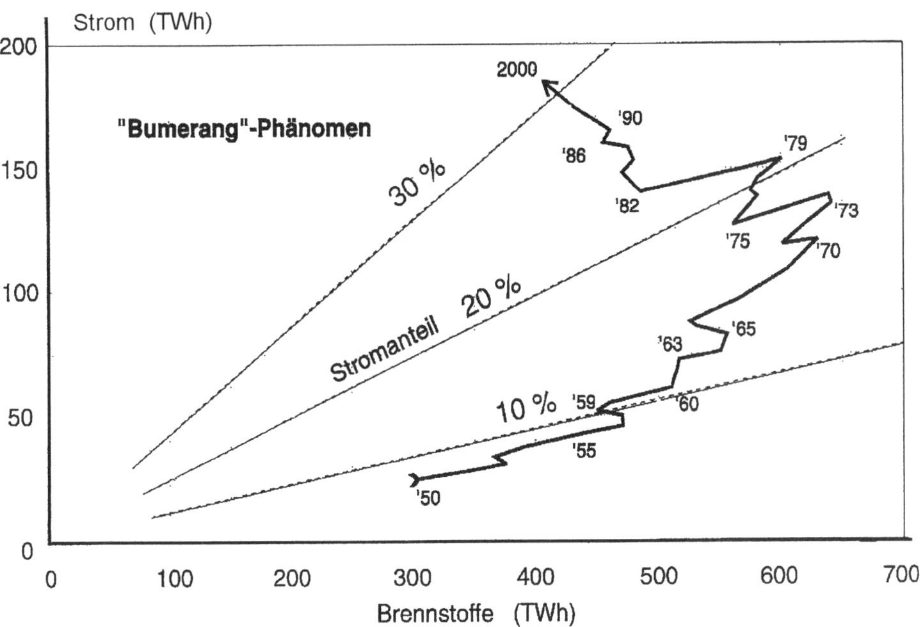

Bild 5.3: Industrieller Strom- und Brennstoffbedarf in Deutschland (bis 1989: Westdeutschland)

Entmaterialisierung zeigt sich in der Bio- und Gentechnik, der Mikroelektronik, der Informations- und Kommunikationstechnik, der Lasertechnik, in den faserverstärkten Strukturen, ... , schließlich in der Energietechnik bei der rationellen Energiewandlung und rationellen Energieanwendung, welche die gewichtigen Tonnagen Primärenergierohstoff zurückdrängen, bei den betrieblich primärenergierohstofflosen erneuerbaren Energien sowie dem Energieträger Wasserstoff, dem leichtesten Element im Periodischen System der Elemente. Die Marktprodukte werden gewichtsärmer, Gewichtsarmut geht mit Energiebedarfsminderung einher.

Das überkommene Welt-Energiehandelssystem versorgt jeden Punkt der Erde aus nahezu jedem anderen Punkt der Erde: Raumwärme für den abgelegenen Hof auf der Schwäbischen Alb durch Öl aus Saudiarabien, Strom für den Handwerker im Bayrischen Wald durch Erdgas von der Jamalhalbinsel oder für das Sauerländische Unternehmen durch Uran aus kanadischen Minen. Das wird als Folge der Schwerpunktsverschiebung an das Ende der Energiewandlungskette nicht mehr so bleiben. Wenn das überkommene Energiesystem ein zentral organisiertes ist, so steht ein lokales, dezentral organisiertes bevor. Jenes ist deutlich energierohstoff-geführt, dieses wird erkennbar technik-geführt sein.

Die von weither herangeschafften Primärenergierohstoffe, die unglücklicherweise die Schmutzfracht immer gleich mitbringen, verlieren, die Techniken der Energiewandlung und Energieanwendung, vor allem aber der Exergiemaximierung, gewinnen. Die entscheidenden Techniken arbeiten vor Ort, Transportaufwand entfällt: die solarthermischen Kollektoren und die Fotovoltaik auf dem Dach, die Brennstoffzelle im Keller, die Bioenergieanlage in der Gemeinde, das 3-Liter-Auto zu 80 % im Nahverkehr ... Es gibt Ausnahmen: Die Sonnenkraftwerke im äquatorialen Gürtel hoher Insolation +/- 30 - 40 Grad N/S oder die solaren Wasserstoffanlagen, die in das erprobte europäisch-asiatisch-afrikanische Erdgasnetz einspeisen oder doch zumindest ihre Trassen nutzen, setzen das überregionale Stromhandelssystem und das globale Erdgashandelssystem fort [8].

5.5   Plausibilitäten, Illusionen

Wo eine Summe von Argumenten den Übergang in die Zweite Solare Zivilisation plausibel macht, darf die frühe Warnung vor Illusionen nicht fehlen. Denn spätestens, wenn die Visionen zu Aktionen werden, entpuppen sich rasch Illusionen. Aber ohne Praxiserprobung geht es auch nicht, denn „visions without actions degrade to illusions" oder, nach einem Wort Ernst Blochs: „Visionen brauchen Fahrpläne". Dies wird an drei potenziellen Illusionen erläutert:

- Mangelndes Bewusstsein des Menschen
- Verfügbares technisches Wissen
- Die Finanzierbarkeit des Übergangs

Mangelndes Bewusstsein der Menschen

Nur einer kleinen Minderheit ist die Zwangsläufigkeit des Übergangs in die Zweite Solare Zivilisation bewusst. Wer hungert oder dabei ist, sein Land zu entwickeln, denkt nicht über die Zweifel an der überkommenen Energieversorgung nach. Er verbrennt schlicht das, was sich ihm bietet: Dung, Holz, Kohle, Öl, Gas. Die Industrieländer sind damit reich geworden, machen wir's ihnen nach! Oder, wessen Herrschaftsform soeben zusammenbrach, wie in der Sowjetunion, und die ganze Fragwürdigkeit eines zentral gelenkten Wirtschaftsgefüges kleinster Energieproduktivität offenlegte, kümmert sich nicht um die Zweite Solare Zivilisation, sondern müht sich um das tägliche Auskommen. Oder schließlich, wer, wie der Bewohner eines Industrielandes, es im überkommenen System zu nie gekanntem Wohlstand brachte, fragt allenfalls kleinlaut danach, ob denn das alles Bestand habe und nachhaltig sei, so er diese Vokabel je gehört und verstanden hat.

Nein, was bevorsteht, ist eine nie endende Informationscampagne weltweit, um der Menschen Bewusstsein zu schärfen dafür, dass sie energetisch von der Substanz leben, vom Kapital, in den allermeisten hochverschuldeten Ländern nicht nur finanziell, sondern auch ökologisch, und nicht von den Zinsen, wie das nicht nur der ehrenwerte Kaufmann tut, sondern wie das der Mensch in wohlverstandener Nachhaltigkeit seiner Entwicklung tun sollte.

Die stillschweigende Übereinkunft zwischen der lebenden Generation und den Generationen nach ihr, die Erde so weiterzugeben, wie sie übernommen wurde, ist auf das gröblichste verletzt. Denken in Kategorien des Bedarfs, den ich überlegt mit mir verfügbaren technischen Mitteln vermindere, muss an die Stelle von Tonnagen treten, mit denen ich ohne mein Zutun versorgt werde.

Wir Menschen neigen zu Empirie. Begonnenes vor Beginn nicht zu Ende gedacht zu haben, rächt sich auch in Energiebelangen: ausgekohlte Lagerstätten fossiler Energierohstoffe füllen sich von selbst nie wieder; geschlagene Urwälder wachsen in Generationen nicht mehr nach; radiotoxisches und nicht proliferationssicheres Plutonium aus Kernspaltungsreaktoren (und Kernsprengköpfen) muss so lange bewacht werden, bis es auf das humanverträgliche Maß abgeklungen ist (bei einer Halbwertzeit von 24.000 Jahren ist das etwa so lange, wie der neuzeitliche Mensch gerade auf der Erde ist!); und, noch steigt die atmosphärische Mitteltemperatur beständig an, weil die anthropogene Treibhausgasbeladung der Atmosphäre ungebrochen zunimmt; der Beispiele gibt es Unzählige mehr.

Die Zweite Solare Zivilisation der unbegrenzten Fortsetzung überkommenen Tuns entgegenzusetzen, ist das Ziel. Es zu erreichen, müssen die Menschen wollen, damit es zu Politik wird. Das wird nicht über Nacht gehen. Was in Jahrhunderten wuchs, braucht Jahrzehnte eher denn Jahre, um infragegestellt und revidiert zu werden. Folglich ist es hohe Zeit zu beginnen. Die Zweite Solare Zivilisation darf den Zielkatalog politischen Entscheidens und Handelns nie mehr verlassen.

Verfügbares technisches Wissen

Es wäre eine Illusion anzunehmen, das Wissen um die Energiewandler der Zweiten Solaren Zivilisation sei Allgemeingut. Selbst ein Vierteljahrhundert nach Aufnahme der modernen Forschung und Entwicklung ist es nach wie vor kaum über die eingeweihten Zirkel hinaus verbreitet, weder in Wirtschaft und Industrie, noch erst recht nicht in Politik oder Bürgerschaft.

Die bisherigen Marktergebnisse sind (fast) ganz an der angestammten Energiewirtschaft und Energieindustrie vorbei entstanden: Windkraftwerke, solarthermische Kraftwerke, Kollektoren u. a. wurden nicht von ihnen entwickelt. Nicht einmal unverständlich. Denn solange das politische Ziel der Annäherung an die Zweite Solare Zivilisation nicht verbindlich ist, ist die Konservierung der fossilen Ära durch effizientere Kohlekraftwerke, noch effizientere Kombianlagen u. Ä. aus der Sicht von Wirtschaft und Industrie konsequent. Niedrigenergiebedarfswirtschaft der Zukunft steht eben gegen Versorgungswirtschaft der Gegenwart.

Politik war bisher forschungsfördernd und umweltpolitisch tätig, energiewirtschaftspolitisch eher konservierend; das ändert sich soeben erst mit der in Gang gekommenen Liberalisierung der Strom- und Gasmärkte. Aber die Schwerpunktverlagerung vom Anfang an das Ende der Energiewandlungsketten ist politisch nicht vollzogen, ebenso wenig wie der wirtschafts- und energiepolitische Vorzug der vermiedenen Energienachfrage vor dem ausgeweiteten Energieangebot.

Das Wissen um die Zweite Solare Zivilisation und die sie tragenden Fundamente der rationellen Energiewandlung und rationellen Energieanwendung, der Nutzung der erneuerbaren Energien und des solaren Wasserstoffs haben in die Politik erst sehr zögerlich Eingang gefunden.
Das gilt für die Politik westlicher Industrieländer. Das gilt erst recht für die der ehemaligen Staatshandelsländer und der Entwicklungsländer. Die Versorgung mit Energierohstoffen steht dort immer noch ganz im Vordergrund! Das ist 19. und 20. Jahrhundert, nicht 21.!

Und die Bürgerschaft? Gewiss, eine Sensibilisierung in Umwelt- und Energiefragen ist spürbar, grüne Parteien, neuerdings auch grüne Stromhändler etablierten sich. Zunehmend werden Brennwertkessel in den Kellern aufgestellt, thermische Kollektoren auf den Dächern montiert, man beteiligt sich an Diskussionsrunden oder stimmt bei Umfragen mehrheitlich für die Umwelt.

Aber es ist ja nicht so, dass nicht auch andere Felder des Gemeinwohls ihr Recht einforderten. Und in diesem Konzert haben Umwelt und Energie eben nur eine Stimme!

Die Finanzierbarkeit des Übergangs

Die beiden vorstehenden Punkte mögen noch irgendwie geregelt werden; die Finanzierbarkeit der Zweiten Solaren Zivilisation aber mag sich als die eigentliche Illusion herausstellen. Dazu eine wenn auch nur grobe Abschätzung; es kommt hier durchaus nicht auf die letzte Kommastelle an:

- Es sei angenommen, dass die bestehende 2-kW-Gesellschaft beibehalten werde, der im Zuge ihrer Industrialisierung entstehende Energiemehrbedarf der Entwicklungsländer also aufgefangen wird durch den Minderbedarf der Industrieländer.

- Auf jeden Einwohner der Erde entfielen dann 2 kWa/(cap · a) $\approx$ 17.500 kWh/ (cap · a), die je nach Voll-Laststundenzahl der hier gemeinten elektrischen Energiewandler Fotovoltaik 1200 h/a, Wind 2000 h/a, solarthermische Kraftwerke mit Speichern 3000 h/a, Kohle 4000 h/a, Kernenergie 8000 h/a, im Mittel 2500 h/a die Investition einer Leistung von 7 kW/cap erfordern.

- Investitionskosten variieren zwischen 1000 DM/kW für Gasturbinen und 2000 DM/kW für Kohle- oder Windkraftwerke, 4000 bis 5000 DM/kW für Fotovoltaikanlagen oder Kernkraftwerke, im Mittel etwa 3000 DM/kW. 7 kW/cap erfordern mithin eine „persönliche" Investitionssumme von 21.000 DM/cap. Bei einer Lebensdauer von 30 Jahren müssen folglich 700 DM/ (cap · a) aufgewendet werden, um zu investieren und die jeweils veraltete Anlage durch eine neue zu ersetzen.

- Die Pro-Kopf-Investition von 700 DM/(cap · a) aufzubringen, lebensdauerlang, jedes Jahr wieder, ist für Bewohner von Industrieländern vielleicht möglich; für Bewohner der Entwicklungsländer aber – und sie sind die große Mehrheit – ist das eine schiere Illusion. Ihr gesamtes Jahreseinkommen ist häufig geringer!

Fazit: Die Annäherung an die Zweite Solare Zivilisation kann nur aus den Finanzmitteln der Industrieländer geschehen, für sich selbst und für die Entwicklungsländer. Die Dämpfung des Bevölkerungszuwachses wäre nicht nur aus den hier behandelten Motiven ein Segen. Die Verbesserung der Nutzungsgrade auf der Nachfrageseite wirkt sich positiv aus, ebenso die hier unterlassene Berücksichtigung des mit der vermehrten Installation von Energiewandlern erneuerbarer Energien einhergehende Nachfrageminderung bei fossilen Brennstoffen. Jedoch, selbst wenn das Ergebnis dieser Abschätzung um einen Faktor 2 falsch sei, änderte es nichts an der Aussage, dass die Industrieländer die Sache bezahlen müssten. Ob sie dies tun werden, mit welchen Motiven, wann beginnend, sind hochpolitische Fragen, die mit dem nun folgenden Abschnitt zur Nachhaltigkeitspolitik zu tun haben.

5.6 Nachhaltigkeitspolitik

1987 erschien der Brundtland-Bericht „Unsere gemeinsame Zukunft" der Weltkommission für Umwelt und Entwicklung [3], der den Begriff der Nachhaltigkeit in weiten Kreisen bekannt machte. Nachhaltige Entwicklung ist dort definiert als „… die Bedürfnisse der lebenden Generation zu befriedigen, ohne die Befriedigung der Bedürfnisse kommender Generationen in Frage zu stellen." Entwicklung, hier die energetische Entwicklung, ist interdependent und schließt Wohlstandsmehrung, Gerechtigkeit in und zwischen den Nationen, in und zwischen den Generationen sowie ökonomisch-ökologisch-soziale Wechselbeziehungen ein. Im Kern geht es um den Bestand getroffener und zu treffender Entscheidungen, zumeist Wirtschaftsentscheidungen, aber auch solcher zur Land- und Forstwirtschaftspolitik, zur Städtebau- und Verkehrspolitik, nicht zuletzt um unser Thema zur internationalen Energie- und Energierohstoffpolitik.

Wir wollen in diesem kurzen Beitrag nur zwei Gedanken vortragen, die für energetische Nachhaltigkeit besonders charakteristisch sind und in der politischen Erörterung nicht gebührend Beachtung finden:

– Nachhaltigkeit und Unumkehrbarkeit
– sowie Nachhaltigkeit und technisches Wissen

Nachhaltigkeit und Unumkehrbarkeit

Wir Menschen sind Empiriker, wie bereits gesagt. Wir treffen Entscheidungen, ohne deren Auswirkungen ganz durchdacht zu haben, in dem Bewusstsein, korrigieren zu können, sollte sich die Entscheidung als falsch erweisen. Man untersuche Entscheidungen der Politik oder großer Wirtschaftsunternehmen daraufhin, inwieweit sie originäre Ziele weisen, Neues anstoßen, oder vielmehr nötig gewordene Reparaturen nicht zu Ende gedachter Entscheidungen notwendig machen; das Ergebnis ist enttäuschend und erhellend zugleich: die ganz große Mehrheit sind Reparaturmaßnahmen! Aber sei es wie es ist, solange die Sache umkehrbar bleibt, mag die ursprüngliche Absicht doch noch verwirklicht werden, wenn auch auf Umwegen und mit zusätzlichen Kosten verbunden. Gefährlich wird es, wenn eingeschlagene Wege keine Umkehr mehr zulassen und damit einen Grundwert von Nachhaltigkeit verletzen. Denn Unumkehrbarkeit ist nicht nachhaltig. Die Menschheit geht immer mehr solcher Wege, in der Regel, ohne sich dessen bewusst zu sein. Das unumkehrbare zivil/militärische Nuklearsystem gehört hierher und der quasi-unumkehrbare Treibhauseffekt.

Das Abholzen der Regenwälder rund um den äquatorialen Gürtel der Erde, das rasante Verschwinden von Arten, das Auskohlen fossiler Lagerstätten sind weitere Beispiele einer Unsumme anderer. Die fossilen Lagerstätten werden, vom Beginn der Förderung an gerechnet, innerhalb weniger Jahrhunderte leergefördert sein, dann stehen 87 % des derzeitigen Welt-Energie-Mix' nicht mehr zur Verfügung. Nachhaltig kann nur sein, was umkehrbar ist.

Die Vermeidung von Unumkehrbarkeiten verlangt, die Dinge zu Ende zu denken, bevor sie begonnen werden. Zugegeben, vor der Erfahrung der Menschheitsgeschichte eine schwerlich lösbare Aufgabe, denn Fehlentscheidungen, die Umkehr nahe legen, sind immer getroffen worden und werden immer getroffen werden. Zu hoffen bleibt, dass die Generationen nach uns ihre Fehlentscheidungen umkehrbar treffen.

Allen energetischen Unumkehrbarkeiten ist gemeinsam, dass sie von einer Nation/einer Nationengruppe ausgelöst wurden, aber andere Nationen mitbetreffen oder gar globale Auswirkungen haben, und dass ihnen wissenschaftlich-technische Entscheidungen zugrundeliegen, die in einer Vorgängergeneration getroffen wurden, von den Nachfolgegenerationen aber nicht mehr oder doch kaum mehr umgekehrt werden können.

Zur Illustration einige Beispiele:

Die fossile Energiewirtschaft begann mit der industriellen Ausbeutung der ersten englischen Kohlengrube im 18. Jahrhundert und ist heute über die ganze Welt ausgebreitet. Oder, den Treibhauseffekt kümmert nicht, ob das ihn verursachende Kohlendioxidmolekül aus einem europäischen Automobilauspuff oder einem asiatischen Fabrikschornstein entwich. Selbst wenn es weltweit zu einem spontanen Stopp aller Kohlendioxidemissionen käme – was natürlich nur eine Illusion ist –, bliebe der anthropogene Treibhauseffekt mehreren kommenden Generationen erhalten, weil Kohlendioxid (und andere Treibhausgase) atmosphärische Residenzzeiten von mehr als 100 Jahren haben.

Oder, die Plutoniumproduktion begann vor gut einem halben Jahrhundert in den Kernwaffenstaaten und wurde parallel dazu in den Staaten mit Kernspaltungsreaktoren aufgenommen. Heute lagern 1700 t Pu239 (1998) auf der Welt, mit jährlichen Zuwächsen von 80 t. Wie gesagt, ist die Halbwertszeit 24.000 Jahre. Solange ist der neuzeitliche Mensch gerade auf der Erde! Niemand weiß wirklich, was mit dem radiotoxischen Material geschehen soll, nachdem die Brutreaktoren geschlossen wurden oder nicht weiterentwickelt werden, mit Mox-Brennelementen gar nicht so viel Plutonium verbrannt werden kann, wie aus Reaktoren und abgewrackten Kernsprengköpfen nachproduziert wird, nirgends auf der Welt an der operationellen Transmutation nennenswert gearbeitet wird, und die Endlagerung in allen Konsequenzen des Missbrauchsausschlusses und der Non-Proliferation ungelöst ist. – Dies nur wenige Beispiele für Unumkehrbarkeiten oder doch Quasi-Unumkehrbarkeiten aus einer Summe weiterer.

Wie arglos hingegen sind die Techniken der Nutzung erneuerbarer Energien! Gewiss, nichts, was der Mensch in seinem Energiesystem tut, ist gänzlich ohne umwelt- oder klimaökologische Konsequenzen. So auch sind etwa die fabrikatorischen Kompounds von Fotovoltaikzellen sorgfältig auf ihre Rezyklierfähigkeit hin weiterzuentwickeln, um nicht Sondermüll zu bleiben. Oder, es muss für großflächige Sonnenkraftwerke in den einstrahlungsintensiven äquatorialen Weltgegenden der Nachweis erbracht werden, nicht das Mikroklima zu verändern. Oder, schließlich, ist die Sicherheit der Wasserstoffenergiewirtschaft in all ihren Stationen über die ganze Länge der Energiewandlungskette zu garantieren. Aber langmütig stimmt, dass zwei der gefährlichen Unumkehrbarkeiten in der Zweiten Solaren Zivilisation prinzipiell nicht vorkommen können: Wegen des Fehlens des kohlenstoffhaltigen betrieblichen Primärenergierohstoffs der Beitrag zum Treibhauseffekt und, wegen des Fehlens radiotoxischen Materialinventariums, die damit verbundenen Risiken der Gesundheitsschädigung und der potenziellen Proliferation.

Nachhaltigkeit und technisches Wissen

Geschichtlich wurde die Effizienz der thermischen Energiewandlung in der angewandten Thermodynamik verkürzt auf ein einziges naturwissenschaftliches Gesetz, das nach dem französischen Ingenieur Sadi Carnot (1796 - 1832) benannte Carnot-Gesetz; alle unsere Turbinen, Kessel, Verbrennungsmotoren, Brenner, ... folgen ihm. Die Effizienz des Carnot-Prozesses verlangt immer höhere Temperaturen, die nur durch immer bessere und damit teurere Materialien erreicht werden müssen. Werkstoffkundliche und preisliche Grenzen zeigen sich. Vor dieser Einseitigkeit, die schon eineinhalb Jahrhunderte dauert, geriet ein anderer, äußerst vorteilhafter Energiewandlungsprozess in Vergessenheit, der auf den Waliser William Grove (1811 - 1896) zurückgehende elektrochemische Prozess der Brennstoffzelle.

Sie ist in Automobilen, in der Energiewirtschaft, in der Hausenergieversorgung einsetzbar. Sie ist kompakt, leise, ohne bewegte Teile vibrationsfrei. Sie ist vielstofffähig (Wasserstoff, Erdgas, Kohlegas, Biogas, Methanol, Benzin) und hocheffizient. Bei der Wasserstoff/Sauerstoffrekombination sind ihre Schadstoffemissionen buchstäblich null. Selbstverständlich ist sie noch teuer, weil sie noch vor sich hat, den anderthalb Jahrhunderte langen Vorsprung des Carnot-Prozesses aufzuholen. Forschung und Entwicklung müssen die Brennstoffzelle in den ihr gebührenden energiewirtschaftlichen Rang einsetzen. Verzicht auf Anwendung naturwissenschaftlichen Wissens ist nicht nachhaltig.

5.7 Zusammenfassung

Die Komponenten des vorstehend beschriebenen Energieflussbildes werden hier unkommentiert noch einmal wiedergegeben:

- Die gebräuchlichen fossilen Energierohstoffe unterliegen ständiger Entcarbonisierung und Hydrogenierung, folglich "Entmaterialisierung". Der Trend ist ungebrochen. Das atomare Verhältnis von Wasserstoff und Kohlenstoff H/C verändert sich beim Übergang von Kohle auf Öl auf Erdgas von <1 zu 2 zu 4 und nimmt für eine prospektive Wasserstoffwirtschaft den Wert "unendlich" an. Energie wird leichter und leitungsgebunden.

- Die Technik der Energiewandlung gewinnt an Bedeutung, Primärenergierohstoffe verlieren. Höchsteffiziente Energiewandler wie das Niedrigenergiehaus kommen fast ohne betrieblichen Energierohstoff aus, erneuerbare Energien kennen ihn erst gar nicht. Ein zu mehr als zwei Dritteln seines Bedarfs auf Importe angewiesenes Industrieland (wie Deutschland) gewinnt über das Wissen um rationelle Energiewandlung und Energieanwendung sowie um die Nutzung heimischer erneuerbarer Energien nationale Verfügung über Energie zurück; das Energiehandelsbilanzdefizit wird wieder kleiner werden.

- Das Ende der Energiewandlungskette wird wichtiger werden als der Anfang es ist, weil sein Bedarf an Nutzenergie den amplifizierten Bedarf an Primärenergie bestimmt. Das Ende der Kette ist zu professionalisieren.

- Energie = Exergie + Anergie. Mit einem nationalen Exergiewirkungsgrad Deutschlands von knapp 16 % ist das Energiesystem des Landes eigentlich ein Anergiesystem, das auch etwas Exergie bereitstellt. Es ist dringlich, das System zu exergetisieren.

- Der sektorale Trend zu Dienstleistungen und der industrielle Strukturwandel hin zu Branchenprodukten kleinen spezifischen Gewichts – bio- und gentechnische Produkte wiegen weniger als Massenchemikalien, faserverstärkte Kunststoffe weniger als homogene Metalle, Keramik weniger als Stahl, die Produkte der Mikroelektronik, Informations- und Kommunikationstechnik wiegen wenig oder nichts usw. – wirken energie-extensivierend, gleichwohl strom-intensivierend. In die gleiche Richtung weisen die Energien der Zweiten Solaren Zivilisation: Rationelle Energiewandlung und Energieanwendung sparen gewichtigen Primärenergierohstoff, die Primärenergien der erneuerbaren Energien haben kein Gewicht, und Wasserstoff hat die Ordnungszahl 1, es ist das leichteste Element der Welt.

- Energetische Nachhaltigkeit verlangt die Vermeidung von Unumkehrbarkeiten und die wohlerwogene Anwendung vorhandenen technischen Wissens der Energiewandlung. Wissenschaftliche Erkenntnisse nicht anzuwenden, ist nicht nachhaltig.

Alles zusammengenommen zeigt den Trend des gegenwärtigen Energieflussbildes zu „Energies-of-Light": They are of light weight, use the light of the Sun, lighten the burden on environment and climate, and light us into the energy future of the Second Solar Civilization. – Panta rhei!

Literatur

[1] Bundesministerium für Wirtschaft, Energieeinsparung und erneuerbare Energien, Dokumentation Nr. 361,12.1994, ISSN 0342-9288.

[2] Bundesministerium für Wirtschaft und Technologie, Energie Daten 1999, Nationale und internationale Entwicklung, 2.1999.

[3] Brundtland-Bericht der Weltkommission für Umwelt und Entwicklung, Unsere gemeinsame Zukunft. Greven: Eggenkamp Verlag 1987.

[4] Enquête-Kommission des 12. Deutschen Bundestages „Schutz der Erdatmosphäre" (Hrsg.), Mehr Zukunft für die Erde, Nachhaltige Energiepolitik für dauerhaften Klimaschutz. Bonn: Economica Verlag 1995, ISBN 3-87081-464-0.

[5] Nakicenovic, N., John, A.: CO_2 reduction and removal: Measures for the next century, Energy 16, 11/12, pp. 1347-1377.

[6]   Schüßler, R., Kümmel, R.: Schadstoff-Wärmeäquivalent als Umweltbela-
         stungsindikator, Energie, 5.1990, S. 40-49.

[7]   Wiener, N.: Mensch und Menschmaschine. Bonn: Athenäum Verlag Frank-
         furt/M., 1964.

[8]   Winter, C.-J., Nitsch, J. (Hrsg.): Wasserstoff als Energieträger , Technik,
         Systeme, Wirtschaft. Berlin: Springer Verlag, 1986, ISBN 3-540-15865-0.

[9]   Winter, C.-J., Sizmann, R.L., Vant Hull, L.L. (Eds.): Solar Power Plants,
         Fundamentals, Technology, Systems, Economics. Springer Verlag 1991,
         ISBN 3-540-18897-5.

[10]   Winter, C.-J.: Sonnenenergie nutzen - Technik, Wirtschaft, Umwelt, Klima.
         Berlin: VDE-Verlag 1997, ISBN 3-8007-2237-2.

6 Was ist, zu welchem Zweck, zu welchem Ende und durch wen muss im 21. Jahrhundert Energiepolitik betrieben werden?

Peter Hedrich

6.1 Gesellschaft und Wirtschaft am Scheideweg und im Zwang zur prinzipiellen Erneuerung des Denkens

Es ist herrschende Meinung, dass sich die Welt, die Gesellschaft, die Wirtschaft und die Weltwirtschaft im Wandel, im Zwang zu prinzipiell neuem Denken befinden [15].

Im Rahmen der zu erwartenden Veränderungen werden die elementaren menschlichen Existenzbedingungen

- Nahrung,
- Wasser,
- Energie

an Stellen des Bedarfes eine wachsende Rolle spielen.

Richtung, Geschwindigkeit und durch wen dieser Prozess bestimmt wird, hängt von den künftigen politischen, wirtschaftlichen, sozialökonomischen und psychosozialen Verhältnissen ab. Das gilt auch besonders für die Energiewirtschaft und für die auf sie gerichtete Energiepolitik. Die Vorstellungen über die politische und wirtschaftspolitische Entwicklung im 21. Jahrhundert sind sehr unterschiedlich.

S. P. Huntington entwirft ein Szenario, das die Frage nach der Macht und den Kampf zwischen den Kulturen stellt [10]. Er definiert vier Ebenen globaler Macht:

- Die USA als „einzige Supermacht".
- Regionalmächte, die in wichtigen Zonen dominieren, aber global ohne Reichweite sind.
- Sekundäre Regionalmächte mit geringem Einfluss.
- Alle übrigen Staaten.

Die Stabilität dieses Systems lebt von der Hoffnung, dass sich unipolare und multipolare Tendenzen zeitweise ausgleichen. Feindliche Beziehungen werden nicht

ausgeschlossen. „Es können sich Allianzen bilden, die bislang undenkbar waren."
Es geht um die ökonomische Macht und deren Realisierung, zu inhaltlichen Zielen werden keine Aussagen gemacht.

Diese legen Thurow [15] u. a. dar. Thurow vertritt die Meinung, dass fünf grundlegende Strukturveränderungen im Gange sind, die fundamentale Veränderungen hervorrufen:

1. „Ein Drittel der Menschheit, die in der alten kommunistischen Welt lebten, haben sich dem Kapitalismus angeschlossen".

2. „Übergang von Industrien, die auf natürlichen Rohstoffen aufbauen, zu künstlichen, wissenschaftlich bedingten Industrien."

3. Die „Weltbevölkerung wächst, wandert und altert." Es wird Gesellschaften geben, in denen die Älteren dominieren. „ Das wird soziologische, psychologische, politische und wirtschaftliche Konsequenzen von unvorstellbarer Tragweite haben".

4. Erstmals in der Geschichte stehen die notwendigen Transport- und Kommunikationstechnologien „für eine wahrhaft globale Weltwirtschaft" zur Verfügung. „Die amerikanische, die deutsche und die japanische Wirtschaft lösen sich langsam auf und werden durch eine globale Ökonomie ersetzt." „Wir werden eine Weltwirtschaft bekommen, ohne eine Weltregierung zu haben" .

5. „Erstmals ... gibt es keine dominierende Wirtschaftsmacht mehr...". Infolgedessen wird alles „irgendwie amorph, ohne vereinbartes Regelwerk ablaufen".

Als Gründe werden angeführt:

1. Das „Ende des Kommunismus" eröffnet den Zugang

   a) zu den neu entdeckten außerordentlich reichen Erdölvorkommen im Raum des Kaspischen Meeres, Zentralasiens und der Nordküste Sibiriens. Es entsteht eine völlig neue Situation für das „Ölgeschäft" und den allgemeinen Rohstoffmarkt.

   b) zu den hervorragend ausgebildeten Fachkräften in dessen Machtbereich. („Warum sollte ein Unternehmen ein Jahresgehalt von 75 000 Dollar für einen amerikanischen Ingenieur bezahlen, wenn es in Russland für 200 Dollar monatlich einen ebenso guten finden kann.").

2. Die „neuen Industrien ... haben keinen festen Heimatstandort. Sie können überall in der Welt angesiedelt werden." ... „Rohstoffe lassen sich kaufen. Kapital
   kann man aufnehmen" . Voraussetzungen für den Erfolg „im 21. Jahrhundert
   sind Fertigkeiten und Wissen" .

3. Die Weltbevölkerung wird in den nächsten 30 Jahren um 50 % wachsen. Deshalb werden „riesige Migrationen" von den armen zu den reichen Ländern erwartet.

4. Die „globale Ökonomie" verbindet niedrig entlohnte „unausgebildete und
   halbausgebildete Arbeiter"... in verschiedenen Ländern Asiens mit der „weltweit höchstbezahlten Arbeitskraft in den bayerischen BMW-Werken" für die
   Produktion eines Bauteils.

Thurow und Huntington äußern sich in [15 und 10] nicht zur Stellung internationaler Organisationen, weder zur UNO, zur EU u. a. noch global-sozial zu Men-
schenrechten und Demokratie.

A. und H. Toffler sind nach [11] in ihrem Buch "The Third Wave" der Meinung,
„dass viele Institutionen demnächst entmachtet würden: die nationalen Regierungen, die Gewerkschaften, die meisten Verbände". Das „Machtvakuum" würden
die „internationalen Monopole" füllen.

M. E. Winston „vertritt" nach [11] die Meinung „In der Globalwirtschaft könnten
Aktionäre und Konsumenten das Äquivalent zum demokratischen Wähler bilden".
Es wird die Hoffnung zum Ausdruck gebracht, dass die Konzerne sich „vielleicht
schon aus rein pragmatischen Gründen an das soziale Menschenrecht halten würden".
Im Multilateral Agreement on Investments (MAI) werden nach [11] im Rahmen
dieses noch nicht ratifizierten internationalen Handelsabkommens den Investoren
Rechte eingeräumt, die für eine Förderung der nationalen Wirtschaft oder Verlu-
ste durch Streiks das Einfordern von Schadenersatz bei Staatsorganen der jeweiligen Länder ermöglichen.

Es ist wohl kaum anzunehmen, dass sich auf diesen Grundlagen eine global ver-
antwortliche Energie- und Umweltpolitik entwickeln kann und irgend eine positive Erkenntnis daraus abzuheben ist. Noch weniger ist anzunehmen, dass die
hohe politische Kultur in den europäischen, besonders den klassischen,
Demokratien, und die sie tragenden Kräfte auf dieses Niveau sinken werden.
Die Europäische Union und die in ihr enthaltenen Europäischen Gemeinschaften
dagegen gehen von den Grundwerten: Wahrung des Friedens, Stärkung der internationalen Sicherheit entsprechend der Charta der Vereinten Nationen und der
Schlussakte von Helsinki, Einheit, Gleichheit, Solidarität, wirtschaftliche und so-

ziale Sicherheit [4, Artikel 1] aus. Sie zielt auf eine ausgewogene Entwicklung des Wirtschaftslebens, ein hohes Beschäftigungsniveau, einen hohen Grad der Konvergenz der Wirtschaftsleistungen der Mitgliedsländer, ein hohes Maß an sozialem Schutz, Hebung der Lebenserhaltung und der Lebensqualität, den wirtschaftlichen und sozialen Zusammenhalt und die Solidarität zwischen den Mitgliederstaaten ab [4, Artikel 2 und 130 a)]. Die Tätigkeit der Gemeinschaft [4, Artikel 3] richtet sich u. a. auf den Umweltschutz, die Bereiche Energie und Verkehr.
Der erreichte Stand ist sehr unterschiedlich.
Die Verträge spiegeln auf jeden Fall eine globale Verantwortung und ein hohes Maß an Solidarität zwischen den Mitgliedsländern wider.
Die demokratischen Defizite auf europäischer Ebene heben nicht das angestrebte Ziel auf: „Die Entwicklung und Stärkung von Demokratie und Rechststaatlichkeit sowie die Achtung der Menschenrechte und Grundfreiheiten" [16, Artikel J. 1].
Das sollte bei der „Überhöhung der Globalisierung" und ihrer Folgen für Demokratie beachtet werden.

In diesem Zusammenhang sind die Ausführungen von L. A. Nefiodow [13] besonders bemerkenswert. Er stellt einen anderen möglichen Wandel zur Diskussion. Er verbindet informationswirtschaftliche Erfordernisse mit der Theorie der langen Wellen von Kondratieff (Bild 6.1).

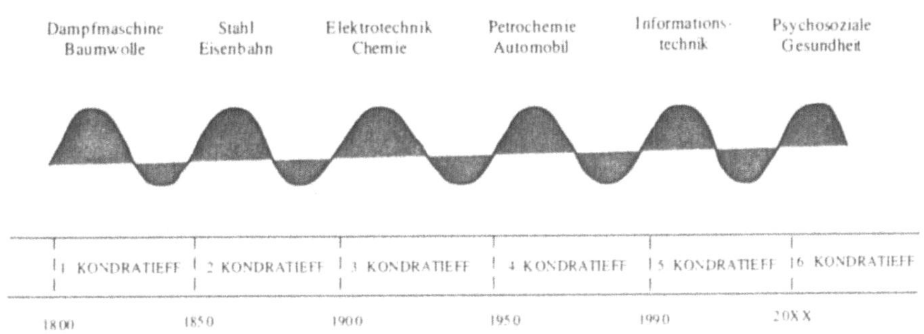

Bild 6.1: Psychosoziale Gesundheit als Basisinnovation des 6. Kondratieff [13]

Die bisherigen Wellen waren materiell-technische Basisinnovationen als logische Folge deren wirtschaftlicher Nutzung. Als „6. Kondratieff" wird die „Psychosoziale (seelische) Gesundheit" postuliert. In den „neuen wissensbasierenden Industrien" spielt der Mensch die entscheidende Rolle.
„Der wichtigste Produzent, Anbieter, Träger, Übermittler, Anwender und Konsument von Informationen ist der Mensch." „In einer Organisation, in der zwischenmenschliche Beziehungen von Angst, Frust, Schikane, Rücksichtslosigkeit und anderen negativen Einflüssen geprägt sind, können weder die kreativen noch die produktiven Potenziale der Belegschaft richtig mobilisiert werden." „Seelische

Gesundheit und die aus ihr hervorgehenden produktiven Kräfte, wie Kreativität, Motivation und Kooperationsfähigkeit werden in der Arbeitswelt ... immer wichtiger."

Die Gruppen- und Unternehmensethik gewinnt an Aufmerksamkeit. Sollte sich tatsächlich die Gesellschaft dazu „aufraffen können" oder im Zwang zur Systemerhaltung dazu „aufraffen müssen", einem „6. Kondratieff" dieser Art zum Durchbruch zu verhelfen, so wird das tiefgreifende Veränderungen im gesellschaftlichen Verhalten nach sich ziehen.
Damit würde das gesamtheitliche Denken und Handeln national und global neue Inhalte bekommen und ethisch geprägt werden.

Das würde betreffen:

* den Zugang und die Nutzung von Energie- und Rohstoffressourcen, den Schutz der Umwelt,

* die Ziele wirtschaftlichen Handelns, den wirtschaftlichen und sozialen Ausgleich zwischen hoch entwickelten und weniger entwickelten Gebieten,

* die leistungsorientierte, sozialgerechte Verteilung der Wertschöpfung an unselbständiger Arbeit, unternehmerisches Wirken, zur Verfügung gestelltes Vermögen und die Gesellschaft,

* gesellschaftliche und unternehmerische Solidarität und ethisch geprägtes ganzheitlich basiertes Handeln,

* das Entwickeln neuer Formen sozialmarktwirtschaftlichen sowie national und global ethischen Wirkens.

Schon heute ist es notwendig, trotz der „informationsgesellschaftlichen Euphorie" und eines „Trommelfeuers" von Schlagwörtern, die Erfordernisse „normalen Lebens" nicht zu vergessen.
Informationsgesellschaft, postindustrielle und Dienstleistungsgesellschaft, Freizeitgesellschaft, Weltgesellschaft, globale Weltwirtschaft, Globalisierung u. a. lenken von vielen nationalen und globalen Problemen ab und treffen besonders aus energiewirtschaftlicher Sicht die Dinge nur z. T. im Kern.
Richtig ist, die neuen „künstlichen, extrem auf menschlicher Intelligenz und Fertigkeit beruhenden Industrien", die auch die traditionellen Industrien und Wirtschaftszweige durchdringen und deren Anteil an der Wirtschaftsleistung zurückdrängen, sowie die Dienstleistungswirtschaft unterliegen einem schnelleren Wachstum. Aber: industrielle Produktion beruhte immer auf dem Stand ökono-

misch realisierter Intelligenz, geistiger Arbeit und nicht nur auf Rohstoffen und Muskelkraft.

Menschen ernähren sich nicht von, wohnen nicht in, kleiden, pflegen, erholen und bewegen sich nicht mit Informationen. Informationstechnik und -wissenschaft leisten einen Beitrag, diese Prozesse effektiver zu gestalten. Sie sind z. T. selbst primäres menschliches Bedürfnis, aber eben nur eines von vielen, nicht mehr. Dienstleistungswirtschaft (soweit nicht „ausgelagerte" Industrie), Freizeitwirtschaft, Bildung und Ausbildung, soziale Versorgung u. a. können und konnten sich nur zulasten der traditionellen Zweige ausweiten, weil die extreme Steigerung der Produktivität in Industrie, Bau und Landwirtschaft oder der Reichtum der Natur dies materiell, monetär und arbeitskräftemäßig möglich werden ließ.

Die Wirtschaftsstruktur ändert sich oder wird bewusst geändert dank des eingesetzten wissenschaftlich-technischen Fortschritts und des Vermögens, dies zu tun. Die Anteile der Wirtschaftsbereiche verschieben sich, wobei nicht selten das Produktionsvolumen der im Anteil sinkenden Bereiche in der Summe weiter steigt oder erhalten bleibt. Dies wirkt mit allen Folgen für den Energiebedarf, die rationelle Nutzung der Energie, die Ökologie und die Ressourcensituation.
Für die Mehrheit der Menschheit ist diese Situation noch nicht gegeben. Dies wird auch eine Quelle der Probleme des 21. Jahrhunderts.

6.2 Globalisierung und Regionalisierung

Globalisierung ist ein „junger Begriff". Neu ist die Entstehung weltweiter Finanzmärkte mit extrem kurzen Reaktionszeiten. Alt ist der internationale Wettbewerb von Unternehmen und das Eindringen und Schaffen neuer Märkte. Neu, ohne prinzipiell neu zu sein, sind dabei der erreichte Stand der Transport- und Kommunikationstechnologien, der noch nie gekannte Grad der Kooperation, der Arbeitsteilung, des Warenaustausches, deren hohe Reaktionsgeschwindigkeit, der weltweite Charakter.
Globalisierung wird heute aus persönlicher, unternehmerischer und nationaler Interessenpolitik betrieben. So gesehen, wäre kein prinzipiell anderes energiewirtschaftliches Denken erforderlich. Das 21. Jahrhundert wird dies aber über alle Jahrzehnte nicht hinnehmen.
„Zufrieden werden wir erst sein können, wenn wir ... zu einer Ära globaler Verantwortungspolitik gelangen" [9]. Globalisierung ist heute vordergründig „nach außen" mit Nutzen „nach innen" gerichtet. Sie geht von hoher Mobilität der Produktionsstandorte und der Arbeitskraft und der Auflösung nationaler Wirtschaften aus.

Das Gros der Menschheit jedoch lebt und arbeitet regional, ist hinsichtlich der tätigkeitsbezogenen Mobilität eingeschränkt, ist an bestehende Infrastrukturen gebunden.
Das Gros der Menschheit kann nicht wie Guthaben, Konten und Finanzinnovationen in kürzester oder wie Spezialisten, Führungskräfte, Gast- und Leiharbeiter in relativ kurzer Zeit den Standort wechseln. D. h. ein dauerhaft globales, mobiles Leben im allgemeinen gibt es nicht.

Eine nachhaltige, sozial verträgliche Globalisierung setzt eine Regionalisierung, getragen von globaler Verantwortung, voraus.

In Ansätzen wohnt sie den Verträgen der Europäischen Union inne. Lebensfähige regionale wirtschaftliche Strukturen und stabil besiedelte Regionen sind Voraussetzung einer lebensfähigen Globalisierung wirtschaftlicher und sozialer Prozesse.

Dazu gehören territorial spezifiziert relativ gleiche Chancen (nicht nur gleiche Rechte) und das Vermögen,

- erwerbswirtschaftlich und infrastrukturell stabile, im globalen Verbund lebensfähige Strukturen aufzubauen.

- Ressourcen zu nutzen, Umwelt zu schonen und zu erhalten, nachhaltig [6, Kapitel III] zu sein.

- Bildung zu erwerben, durch Arbeit den Lebensunterhalt zu sichern, gesundheitlich und sozial durch Leistung gesichert zu sein.

- durch selbstständige und unselbstständige Arbeit erfolgreich zu sein, faire Preise zu realisieren, leistungsgerecht entlohnt zu werden.

Sozial verträgliche Regionen sind die Voraussetzung, sozial brisante, destabilisierende Massenmigrationen zu vermeiden und zu beherrschen.
Das erfordert eine Abkehr von einer Politik der „beggar the neighbour" in einer globalisierten Weltwirtschaft [9].

Im Grunde bedarf es im Verlaufe der ersten Hälfte des 21. Jahrhundert des in Europa angestrebten, durchaus nicht realen sozialmarktwirtschaftlichen Typs, in Form einer demokratisch fundierten, sozial und marktwirtschaftlich orientierten Weltwirtschaft mit durchweg lebensfähigen territorialen Wirtschafts- und Lebensräumen.

6.3 Allgemeine Anforderungen an Energiewirtschaft und Energiepolitik

6.3.1 Energiewirtschaft, Charakter und Ziele

Die Energiewirtschaft eines Landes, einer Region oder eines übernationalen Gebietes ist die Summe aller energetisch vernetzten Ketten von der Nutzenergie (bedarfsseitig primär) bis zur Primärenergie (bedarfsseitig sekundär). Das heißt, sie umfasst die Prozesse von der Nutzung der Energie in den Energieanwenderbereichen bis zur Verteilung, den Transport, die Umwandlung, die Förderung, den Import und Export von Energieträgern und Energie unabhängig von organisatorischen und eigentumsbedingten Grenzen [2, Kapitel 3].

Das Erkennen der Entwicklungstendenzen der Energiewirtschaft in ihrer Einheit von Nutz- und Primärenergiebedarf und die sie bedingenden und realisierenden gesellschaftlichen und wirtschaftlichen Prozesse ist sehr kompliziert. Sie sind mit vielen Unsicherheiten verbunden und in ihrem zeitlichen Verhalten und hinsichtlich der Anpassungsfähigkeit nicht einheitlich.

Die systemtragenden Anlagen und Prozesse der **Energiebereitstellung** besitzen eine sehr hohe Kapitalintensität, lange politisch beeinflussbare Investitionsvorbereitungszeiten und z. T. lange Bau-, Rekultivierungs- und Nutzungszeiten. Sie verlangen eine Voraussicht von 30 bis 50 Jahren bei oft unklarer Situation hinsichtlich der Ressourcenzugänglichkeit, der Preise sowie der gesellschaftlichen Akzeptanz. Zu Recht erwarten Investoren, Eigentümer und Betreiber die Einhaltung des verfassungsmäßig verbrieften Schutzes des Eigentums durch Schaffen von Rahmenbedingungen, die einen wirtschaftlichen Betrieb und eine ökonomisch vertretbare Nutzungsdauer ermöglichen.

Die **Energieanwenderbereiche**, d. h. die primären Bedarfsverursacher (Energienutzer) dagegen sind charakterisiert durch eine hohe Dynamik der Technologien, besonders in der verarbeitenden Industrie, im Verkehrswesen, der Ausstattung der Haushalte. Auch die kapital- und energieintensiven Wirtschaftszweige, wie z. B. die grundstoff- und werkstoffschaffende Industrie können dieser Dynamik folgen.

Reaktionsgeschwindigkeit und Vorhersagezeitraum der Energieanwenderbereiche und der Energiebereitstellung unterscheiden sich deutlich.

Die enge Verknüpfung von Gegenwart und langfristiger Voraussicht kommt besonders bei der Bereitstellung und Nutzung der Elektroenergie zum Ausdruck. Elektroenergie wird charakterisiert durch die Quasi-Zeitgleichheit von Bereitstellung, Transport und Verbrauch, zeitpunktgerecht, ortsgerecht, leistungsgerecht über den Tag und das Jahr schwankend, bei gesetzlicher Versorgungspflicht. Der

Ausfall der Bereitstellung von Elektroenergie führt in der Wirtschaft zum Stillstand und stört das gesellschaftliche Leben empfindlich.

Der Ausfall von versorgungspflichtig zugesicherter Abnahme führt durch die nichtnachholbare Inanspruchnahme von Leistung zu nicht ausgleichbaren ökonomischen Verlusten. Ein Tatbestand, der den Fachleuten selbstverständlich ist, der in der Regel zweigfremden Fachleuten, Politikern und der breiten Öffentlichkeit nicht nahe gebracht oder von ihnen nicht verstanden wird.

Die Industrialisierung vieler hinsichtlich des Bruttosozialproduktes unterentwickelter bevölkerungsreicher Länder, die heute schon die Hälfte der Weltbevölkerung ausmachen, deren sozialer Aufholungsprozess und das weltweite Wirken globaler Verantwortung wird im Verlaufe des 21. Jahrhunderts (energiewirtschaftliche Zeithorizonte angelegt) dazu führen, dass diese Länder sich den heute hoch entwickelten Wirtschaften relativ annähern, einige von ihnen erreichen und überholen.

Das wird eine völlig neue Situation der Ressourcennutzung bei Energieträgern und Rohstoffen sowie der globalen Umweltproblematik zur Folge haben. Es wird die Situation der Weltwirtschaft und die Interessen und Ziele der Regionen, die internationale Arbeitsteilung grundlegend ändern.

Es gibt nur zwei prinzipielle Möglichkeiten:

Erstens, der marktwirtschaftliche Wettbewerb wird immer ruinöser. Ein Teil der heutigen Wirtschaftsmächte setzt die „geschichtlichen Traditionen" fort und verliert an globaler Bedeutung.

Zweitens, die wirtschaftlich tragenden Mächte gehen zur Kooperation, zur Beherrschung der vielfältigen globalen Probleme über. Der Wettbewerb bekommt einen neuen Charakter.

Grundsätze modernen Managements, wie Unternehmensinteresse geht vor Gruppeninteresse, das Gruppeninteresse vor Einzelinteresse, bekommen globalen Charakter, dringen in globalgesellschaftliche Prozesse ein.

Das erfordert:

1. Das „Anliegen von Rio" mit neuen realen Zielen, weiteren Horizonten unter Beachtung der sich langfristig entwickelnden wirtschaftlichen Situation konsequent umzusetzen. Nicht jeder für sich und nach der „goldenen Regel", sondern in globaler Verantwortung, gegenseitiger uneigennütziger Hilfe, in der Einheit von nachhaltiger ökologischer Wirksamkeit und ökonomischem Prinzip.

2. Bereit zu sein, Konventionen zu erarbeiten und umzusetzen, die

- das angemessene Nutzen der nationalen Ressourcen zum Inhalt haben.

- den von Energieträgern und Rohstoffen relativ importabhängigen Ländern bzw. Wirtschaftsgebieten Anteile (jährliche Verbraucherquoten) an den globalen Vorräten sichern und den ressourcenreichen, exportierenden Ländern oder Wirtschaftsgebieten und den exterritorial agierenden Wirtschaftsvereinigungen Förderquoten mit flexiblen, wirtschaftlich zukunftssichernden Preisen bei gleichzeitig ressourcenschonender (verlängernder) Wirkung empfehlen, die diese in globaler Verantwortung als verbindlich betrachten oder die im Rahmen einer sozialen Weltwirtschaft irgendwann durch eine systemerhaltende koordinierende Einheit verbindlich, gewissermaßen „gebrüsselt", werden.

3. Je nach der Ausprägung globaler Verantwortung und Solidarität sind globale Preispools denkbar, die den Entwicklungsländern zeitweise, an Bedingungen gebunden, Preisvorteile gewähren. Damit würde im Interesse eines „globalen Gemeinwohles" nach dem allgemein gültigen Prinzip: „die Ungleichheit darf ein gewisses Maß nicht überschreiten" [3] im Sinne des Artikels 130 a) des EU-Vertrages [4] gehandelt und dieser in neuer Form erweitert zu globaler Wirkung gelangen.

4. In der internationalen Arbeitsteilung werden in Stufen Preise durchgesetzt, die die global vergleichbare Wertschöpfung berücksichtigen. Leistungsgerechte Preise könnten, bei Einsatz der Mittel für das jeweilige Gebiet, den wirtschaftlichen Aufholprozess der Niedriglohnländer ermöglichen und beschleunigen, zahlungsfähige Nachfrage schaffen und somit die Existenz der hochentwickelten Wirtschaften sichern helfen. Die Wirtschaft würde einer „vernunftbegabten, von Überlebenswillen" getragenen Stimme des Dollars folgen.

Damit würden energiewirtschaftliche, rohstoffwirtschaftliche Vorausberechnungen wesentlich erleichtert. Der Energiebedarf würde auf neue Art betrachtet. Bedarf wäre nicht mehr materiell und ökonomisch realisierbares Bedürfnis. Die Frage würde sich umkehren. Wie kann man ein Maximum an Bedürfnisbefriedigung mit begrenzten globalen Energieträgern und Rohstoffangeboten, bei Einhaltung der ökologischen Verpflichtungen, unter Einbeziehung nationaler, geologisch realisierbarer und erneuerbarer Ressourcen nachhaltig erreichen?
Nicht nur Energieträger und Energiebereitstellungs- und Umwandlungsanlagen, -prozesse, -technologien sind austauschbar, ersetzbar, sondern auch im beträchtlichen Maße Energiebedarf [2]. Durch den Einsatz von Investitionen (Wissen, Arbeit, Kapital), wissenschaftlich-technische und organisatorische Maßnahmen so-

wie effizientes Verbraucherverhalten (d. h. auch Energiepolitik) kann Energiebedarf beeinflusst, gesenkt und z. T. vermieden werden.

Das was heute schon im großen Stil bei der Wärmedämmung, in vielen energetischen Prozessen, beim Contracting u. a. realisiert wird, bekäme eine neue Dimension. Im Rahmen globaler Verantwortung erhält das Absatz-Umsatz-Streben durch das „neue wertschöpfende Geschäft Verminderung und Verhinderung von Energiebedarf" einen neuen Charakter.

Damit wird ein alter Gedanke umgesetzt. Die Menschen haben keine Energiebedürfnisse an sich. Sie wollen ihre primären Bedürfnisse: Ernähren, Wohnen, Kleiden, Bilden, mobil sein, Freizeit, Erholung, Gesundheit u. a. differenziert nach Alter, Bildung, Mentalität, natürlicher Umwelt befriedigen.

Alle sich daraus ergebenden notwendigen Wirtschaftsprozesse sind Mittel zum Zweck. Energiepolitik muss der Befriedigung dieser Bedürfnisse dienen und ihnen förderlich sein.

6.3.2 Erfordernisse der Energiepolitik im 21. Jahrhundert

Energiepolitik ist das zielgerichtete und planmäßige Handeln und Entscheiden sachlich und sozial kompetenter bzw. in diesem Sinne informierter und handlungsfähiger staatlicher Entscheidungsträger.
Sie soll auf Grundlage fundierter Einsichten im zu vertretenden Wirtschaftsgebiet die Bereitstellung und Nutzung von Energie für Bürger und Wirtschaft sichern.

Sie verfolgt das Ziel, die energiewirtschaftlichen Prozesse und Bedingungen, da sie auch gesellschaftlich global sind, so zu lenken, zu führen und zu beherrschen (d. h. zu regieren), dass sie ökonomisch, materiell-technisch, ressourcenmäßig und ökologisch realisierbar, wirtschaftlich vertretbar, nachhaltig, zukunftssicher, da global verantwortungsbewusst und damit für Bürger und Wirtschaft nachvollziehbar und nützlich, d. h. akzeptabel sind.

Energiepolitik muss einen Zeitraum von 30 bis 50 Jahren (also bis etwa 2030 bis 2050) und darüber hinaus ins Auge fassen. Sollen die prinzipiellen Fehler relativ gering und die nicht vermeidbaren Anpassungskosten gesellschaftlich und unternehmenswirtschaftlich vertretbar sein, dann kann die energiewirtschaftliche Zukunft nicht mehr der „unsichtbaren Hand" des Marktes und nicht dem einzelnen Unternehmen überlassen werden. Die globalen Tendenzen verschärfen diese Aussage noch.

Es bedarf der bewussten Nutzung der schöpferischen Intelligenz und Voraussicht informierter Menschen. Es bedarf der konzeptionellen Arbeit planerischen Charakters. In jedem gut geführten Unternehmen mit langen Reaktions- und Nutzungszeiten, im Verkehrswesen, in der Wasserwirtschaft, in Teilen der Grundlagenforschung und für die Landesverteidigung u. a. ist das so üblich.

Die Einheit von Globalisierung und Regionalisierung erfordert, dass man die energiewirtschaftliche Zukunft permanent, in der Intensität schwankend, alternativ denkend, wissenschaftlich fundiert, materiell und ökonomisch real, wahlperioden-und parteienresistent, für längere zeitliche Perioden im Prinzip verbindlich, aber anpassungsfähig im gesellschaftlichen Interesse gestaltet.

In einer echten Demokratie gehört dazu, diese Prozesse emotionslos, durchschaubar, nachvollziehbar, nachrechenbar, offenkundig zu machen, Glasnost zu praktizieren. Das erfordert ebenfalls die gesellschaftliche, die politisch getragene Ebene.

Sind

- die Ziele, Wege und deren Etappen, die anzustrebenden Strukturen, die erforderlichen technischen Mittel im Prinzip erarbeitet,

- die notwendigen Ressourcen mit großer Wahrscheinlichkeit vorhanden oder zugänglich,

- die ökologischen Bedingungen erfüllbar,

- durch Information und Kommunikation ein energiewirtschaftliches Bewußtsein entwickelt, das Akzeptanz und produktive Mitwirkung produziert [7],

- der generelle Weg frei von Egoismen auf demokratischem Wege zum gesellschaftlichen Willen erklärt,

dann kann der Markt beginnen zu wirken.

Ihm obliegt es, innerhalb der vorgegebenen Rahmenbedingungen im Wettbewerb der Marktpartner, die realen Möglichkeiten zu schaffen, dass die Gesellschaft mit wesentlich weniger Ressourcen, einschließlich ökonomischer Aufwendungen, ihre energetischen und ökologischen Bedürfnisse befriedigen, das Lebensniveau halten und global angemessen erhöhen kann.

Die verantwortlichen politischen Kräfte sehen das heute noch anders. Sie gehen davon aus, dass der Markt keine „gesamtgesellschaftlichen Vordenker" braucht. Die Ressourcenlage wird für sehr günstig und Richtung und Tempo der Globalisierung als durch die hoch entwickelten Länder im wesentlichen bestimmt angesehen und die Unternehmen als geeignet und hinreichend interessiert, über den

Markt mit hoher gesellschaftlicher Effizienz die energiewirtschaftlichen Bedürfnisse der Gesellschaft zu befriedigen.

Das ist die Ursache, dass die Politik heute ständig über energiewirtschaftliche Details spricht, schreibt und entscheidet, ohne ein belegtes energiewirtschaftliches Konzept zu besitzen. Weder für Deutschland, noch für Europa, noch für die Welt gibt es eine in sich geschlossene, die Gesamtheit der Energiewirtschaft erfassende, die künftigen Bedingungen und dem weltweit zu erwartenden Wandel entsprechende, mit Beweiskraft versehene (stringente) Energiepolitik [8].

Energiepolitik wird heute von Regierung, Parteien und Unternehmen über verschiedene „Kanäle" betrieben. Politiker und Parteien, also auch die Regierung handeln oft (nicht immer) und in zu starkem Maße unter dem selbst auferlegten Zwang, wieder gewählt zu werden und unter dem Druck selbst entfachter Emotionen. Unternehmen denken und handeln natürlicherweise den Gesetzen und Wertmaßstäben „der aktuellen Kultur des Marktes" folgend im Eigeninteresse.

In der politischen Landschaft werden heute von kleineren Parteien, die durch die Funktion der *„die Mehrheit schaffenden Minderheit"*, relativ einflussreich sein können, neue wirtschaftspolitische, also auch energiewirtschaftliche, Linien aufgemacht und gegebene langfristige attackiert.

Eine fundierte Beweisführung, die Besonderheiten energetischer Prozesse hinsichtlich Arbeit, Leistung, Raum und Zeit spielen kaum eine Rolle. Sie werden durch Behauptung und Emotionen ersetzt oder, wenn vorhanden, der Öffentlichkeit nicht nachvollziehbar unterbreitet.

Der begrenzte Wille und die begrenzte Fähigkeit, realisierbare, in sich geschlossene, langfristig orientierte, wissenschaftlich fundierte Energie- und Umweltpolitik verantwortlich zu betreiben und in geeigneter Weise mithilfe des Marktes umzusetzen, wird z. B. sichtbar
a) darin, dass Energieprognosen von außenstehenden prominenten „allround"-Beratungsunternehmen im staatlichen Auftrag erarbeitet werden.

„In einem marktwirtschaftlichen System entscheidet der Wettbewerb darüber, welche Strukturen sich bei Energieangebot und Nachfrage langfristig herausbilden. Die Bundesregierung erstellt vor diesem ordnungspolitischen Hintergrund keine eigenen Energieprognosen" .... „Die Verantwortung und das Risiko ... liegen auch im Energiesektor bei den Unternehmen"... „ Als Beitrag zur allgemeinen Orientierung und zur energiepolitischen Diskussion werden in mehrjährigen Abständen Forschungsaufträge zur Einschätzung der Entwicklung auf dem Energiesektor vergeben" [5].

b) in der Kernenergiepolitik der gegenwärtigen Regierung. Sie betreibt den Ausstieg aus der Kernenergie, ohne eine Konzeption zu haben, wodurch sie ersetzt werden soll.

„Wenn wir die Kernenergie ersetzen wollen, dann müssen wir uns Gedanken darüber machen, welche Primärenergien oder Endenergien auf lange Sicht die größten Versorgungsbeiträge leisten können und leisten sollen. Es geht dabei um die generellen Eckpunkte der Energiepolitik sowie die Risiken und Chancen der einzelnen Energieträger" [12].
Die alte Regierung überließ die Risiken den Unternehmen, die neue Regierung rückt davon ab, ohne ein stringentes Konzept für den Ersatz zu haben. Sie schneidet erst und misst dann.

c) in der fehlenden EU-Kompatibilität der deutschen Energiepolitik bezüglich der Kernenergie. Es ist nicht nachvollziehbar, warum Deutschland aus der Kernenergie aussteigen muss, während die zweitstärkste EU-Wirtschaftsmacht Frankreich mit ca. 78 % der Elektroenergie aus Kernenergie keine Ursache für einen Ausstieg sieht und es für sie auch keinen absehbaren realistischen Weg dazu gibt.

d) im Bestreben, schwächeren Partnern, wie z. B. der Ukraine, den eigenen lösungsmäßig offenen Ausstieg aus der Kernenergie aufzudrängen und als Ersatz, ökonomisch flankiert, die Erzeugung von Grundlast in Erdgas- oder Kohlekondensationskraftwerken nahe zu legen. Dies, obwohl aus Devisengründen die Fernwärme- und Warmwasserversorgung auf Erdgasbasis nicht durchgehend gesichert werden kann und die Kohlevorkommen relativ stark begrenzt sind. Gleichzeitig wird durch die EU den neuen ehemals sozialistischen Bewerberländern empfohlen, ihre Kernkraftwerke auf den internationalen Sicherheitsstandard zu bringen [1].

e) in der mangelnden Bereitschaft oder fehlenden Einsicht, die traditionellen nationalen Energieressourcen, einschließlich Uran und Thorium, aus langfristiger globaler Sicht als einen Reichtum des Landes (der Region) zu sehen, der im Bedarfsfalle als Einheit, unter Einbeziehen der Energieträgerimporte, langfristig als subventions- und sozialhilfefrei betrachtet werden kann.
Stattdessen werden die Ressourcen einzeln, subventionsbehaftet wie Autos, Jeans oder Kaffeetassen dem gewöhnlichen, marktwirtschaftlichen Wettbewerb ausgesetzt, d. h. „Geschäften", die ohne Schaden unterbrochen, aufgegeben oder durch andere ertragsgleich ersetzt werden können.

f) in der Negation natürlicher Ursache-Wirkungs-Beziehungen. Statt: Ökosteuern verteuern die Energie, senken den Energieverbrauch und finanzieren die weitere Senkung des CO_2-Emissionen, z. B. durch Ausbau und Fahrpreissenkungen im Nahverkehr, wird das Gegenteil betrieben. Die Öffnung des „Strommarktes" verbilligt die Elektroenergie, d. h. hebt partiell die Wirkung der Ökosteuer und anderer energiesparender Maßnahmen auf. Die Einnahmen aus der Ökosteuer werden „sachfremd" zur Senkung der Lohnnebenkosten eingesetzt.

g) in der Öffnung des Strommarktes, die vorübergehend scheinbar zu mehr Wettbewerb führt. Während die Strombörsen und die Durchleitung zu Großabnehmern und wirtschaftsaktiven Verteilern eine bessere Nutzung der Ressourcen und der investierten Kapazitäten ermöglichen, wenn sie den netztechnischen Bedingungen genügen, führt die Tätigkeit von „bloßen Stromhändlern" zu einer „Verstümmelung" des elektroenergetischen Gesamtprozesses und der Versorgungspflicht. Reine Stromhändler eignen sich Teile der Wertschöpfung an, ohne einen Beitrag zum Schaffen der materiell-technischen Voraussetzungen geleistet zu haben, und ohne Verantwortung für den hochsensiblen, mit Lichtgeschwindigkeit vor sich gehenden Elektroenergieversorgungsprozess zu tragen. Sie entziehen den Stadtwerken und der Regionalversorgung, die auch einen bedeutenden sozialregionalen Beitrag leisten, z. T. die Früchte ihrer Wertschöpfung und Versorgungssicherheit ermöglichenden Vorleistungen. Nimmt dies Größenordnungen an und hält es sich über Jahrzehnte, kann die materiell-technische Basis durch sinkendes Interesse der Systembetreiber ernsthaft gefährdet werden.

Die Gegenmittel sind Kooperation und Fusionen. Dieser Prozess hat bereits begonnen und wird am Ende zu großen wirtschaftlichen Einheiten mit weniger Wettbewerb und zu Arbeitsplatzverlusten führen.

Durch den Einfluss fachfremder Kompetenz oder das Verdrängen oder die Resignation fachbezogener Kompetenz oder die Überzeugung, dass sich Notwendiges am Ende durchsetzt, scheint vergessen worden sein, dass die Energiewirtschaft im eigentlichen Sinn (die Bereitstellungsseite) und ihre sektoralen und territorialen Unternehmen wegen der Spezifika ihrer Prozesse und Produkte sich noch nie auf das so genannte „Wirken der stillen Hand" verlassen haben und konnten. Es gehörte zur unternehmerischen Tätigkeit und zum Risiko, sich über Richtung, Höhe und Zeitpunkt des wahrscheinlichen Bedarfes für Zeiträume und Räume Gedanken zu machen, die für die Bedarfsträger nicht von Interesse oder für die die Bedarfsträger noch nicht existent waren. Es ging deshalb um den Rahmen, die Schwerpunkte und das Tempo der Voraussicht energiewirtschaftlicher Strukturen und den Vorlauf im infrastrukturellen Bereich. Damit waren stets Merkmale knapper Güter und die Unterstützung und das eigenständige Wirken der „öffentlichen Hand" (Stadtwerke) gegeben.
Wenn sich wirklich in stärkerem Maße und verantwortlich betrieben im materiellen Bereich ein höheres Niveau der Globalisierung durchsetzt, kann man der

Energiewirtschaft im eigentlichen Sinn nicht mehr allein die Rolle des „volkswirtschaftlichen" Vordenkers überlassen.

Energiepolitik bedingt zunehmend wirtschaftspolitischen Weitblick. Wird „psychosoziale Gesundheit" zum knappen Gut, dann bedeutet das für die gesellschaftliche Ebene, die Voraussetzungen zu schaffen, dass die Bürger echte Chancen haben, eigenverantwortlich durch sinnvolle Arbeit ihren Lebensunterhalt zu sichern. In einer psychosozial gesunden Gesellschaft „dient Arbeit dem Lebensunterhalt, ist sinnvolle Arbeit ein Stück Menschenwürde" [14]. Menschenwürde ist ein Stück Menschenrechte. Wissensbasierte Freiheit und Menschenrechte sind ein Stück Demokratie, und Wirtschaftspolitik ist für die Menschen da.

Die Energiepolitik bestimmt in bedeutendem Maße den Rahmen für die Wirtschaftspolitik und den Wohlstand der Gesellschaft. Deshalb ist eine stringente Energiepolitik ein öffentliches Gut ersten Ranges.

Sie kann weder unverbindlich sein noch professionellen „außenstehenden" Beraterfirmen überlassen werden. Vorschläge sollten in gesellschaftlichem Auftrag, in größeren zeitlichen Abständen von „adhoc-Fachgremien" verantwortlich bearbeitet werden. In ihnen sollten kompetente, im Fachgebiet erfahrene und aktiv tätige Persönlichkeiten aus den jeweiligen gesellschaftlichen, regionalen und unternehmerischen Fachbereichen wirken. Sie müssen von höchster fachlicher und sozialer Kompetenz sein. Sie müssen befähigt und willens sein, die Einheit von Gesamt- und Teilinteressen zu wahren und gesellschaftlich akzeptabel zu gestalten. Sie müssen die Folgen ihrer Vorschläge für künftige Generationen erkennen können. Ihre Vorschläge müssen systemerhaltend, wirtschaftlich und sozialverträglich und global verantwortungsbewusst sein. Sie müssen Vorzüge und Nachteile von Entwicklungslinien schonungslos offen legen und für jedermann verständlich formulieren können. Ihre Vorschläge müssen von wissenschaftlicher Beweisführung geprägt und frei von lobbyistischen Einflüssen sein.

Energiepolitik als öffentliches Gut heißt im 21. Jahrhundert, Verantwortung für die Leitlinien gesamtheitlicher energiepolitischer Entwicklung zu tragen. Sie muss der Richtungskompetenz des Staates unterliegen. Sie muss relativ wahlperioden- und parteienresistent sein. Sie beruht auf den allgemeinen politischen Zielen. Sie muss nachhaltig, ökonomisch und ökologisch realisierbar, global verantwortungsbewußt und für demokratische Strukturen systemerhaltend sein. Sie ist in diesem Sinne vom Gemeinwohl getragen über den Markt durch- und umzusetzen.

Literatur:

[1]   Agenda 2000 – Pressemitteilung IP/97/660 der EU Straßburg/Brüssel, 16.07.1997.

[2]   Autorenkollektiv: ZE 2020 ZITTAUER ENERGIEKONZEPT; Technische Hochschule Zittau, Wissenschaftliche Berichte, Heft 27, Dezember 1990, Nr. 1307.

[3]   Böckenförde, E.W.: Die Ungleichheit darf ein gewisses Maß nicht übersteigen. Süddeutsche Zeitung, Nr. 172, 29.07.1999.

[4]   Der EG-Vertrag (Maastrichter Fassung).

[5]   Die Energiemärkte Deutschlands im zusammenwachsenden Europa – Perspektiven bis zum Jahr 2020 – Kurzfassung, Bundesministerium für Wirtschaft, Dokumentation Nr. 387, Dezember 1995.

[6]   van Dieren, W.: Mit der Natur rechnen. Der neue Club-of-Rome-Bericht. Basel-Boston-Berlin. Birkhäuser Verlag, 1995.

[7]   Egger, Ch.: Communication and awareness raising; WORLD SUSTAINABLE ENERGY DAY; PROCEEDINGS, International Conference Wels/Austria, 4. 5.3.1999. O. Ö. Energiesparverband/EUFORER.

[8]   Harig, H.D.: Wir brauchen eine stringente Energiepolitik, Interview mit dem PreussenElektra-Chef. Stromthemen Information zu Energie und Umwelt, IZ der Elektrizitätswirtschaft e. V. Frankfurt/Main Nr. 5/1999.

[9]   Herzog, R.: Maximen der Verantwortung; Perspektiven der Außenpolitik im 21. Jahrhundert. Süddeutsche Zeitung, Nr. 121, 29./30. Mai 1999.

[10]   Huntington, S. L.:Wohin driftet die Macht; Weltpolitik an den Bruchlinien der Kulturen – ein Szenario für das 21. Jahrhundert. Süddeutsche Zeitung, Nr. 66, 20./21.03.1999.

[11]   Kreye, A.: Global sozial: Die neue Macht internationaler Konzerne und ihre neue Verantwortung. Süddeutsche Zeitung, Nr. 159, 15.07.1999.

[12]   Müller, W.: Energiepolitik braucht den Konsens, Interview mit dem Wirtschaftsminister, Stromthemen Nr. 7/1999.

[13] Nefiodow, L. A.: DER SECHSTE KONDRATIEFF; Wege zur Produktivität und Vollbeschäftigung im Zeitalter der Informationen. Sankt Augustin: RheinSieg Verlag, 1996.

[14] Rau, J.: Rede von Bundespräsident Johannes Rau bei der gemeinsamen Sitzung von Bundestag und Bundesrat am 01.07.1999, Bonn.

[15] Thurow, L.: Kolumbus irrte richtig; Die Zukunft des Kapitalismus: Fünf Gründe, warum sich die Welt im Wandel befindet. Süddeutsche Zeitung, Nr. 36, 13./14.02.1999.

[16] Vertrag über die Europäische Union (MaastrichtVertrag).

7 Entwicklungstendenzen in den Energiewirtschaften der EU-Beitrittskandidatenländer Mittel- und Osteuropas

Wilhelm Riesner

7.1 Vorbemerkung

Eine größere Zahl ehemals sozialistischer Staaten Europas hat ihr Interesse an einem EU-Beitritt in einer möglichst kurzen Zeit geäußert. Dazu zählen Polen, Tschechien, Ungarn, die Slowakei, Rumänien und Bulgarien, aber auch die baltischen Länder Estland, Lettland und Litauen, sowie die Nachfolgestaaten des ehemaligen Jugoslawiens, Slowenien und Kroatien.

Ein Beitritt in die EU bedeutet aber nicht nur Chancen, er ist auch mit Risiken verbunden, wenn die Vorbereitung dieser Länder auf den EU-Beitritt nicht ausreicht. Im folgenden soll deshalb untersucht werden, wie der derzeitige Entwicklungsstand der Energiewirtschaften einzelner Länder einzuschätzen ist und welche Rolle Deutschland in diesem Prozess spielen kann und auch spielt.

7.2 Das Erbe der sozialistischen Ära

Alle genannten Länder haben eine etwa gleiche Entwicklungsgeschichte seit der Zeit nach dem 2. Weltkrieg, die auf der Theorie des Marxismus-Leninismus und den Erfahrungen der damaligen Sowjetunion beim Aufbau des Sozialismus seit dem Ende des 1. Weltkrieges beruhte. Hinsichtlich der energiewirtschaftlichen Entwicklung waren es insbesondere:

- die These der bevorzugten Entwicklung der Abteilung I der Industrie (Grundstoffindustrie und Schwermaschinenbau) gegenüber der Abteilung II (Leicht- und Lebensmittelindustrie) und

- die Leninsche These mit der Formel [4] „Kommunismus, das ist Sowjetmacht plus Elektrifizierung des ganzen Landes".

Die These der bevorzugten Entwicklung der Abteilung I führte zum Aufbau gigantischer Industriekombinate zur Erzeugung von Roheisen und Stahl, chemischen Grundstoffen, Zement, Kunstdünger, aber auch von Schwermaschinenbaukombinaten, die durch Spezialisierungsprogramme zwischen den Staaten des Rates für gegenseitige Wirtschaftshilfe (RGW) in ihren Dimensionen noch weiter zunahmen.

Die Leninsche These von der Rolle der Elektrifizierung für den Aufbau des Kommunismus – als Endziel der sozialistischen Entwicklung – hatte gewaltige Programme zum Aufbau von Kraftwerken und elektrischen Übertragungssystemen zur Folge, die nicht nur nach wirtschaftlichen Überlegungen, sondern vor allem nach politischen Vorgaben erfolgten.

Diese Entwicklung hatte zur Folge, dass der Primärenergieverbrauch, der sich 1971 zwischen Ost- und Westeuropa auf etwa gleicher Höhe befunden hatte, in Osteuropa im Jahr 1987 um ein Drittel höher war, wie Bild 7.1 zeigt [7].

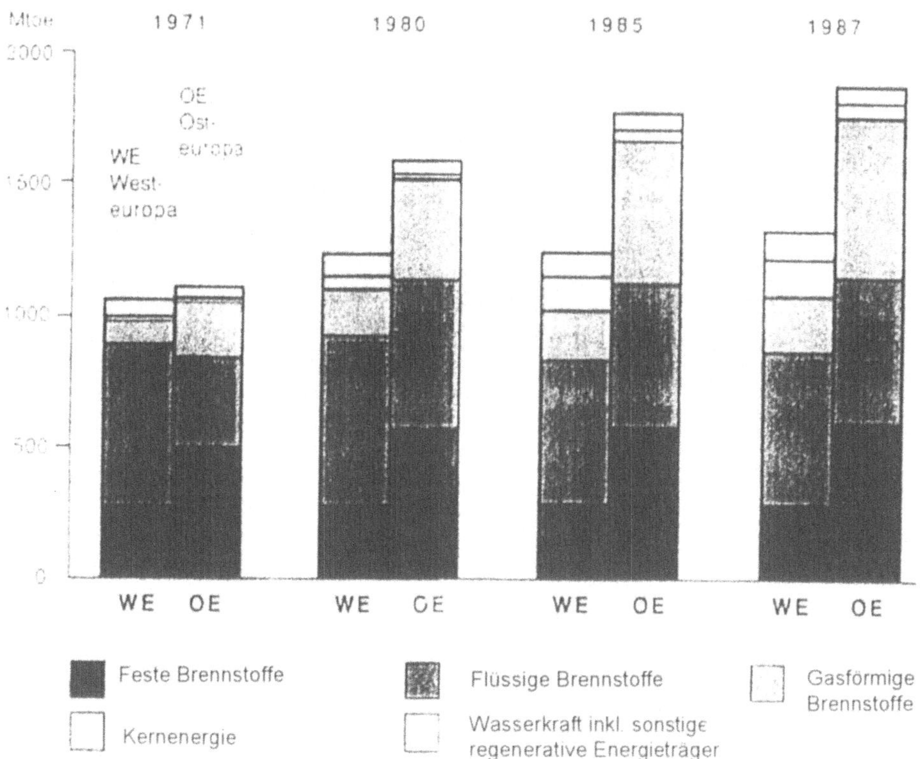

Bild 7.1: Entwicklung des Primärenergieverbrauchs in West- und Osteuropa

Das damit verbundene Anwachsen des Endenergieverbrauchs erfolgte nicht – wie in Westeuropa – bevorzugt im Verkehrs- und sonstigen Verbrauch (Dienstleistungen, Haushalte), sondern in der Industrie, wie Bild 7.2 vergleichend zeigt [7].
Das führte dazu, dass der Industrieverbrauch Osteuropas eine gewaltige Steigerung seit 1971 erfuhr, während der im Westeuropa praktisch in der Höhe stagnierte. Damit

hatte die Industrie Osteuropas im Jahr 1987 einen absoluten Mehrverbrauch gegenüber der Westeuropas, der bei nahezu gleicher Bevölkerungszahl einem Drittel des
gesamten Endenergieverbrauchs Westeuropas entsprach.

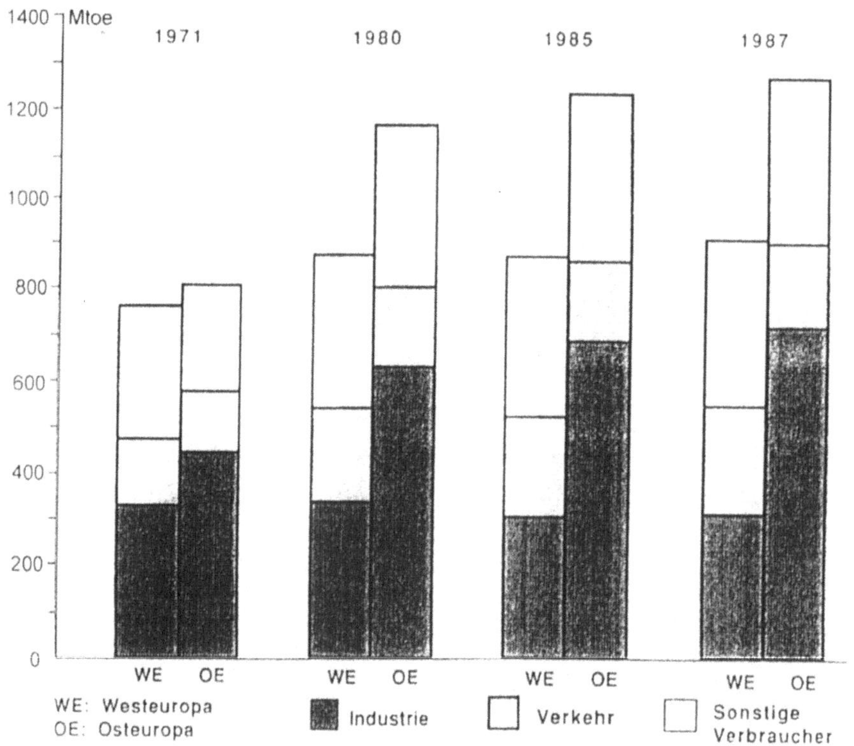

Bild 7.2: Entwicklung des Endenergieverbrauchs in West- und Osteuropa

In allen damaligen RGW-Ländern nahm – in Verwirklichung der Leninschen These –
die Stromerzeugung insbesondere in den 60er und 70er Jahren eine rasante Entwicklung, wie Bild 7.3 zeigt [3].

Um die Leninsche These der Elektrifizierung zu verwirklichen, wurde auch der Verbrauch dadurch gefördert, dass er insbesondere für die Bevölkerung durch niedrige
und über Jahrzehnte konstante Strompreise staatlich subventioniert wurde. Damit
entsprachen die Preise nicht den realen Kosten – oftmals auch nicht einmal die für den
industriellen Verbrauch, was die Energieverschwendung – auch bei Fernwärme und
Brennstoffen – förderte.

Einen weiteren Aspekt, der zwar nicht auf theoretischen Thesen beruhte, aber praktische Politik mit gravierenden Auswirkungen war, stellte die wirtschaftliche Abschottung des „sozialistischen Weltsystems" von der übrigen Weltwirtschaft dar.

Diese Autarkiebestrebungen führten zu einer maximal möglichen Erschließung einheimischer energetischer Ressourcen – ohne Berücksichtigung von Kosten und Umweltwirkungen – und nahezu ausschließlichen Importen von Energieträgern aus der Sowjetunion über gemeinsam finanzierte und realisierte, extrem lange und damit kostenaufwendige Erdöl- und Erdgaspipelines. Das wiederum führte zu einer Primärenergieverbrauchsstruktur, die in den Ländern mit eigenem Kohlevorkommen – wie Polen, der damaligen CSSR und auch der DDR – zu extremen Kohleanteilen führte. Gleichzeitig waren alle Länder über die Pipelines oftmals bei Erdöl und Erdgas zu 100 % von der damaligen Sowjetunion abhängig.

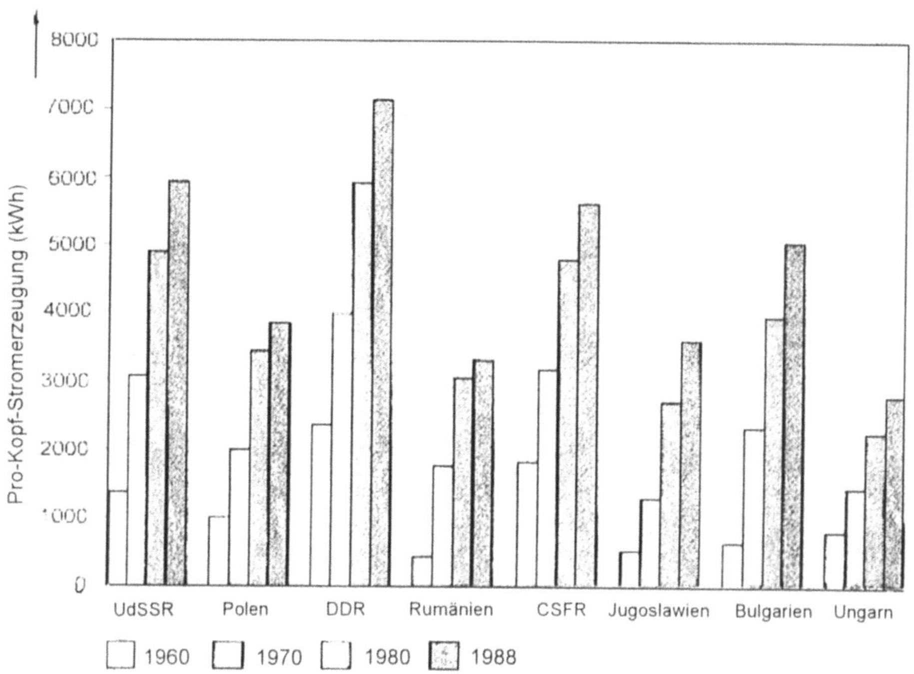

Bild 7.3:   Entwicklung der Brutto-Stromerzeugung je Einwohner in Osteuropa
            (für Osteuropa insgesamt gilt: 1960 - 1252 kWh/Einw.; 1970 - 2768 kWh/Einw.;
            1980 - 4464 kWh/Einw.; 1988 - 5409 kWh/Einw.)

Aus dem bisher Gesagten leiten sich damit vor allem die folgenden Erblasten aus der sozialistischen Ära ab:

1. Ein hoher Anteil sehr energieintensiver Industriezweige der Grundstoffindustrie und des Schwermaschinenbaus an der gesamten Industrie.

2. Sehr große Industriekombinate, deren Produktion durch Spezialisierung innerhalb des RGW den inländischen Bedarf oftmals um ein Vielfaches übersteigt.

3. Vorhandensein eines auf das Bruttoinlandsprodukt bezogenen sehr hohen Primärenergiebedarfes.

4. Sehr hohe Anteile der Industrie am Endenergieverbrauch.

5. In verhältnismäßig kurzer Zeit errichtete umfangreiche Kraftwerkskapazitäten, die praktisch zeitgleich einen hohen Veralterungs- und Verschleißgrad besitzen.

6. Staatlich subventionierte Preise für Strom, Fernwärme und Brennstoffe, insbesondere für die Bevölkerung, die Energieeinsparungsmaßnahmen unattraktiv erscheinen lassen.

7. Eine Primärenergieträgerstruktur, die vor allem durch einheimische Energieträger bestimmt ist und damit in vielen Ländern zu sehr hohen Kohleanteilen führt, deren Nutzung hohe Umweltbelastungen hervorruft.

8. Importbedingungen für Erdöl und Erdgas, die sich oftmals zu 100 % auf ehemals sowjetische Quellen stützen.

7.3 Entwicklungen nach der politischen Wende ([1, 5, 6, 8, 9, 10 und 12])

Der Autor leitete in den 80er-Jahren im Auftrag der damaligen Akademien der Wissenschaften der sozialistischen Staaten Europas eine Forschungsrichtung „Grundsätze und Methoden der Energieeinsparungspolitik", an deren Arbeit neben der DDR die Sowjetunion, Polen, die Tschechoslowakei, Ungarn, Rumänien und Bulgarien teilnahmen.

Da einerseits die Abwicklung der Akademie der Wissenschaften nach 1990 und andererseits die finanziellen Probleme der Wissenschaftsakademien der beteiligten Länder nach deren politischer Wende eine weitere Zusammenarbeit nicht zuließen, verlagerte der Autor die Beratungen an seine Hochschule und gründete das „Zittauer Seminar zur energiewirtschaftlichen Situation in den Ländern Osteuropas", welches seit 1991 jährlich stattfindet. Damit dürfte das Zittauer Seminar das wohl einzige wissenschaftliche Arbeitsgremium sein, welches – unter sicherlich sehr vielen innerhalb des RGW –

die Wendezeit überlebt hat und das heute noch aktiv arbeitet, überwiegend mit den gleichen Personen aus RGW-Zeiten, ergänzt durch Vertreter aus den neu gebildeten Staaten Ukraine, Belorussland, Lettland, Litauen, Estland und der Slowakei.
Die folgenden Darstellungen beruhen auf den Berichten der Ländervertreter während der Seminare und stehen bei Bedarf als Seminarbände (in deutscher Sprache) seit dem 4. Seminar im Jahr 1994 zur Verfügung.

7.3.1 Wirtschaftliche Entwicklungen

Um unterschiedliche Entwicklungen in einzelnen Transformationsländern Mittel- und Osteuropas besser verstehen zu können, ist es zweckmäßig, deren ökonomische Entwicklung vor Beginn des Transformationsprozesses zu vergleichen. Dazu zeigt Tabelle 7.1 die Entwicklung des Nationaleinkommens zwischen 1980 und 1988.

Tabelle 7.1: Entwicklung des Nationaleinkommens

Land	1980	1982	1984	1986	1988
Polen	100	85	95	104	111
Tschechien)	100 *	107	115	120	127
Slowakei)					
Ungarn	100	105	108	108	112
Bulgarien	100	109	118	126	141
Rumänien	100	105	117	133	144
Litauen)					
Estland)	100 **	107	115	120	127
Lettland)					

  *   bezogen auf CSSR
** bezogen auf UdSSR

Für die neun Beitrittskandidatenländer bedeutet das:

- Polen war schon „krisenerfahren", als es in den Transformationsprozess eintrat. Gleichzeitig war das ökonomische Ausgangsniveau – bezogen auf 1980 – niedriger als in den anderen Ländern.

- Ungarn zeigte Stagnationserscheinungen, womit gleichfalls Erfahrungen bei deren Bewältigung verbunden waren.

- Die Tschechoslowakische Sozialistische Republik (CSSR) und die Sowjetunion (für die baltischen Republiken) hatten zwar eine konstante, aber relativ gedämpfte ökonomische Entwicklung.
- Rumänien und Bulgarien entwickelten sich ökonomisch sehr schnell und hatten damit die geringsten Erfahrungen in der Bewältigung ökonomischer Krisen.

Somit waren für die betrachteten Länder sowohl die ökonomischen Erfahrungen (Krisenbewältigung) als auch die Ausgangsbedingungen zu Beginn der 90er Jahre unterschiedlich.

Auch im Zeitraum nach 1990 ist die ökonomische Entwicklung der EU-Beitrittskandidatenländer unterschiedlich verlaufen, wie Tabelle 7.2 für die Entwicklung des Bruttoinlandsproduktes (BIP) zeigt.

Tabelle 7.2: Entwicklung des Bruttoinlandsproduktes

Land	1990	1992	1994	1996	1998	vorauss. 1999
Polen	100	95	104	118	132	139
Tschechien	100	86	89	98	97	96
Ungarn	100	85	87	89	98	102
Slowakei	100	80	81	93	101	103
Bulgarien	100	85	85	79	76	77
Rumänien	100	79	84	89	k. A.	k. A.
Litauen	100	74	56	61	68	69
Lettland	100	58	50	51	58	59
Estland	100	74	66	71	82	k. A.

Daraus leitet sich ab:

- Polen hat den Transformationsprozess am besten gemeistert, was sicherlich auch auf die eingangs genannten Erfahrungen zurückzuführen ist. Besonders bemerkenswert sind der Trend und das Tempo der ökonomischen Entwicklung seit 1990.

- Ungarn hatte einen komplizierten Anpassungsprozess zu bewältigen, der die Wirtschaft gegenüber Polen in ein tieferes Tal führte. Nach 1992 ist die Entwicklung zwar positiv, aber das Tempo im Vergleich zu Polen merklich geringer.

- Tschechien musste gegenüber Ungarn einen ähnlich tiefen Einbruch der Wirtschaft bis 1992 verkraften, konnte sich aber bis 1996 verhältnismäßig schnell erholen. Seitdem stagniert die Wirtschaft. Die Slowakei hingegen hat seit dem tiefen Tal 1992 eine weitgehend dynamische Entwicklung zu verzeichnen.

- Rumänien und Bulgarien haben die ökonomischen Anpassungsprozesse bisher nicht ausreichend bewältigen können, wobei Bulgarien als besonders problematisch angesehen werden muss.

- Die baltischen Republiken Litauen, Lettland und Estland sind in das vergleichsweise ökonomisch tiefste Tal gestürzt, wobei Estland die größte wirtschaftliche Dynamik bei der Krisenbewältigung aufweist. Dabei ist bei diesen drei EU-Kandidaten zu beachten, dass sie nicht nur den für alle komplizierten Transformationsprozess zu bewältigen haben, sondern auch die Folgen extremer wirtschaftlicher Disproportionen durch den Zerfall der Sowjetunion kompensieren müssen.

Daraus wird erkennbar, dass auch nach 1990 die wirtschaftliche Entwicklung der Vergleichsländer stark unterschiedlich verläuft. Diese Feststellung beruht allerdings auf der Entwicklung in Bezug auf einen normierten Vergleichszeitpunkt (1990).

Tabelle 7.3: Stand der ökonomischen Entwicklung 1998 [2]

Land	Pro-Kopf-Einkommen US-$	Wachstum (reales BIP) %	Inflation %	Arbeits-losigkeit %	Auslands-schulden/BSP %
Polen	4080	+ 4,8	11,9	10,4	30,3
Tschechien	5347	- 2,7	10,7	7,5	43,8
Ungarn	4710	+ 5,1	14,3	9,1	56,3
Slowakei	3793	+ 4,4	6,7	15,6	58,0
Bulgarien	1640	+ 4,5	3,0	14,5	81,0
Rumänien	1850	- 5,5	6,8	10,3	20,8
Litauen	2886	+ 4,4	5,1	6,4	15,7
Lettland	2609	+ 3,6	4,7	9,2	6,6
Estland	3900	+ 5,4	8,2	2,2	17,9

Um neben Tendenzen auch den erreichten Stand der ökonomischen Entwicklung vergleichend analysieren zu können, zeigt Tabelle 7.3 ausgewählte Daten für 1997. Sie lassen insbesondere Folgendes erkennen:

- Tschechien hat das höchste Pro-Kopf-Einkommen bei moderater Inflation und Arbeitslosigkeit. Dem gegenüber steht das negative Wachstum des Bruttoinlandsproduktes (BIP), verbunden mit einer relativ hohen Auslandsverschuldung. Die Gesamteinschätzung wird noch dadurch getrübt, dass 1999 mit einem realen Rückgang des BIP gerechnet werden muss. Verbunden ist dieser Prozess mit einem Anstieg der Arbeitslosigkeit.

- Ungarn hat nach Tschechien das zweithöchste Pro-Kopf-Einkommen, aber auch eine hohe Inflation, verbunden mit einer vergleichsweise hohen Arbeitslosigkeit und Auslandsverschuldung. Das Wirtschaftswachstum ist ausgeprägt und dürfte auch 1999 positiv bleiben.

- Polen hat zwar noch ein verhältnismäßig niedriges Pro-Kopf-Einkommen, aber ein hohes Wachstumstempo und eine geringe Auslandsverschuldung. Die Inflationsrate ist allerdings noch hoch, wie auch vergleichsweise die Arbeitslosigkeit.

- Die Slowakei hat zwar ein merklich geringeres Pro-Kopf-Einkommen als Tschechien, aber eine vergleichsweise hohe wirtschaftliche Dynamik bei einer geringen Inflationsrate. Die Auslandsverschuldung ist gleichfalls sehr hoch.

- Die drei baltischen Republiken haben ein relativ niedriges Pro-Kopf-Einkommen und ein moderates Tempo in der wirtschaftlichen Entwicklung bei relativ niedriger Inflationsrate, wobei sie auch eine geringe Auslandsverschuldung aufweisen. Das gilt vor allem für Lettland.

- Die „Sorgenkinder" stellen Bulgarien und Rumänien dar, die über das niedrigste Pro-Kopf-Einkommen verfügen, Rumänien eine rückläufige Wirtschaftsentwicklung besitzt, beide eine hohe Inflation aufweisen und Bulgarien dazu noch mit der höchsten Auslandsverschuldung der Vergleichsländer belastet ist.

Aus diesen Vergleichen ist ableitbar, dass auch gegenwärtig noch große Unterschiede in der wirtschaftlichen Situation der EU-Beitrittskandidaten vorhanden sind.

7.3.2 Energiewirtschaftliche Entwicklungen

Da – wie eingangs begründet – alle ehemaligen sozialistischen Länder eine Wirtschaftsstruktur besaßen, die eine hohe Energieintensität des BIP zur Folge hatte, ist ein Abbau dieser ökonomisch und ökologisch ungünstigen Situation eine Notwendigkeit der wirtschaftlichen Entwicklung. Dazu zeigt Tabelle 7.4 vergleichend die Entwicklung der Primärenergieintensität des BIP seit 1990.

Aus Tabelle 7.4 ist vor allem Folgendes abzuleiten:

- Die baltischen Republiken haben eine sehr unterschiedliche Entwicklung der Primärenergieintensität seit 1990 zu verzeichnen, indem z. B. Estland die höchste Senkung unter den Vergleichsländern bis 1997 erreicht hat, Lettland hingegen (gemeinsam mit Bulgarien) die geringste.
  Polen hat gleichfalls seit 1992 seine Primärenergieintensität erheblich gesenkt, wobei die Tendenz weiter in diese Richtung weist. Das ist ein Ausdruck des Loslösens von energieintensiven Produktionen und der Hinwendung zu weniger energieintensiven Industriezweigen, verbunden mit Entwicklungen zum sparsamen und rationellen Energieverbrauch in der Gesellschaft allgemein.

Tabelle 7.4: Entwicklung der Primärenergieintensität des Bruttoinlandproduktes (BIP)

Land	1990	1992	1994	1996	1998	vorauss. 1998
Polen	100	102	92	91	74	k. A.
Tschechien	100	100	91	90	83	83
Ungarn	100	100	97	98	91	88
Slowakei	100	104	95	86	74	71
Bulgarien	100	86	88	103	95	91
Rumänien	100	94	83	84	77 [1]	k. A.
Litauen	100	90	82	93	83	77
Lettland	100	121	111	111	92	91
Estland	100	90	87	80	70 [1]	k. A.

[1] 1997

- Ungarn weist eine von Polen sichtbar abweichende Entwicklung der Primärenergieintensität auf. Hier dürfte die Bereinigung in der Industriestruktur - hin zu weniger energieintensiven Produktionen - nur im geringen Maße erfolgt sein. Große Teile dieses Prozesses stehen demnach diesem Land noch bevor. Gleiches gilt für Tschechien. Die Slowakei hingegen kann auf bemerkenswerte Senkungen verweisen.

- Besonders große Rückstände in der Entwicklung dieser für die Wirtschaftsentwicklung wichtigen Kennziffer weist Bulgarien auf, wo seit 1990 kaum Veränderungen festzustellen sind. Im Gegensatz dazu konnte Rumänien seine Primärenergieintensität bemerkenswert senken.

Insgesamt ist aus dem Vergleich der Tabellen 7.2 und 7.4 zu erkennen, dass die Wirtschaftsentwicklung und die Primärenergieintensitätssenkung stark miteinander korrelieren. Stagnationen in der Wirtschaftsentwicklung treten auch und vor allem dadurch auf, dass Strukturbereinigungsprozesse hin zu weniger energieintensiven Produktionen nicht ausreichend erfolgen.

Eine gesonderte Untersuchung erfolgt für die Elektroenergieintensität des BIP (Tabelle 7.5). Hier werden im Prinzip die gleichen Tendenzen wie für die Primärenergieintensität erkennbar, wobei allerdings Ungarn, Tschechien und Lettland sogar Steigerungen zu verzeichnen haben.

Tabelle 7.5:   Entwicklung der Elektroenergieintensität des Bruttoinlandproduktes (BIP)

Land	1990	1992	1994	1996	1998	vorauss. 1999
Polen	100	100	94	88	80	k. A.
Tschechien	100	103	103	106	104	102
Ungarn	100	105	103	106	98	95
Slowakei	100	110	106	106	97	94
Bulgarien	100	88	89	108	97	90
Rumänien	100	99	88	89	85 [1]	k. A.
Litauen	100	110	121	117	103	100
Lettland	100	133	122	122	107	105
Estland	100	109	107	102	85	k. A.

[1] 1997

Die Gründe dürften etwa die gleichen wie die für die Primärenergieintensitätsentwicklung sein. Für Tschechien kommt hinzu, dass Mitte der 90er Jahre die Ablösung der umweltbelastenden Kohleheizung durch elektrische Direktheizung staatlich gefördert wurde. Das hat den Elektroenergieverbrauch (und die Spitzenbelastung im Winter) vor allem bei der Bevölkerung, aber auch bei Kleinverbrauchern, stark erhöht.

7.3.3   Entwicklungen der Energiepreise

Ein schon eingangs angeführtes besonderes Problem für alle Transformationsländer Mittel- und Osteuropas waren zu Beginn des Transformationsprozesses die extremen Verwerfungen zwischen den Preisen für leitungsgebundene Energieträger (Elektroenergie, Gas, Fernwärme) für die Industrie einerseits und die Bevölkerung andererseits. Die künstliche Aufrechterhaltung der Preise für die Bevölkerung über Jahrzehnte hatte zu enormen (Quer)Subventionen geführt, indem die Industriepreise wesentlich höher als die für die Bevölkerung waren. Der Übergang zu kostendeckenden Energiepreisen auch für die Bevölkerung war und ist damit in allen Transformationsländern mit sozial schmerzlichen Preiserhöhungen für die Bevölkerung verbunden. Um diese Anstrengungen vergleichend für die einzelnen Länder messen zu können, wurde die folgende methodische Vorgehensweise gewählt.

Das in dem jeweiligen Land vorhandene Verhältnis zwischen den Energieträgerpreisen der Bevölkerung zu denen der Industrie wurde für 1990 = 1 gesetzt. Wenn nach 1990 die Preise für die Bevölkerung schneller stiegen als die für die Industrie, entwickelte sich in den Folgejahren dieses Verhältnis über 1, im anderen Fall unter 1.

Tabelle7.6 zeigt für die Vergleichsländer diese Entwicklung für die Elektroenergiepreise.

Tabelle 7.6: Relation der Preisentwicklung für Elektroenergie zwischen Haushalten und Industrie seit 1990

Land	1990	1992	1994	1996	1998	vorauss. 1999
Polen	1	1,79	2,11	2,75	2,96	k. A.
Tschechien	1	0,55	0,56	0,69	1,16	1,16
Ungarn	1	1,39	1,93	2,87	2,91	3,01
Slowakei	1	0,89	0,58	0,62	0,64	1,01
Bulgarien	1	0,68	0,97	0,76	0,93	1,03
Rumänien	1	0,53	0,82	0,82	1,26 [1]	k. A.
Litauen	1	0,65	0,58	0,59	0,57	0,56
Lettland	-	-	1	1,32	1,32	1,32
Estland	-	1	1,19	1,24	1,84	k. A.

[1] 1997

Daraus ist Folgendes ableitbar:

- Polen hat notwendige Elektroenergiepreisanpassungen am besten bewältigt und die Bevölkerungspreise kontinuierlich schneller erhöht als die für die Industrie. Dieser Prozess erfolgte für den Betrachtungszeitraum von 1990 bis 1998 in weitgehender Kontinuität. Die Entwicklung ist damit als insgesamt sehr positiv zu werten.

- Ungarn hat eine ähnliche Entwicklung wie Polen vollzogen, dabei allerdings zwischen 1994 und 1996 eine wohl sozial unausgewogen starke Steigerung der Elektroenergiepreise für die Bevölkerung staatlich festgesetzt, die zwischen 1996 und 1998 keinen Spielraum für weitere Erhöhungen zuließ.

- Auch in Bulgarien, Lettland und Estland ist ein Trend zur Korrektur der Verwerfungen in der Elektroenergiepreisbildung zwischen der Bevölkerung und der Industrie festzustellen, wenn auch weniger intensiv als vergleichsweise in Polen und Ungarn.

- Eine schleppende Entwicklung haben Tschechien und die Slowakei zu verzeichnen. Das ist vor allem darauf zurückzuführen, dass aus Umweltgründen zur Ablösung der Kohleheizung die elektrische Direktheizung staatlich gefördert wurde, auch und vor allem über niedrige Elektroenergiepreise für die Bevölkerung.

- Litauen ist das einzige Land, in dem sich die Verwerfungen noch verschärft haben.

Vergleichend wird erkennbar, dass bei Anpassung der Elektroenergiepreise an die Kosten – eine entscheidende Voraussetzung für einen sparsamen und rationellen Energieeinsatz – für die Bevölkerung große Unterschiede zwischen den Vergleichsländern vorhanden sind, und einige Länder noch sehr große, sozial schmerzliche Erhöhungen der Elektroenergiepreise vollziehen müssen.

Betrachtet man die Entwicklung der Gaspreisbildung seit 1990 methodisch in der gleichen Weise, wie sie für die Elektroenergiepreisbildung dargestellt wurde, dann zeigt sich die in Tabelle 7.7 erkennbare Tendenz. Daraus wird ein ähnlicher Verlauf wie für die Elektroenergiepreisentwicklung erkennbar.

Tabelle 7.7:   Relation der Preisentwicklung für Brenngase zwischen Haushalten und Industrie seit 1990

Land	1990	1992	1994	1996	1998	vorauss. 1999
Polen	1	4,35	4,43	5,16	5,43	k. A.
Tschechien	1	1,18	1,13	1,38	2,21	k. A.
Ungarn	1	1,71	1,96	2,75	2,53	2,53
Slowakei	1	1,35	1,02	1,02	0,96	1,44
Bulgarien	1	k. A.	-	-	-	-
Rumänien	1	k. A.	-	-	-	-
Litauen	1	0,39	0,59	0,92	1,02	1,00
Lettland	-	-	1	1,21	0,91	0,77
Estland	-	1	1,00	1,00	1,00	k. A.

- Polen hat gleich zum Beginn des Transformationsprozesses eine starke Bereinigung im Preisgefüge erreicht. Das wurde sicherlich dadurch gefördert, dass der Gasanteil Polens am Energieverbrauch vergleichsweise niedrig war und ist. Seit 1992 waren damit nur noch marginale Anpassungen notwendig.

- Ungarn hat wesentlich höhere Anteile von Erdgas am Endenergieverbrauch der Bevölkerung, weshalb die Preisanpassung an die Kosten moderater als in Polen erfolgte.

- Tschechien hat auch bei Erdgas erst seit 1996 sichtbare Anpassungen der Erdgaspreise für die Bevölkerung an die Kosten durchgeführt, die bis zum Erreichen kostengerechter Preise noch weitergeführt werden müssen. Das gilt auch für die Slowakai, die erst ab 1999 mit den Anpassungsprozessen beginnt.

- Die Slowakei und die baltischen Staaten Estland, Lettland und Litauen haben bisher nahezu keine Veränderungen in der Gaspreisrelation zwischen der Bevölkerung und der Industrie durchgeführt. Auch hier sind noch sozial schmerzliche Anpassungsprozesse erforderlich.

Vergleichend wird erkennbar, dass bei der kostendeckenden Gaspreisanpassung für die Bevölkerung größere Erfolge als bei der Elektroenergiepreisanpassung erreicht worden sind. Das ist sicherlich darauf zurückzuführen, dass Gaspreiserhöhungen nicht so tiefe und breite soziale Auswirkungen auf die Bevölkerung haben, wie es bei Elektroenergiepreiserhöhungen der Fall ist.

Wenn bisher nur Tendenzen in der Energiepreisentwicklung betrachtet wurden, sollen im folgenden die absoluten Höhen der Elektroenergie- und Gaspreise für die Bevölkerung vergleichend betrachtet werden (Tabelle 7.8).

Tabelle 7.8: Elektroenergie- und Erdgaspreise für die Bevölkerung (1. Quartal 1998)

Land	Elektroenergiepreis	Erdgaspreis
	US cent/kWh	US \$/toe
Polen	6,3	260,7
Ungarn	6,9	187,8
Tschechien	3,6	139,3
Finnland	9,5	191,9

Die Preisvergleiche beziehen sich auf das 1. Quartal 1998 und sind verfügbar für Polen, Tschechien und Ungarn. Um einen Vergleich mit subventionsfreien Preisen durchführen zu können, werden die Preise von Finnland in den Vergleich einbezogen. Daraus lassen sich folgende Erkenntnisse für Elektroenergie ableiten:

- Ungarn und Polen haben in etwa gleich hohe Elektroenergiepreise für die Bevölkerung, während Tschechien nur annähernd die halbe Preishöhe erreicht (obwohl es das höchste Pro-Kopf-Einkommen dieser drei Länder besitzt).

- Im Verhältnis zu Finnland, das innerhalb der EU einen mittleren Elektroenergiepreis für die Bevölkerung besitzt, sind allerdings noch einige Anstrengungen für die Vergleichsländer erforderlich, um die Elektroenergiepreise für die Bevölkerung den vollen Kosten anzupassen. Das gilt vor allem für Tschechien.

Für Erdgaspreise wird erkennbar:

- Polen hat den absolut höchsten Preis, gefolgt von dem merklich niedrigeren Ungarns und dem Tschechiens. Damit deckt sich der absolute Preisvergleich mit den tendenziellen Erkenntnissen aus Tabelle 7.6, womit die dort entwickelte Methodik bestätigt wird.

- Der Preisvergleich mit Finnland zeigt, dass die erreichte Preishöhe in den Vergleichsländern sich wesentlich stärker dem finnischen Preis für Erdgaslieferungen an die Bevölkerung nähert, als es bei der Elektroenergie (Tabelle 7.7) der Fall war. Polen hat sogar schon heute einen Erdgaspreis, der den Finnlands sichtbar übersteigt. Damit sind bei Erdgas in Polen weitere Preisanpassungen für die Bevölkerung nicht mehr erforderlich.

Vergleichend ist festzustellen, dass die aufgezeigten Tendenzentwicklungen der Elektroenergie- und Gaspreise für die Bevölkerung mit den aktuellen Preisen in den Vergleichsländern bemerkenswert korrelieren.

7.3.4 Entwicklungen des sektoralen Energieverbrauchs

Im Abschnitt 2 war deutlich geworden, dass der industrielle Energieverbrauch in allen betrachteten Ländern extrem hohe Anteile am gesamten Endenergieverbrauch aufwies. Deshalb stellt dieser Sektor einen Schwerpunkt in der Beeinflussung dar.

Die diesbezügliche Entwicklung des Endenergieverbrauchs der Industrie in den betrachteten Ländern zeigt Tabelle 7.9.

Aus Tabelle 7.9 lässt sich vor allem ableiten:

- Die geringsten Senkungen im Endenergieverbrauch der Industrie sind in Polen und Ungarn festzustellen (Estland ist zeitlich nicht vergleichbar). Hier ist demnach die industrielle Basis weitgehend erhalten geblieben oder konnte erneuert werden. Auch die Slowakei und Tschechien konnten einen starken Einbruch der Industrieproduktion verhindern.

Tabelle 7.9: Entwicklung des Endenergieverbrauchs der Industrie

Land	1990	1992	1994	1996	1998	vorauss. 1999
Polen	100	78	82	88	89 [1]	k. A.
Tschechien	100	87	74	83	67	65
Ungarn	100	75	73	73	72	72
Slowakei	100	78	74	73	70	66
Bulgarien	100	59	61	69	51	47
Rumänien	100	57	49	69	60 [1]	k. A.
Litauen	100	69	36	33	33	33
Lettland	100	63	31	26	41	34
Estland	-	-	100	92	83	k. A.

1) 1997

- Ein extremer Niedergang des industriellen Endenergieverbrauchs ist in Litauen und Lettland, bei vergleichbarer Zeitreihe wahrscheinlich auch in Estland, festzustellen. Hier wirken sich die zerbrochenen Wirtschaftsbeziehungen zwischen den ehemaligen Sowjetrepubliken besonders stark aus.

- In Rumänien und Bulgarien setzt sich die Reduzierung des industriellen Endenergieverbrauchs weiter fort.

Vergleichend zeigt sich damit eine Tendenz des Abbaus der hohen Energieintensität der Industrie vor Beginn des Transformationsprozesses, indem weniger energieintensive Industriezweige stärker entwickelt werden.

Die Entwicklung des Endenergieverbrauchs der Haushalte nahm einen nicht so dramatischen Verlauf wie die in der Industrie, wie Tabelle 7.10 zeigt. Aus ihr wird sichtbar, dass nur in Polen (Estland ist nicht vergleichbar) das Verbrauchsniveau von 1990 überschritten wurde. Bemerkenswert ist der niedrige Stand des Verbrauchs – außer in Litauen – in Tschechien.

Er ist u. a. darauf zurückzuführen, dass der Elektroenergieverbrauch der Haushalte 1998 gegenüber 1990 auf 150 % angestiegen ist, bedingt durch die staatliche Förderung der elektrischen Direktheizung zur schnellen Ablösung der umweltbelastenden Kohleheizung.

Tabelle 7.10: Entwicklung des Endenergieverbrauchs der Haushalte

Land	1990	1992	1994	1996	1998	vorauss. 1999
Polen	100	114	113	114	116 [1]	k. A.
Tschechien	100	81	79	80	80	79
Ungarn	100	92	86	95	90	94
Slowakei	100	92	73	92	90	88
Bulgarien	100	88	88	94	91	93
Rumänien	100	109	93	96	97 [1]	k. A.
Litauen	100	102	96	87	80	79
Lettland	100	61	79	96	92	95
Estland	-	-	100	106	121	k. A.

[1] 1997

Diese endenergetisch sehr effiziente Energieträgersubstitution im Heizungsbereich hat den Endenergieverbrauchsanstieg stark gedämpft. Diese Feststellung trifft auch auf die Slowakei zu.
Die Entwicklung des Endenergieverbrauchs im Verkehrssektor zeigt Tabelle 7.11.

Tabelle 7.11: Entwicklung des Endenergieverbrauchs des Verkehrs

Land	1990	1992	1994	1996	1998	vorauss. 1999
Polen	100	109	107	114	117 [1]	k. A.
Tschechien	100	108	118	146	· 152	150
Ungarn	100	85	85	78	91	91
Slowakei	100	86	88	89	88	91
Bulgarien	100	58	49	50	41	40
Rumänien	100	150	178	172	167 [1]	k. A.
Litauen	100	60	63	75	88	90
Lettland	100	58	49	39	42	53
Estland	-	-	100	76	75	k. A.

[1] 1997

Daraus wird deutlich, dass sich – außer in Tschechien und Rumänien – der Anstieg in Grenzen gehalten bzw. der Bedarf sich erheblich reduziert hat. Die extreme Bedarfsabsenkung in Bulgarien ist auch darauf zurückzuführen, dass in der Statistik dieses Landes der Verbrauch der Bevölkerung für PKW im Haushaltssektor erfasst wird.

Die Senkung bezieht sich damit nur auf den öffentlichen Verkehr. Inwieweit z. B. auch in Lettland oder in anderen Ländern eine solche Zuordnung des privaten Verkehrs erfolgt, wäre zu prüfen. Allgemein kann zum Verkehrsbereich allerdings festgestellt werden, dass Entwicklungen, wie sie in den neuen Bundesländern durch ein extremes Anwachsen des Endenergieverbrauchs im Verkehrssektor festgestellt werden, sich bisher in den neun betrachteten Ländern nicht zeigen.

Zusammenfassend lässt sich feststellen, dass die einzelnen EU-Kandidatenländer teilweise stark unterschiedliche Entwicklungen der Energiewirtschaft ihrer Länder seit 1990 aufweisen. Deshalb müssen auch die Anpassungsprozesse mit unterschiedlicher Intensität in den einzelnen dargestellten Bereichen erfolgen.

7.4. Zur Rolle Deutschlands bei der Bewältigung der energiewirtschaftlichen Transformationsprozesse in den EU-Beitrittskandidatenländern

Deutschland fällt in mehrfacher Hinsicht eine besondere Rolle bei der Bewältigung der energiewirtschaftlichen Transformationsprozesse in den EU-Beitrittskandidatenländern – aber auch in den Ländern der GUS – zu. Diese besondere Rolle begründet sich vor allem:

- aus den besonderen Vorteilen, die Deutschland aus der politischen Wende in Europa durch die damit verbundene Wiedervereinigung erzielen konnte;

- aus der Übertragungsmöglichkeit von Erfahrungen, die bei der Bewältigung des Transformationsprozesses in den neuen Bundesländern gesammelt wurden;

- aus der Tatsache, dass das wieder vereinigte Deutschland die stärkste Wirtschaftskraft in der EU besitzt.

Der Übertragung von Erfahrungen bei der Transformation der zentral geplanten Energiewirtschaft der ehemaligen DDR in eine marktwirtschaftlich orientierte dient u. a. das schon erwähnte, seit 1991 jährlich stattfindende Zittauer Seminar zur energiewirtschaftlichen Situation in den Ländern Osteuropas, an dem sich 12 Transformationsländer beteiligen. Die Kontinuität der Seminardurchführung, die Teilnahme überwiegend der gleichen Personen aus den 12 Transformationsländern und aus Deutschland haben das Zittauer Seminar zu einem Forum des Erfahrungsaustausches nicht nur mit Deutschland, sondern vor allem innerhalb der Transformationsländer werden lassen. Wie sich dieser Erfahrungsaustausch verbreitert hat, zeigt die Teilnahme einzelner Transformationsländer am Seminar, wie aus Tabelle 7.12 ersichtlich wird.

Tabelle 7.12: Teilnehmende Transformationsländer am Zittauer Seminar

Land	1. Sem. 1991	2. Sem. 1992	3. Sem. 1993	4. Sem. 1994	5. Sem. 1995	6. Sem. 1996	7. Sem. 1997	8. Sem. 1998	9. Sem. 1999
Rußland	)	)	x	x	x	x	x	x	x
Ukraine	)x	) x	x	x	x	x	x	x	x
Belorussland	)	)	x	x	x	x	x		x
Polen	x	x	x	x	x	x	x	x	x
Tschechien	) x	) x	x	x	x	x	x	x	x
Slowakei	)	)	x	x	x	x	x	x	x
Ungarn	x	x	x	x	x	x	x	x	x
Rumänien	x	x	x	x	x	x	x	x	x
Bulgarien	x	x	x	x	x	x	x	x	x
Estland							x	x	x
Lettland							x	x	x
Litauen							x	x	x

Im Ergebnis des Zerfalls der damaligen Sowjetunion und später der Tschechoslowakei hat damit die Anzahl der teilnehmenden Staaten stark zugenommen. Auf der Basis von nach einheitlich vorgegebenen Schwerpunkten erarbeiteten Berichten ist es möglich, die Probleme bei der Bewältigung des komplizierten Transformationsprozesses zu erfassen und zu gruppieren in

a) Probleme, die alle Transformationsländer zu bewältigen haben,
b) Probleme, die nur einzelne Gruppen von Transformationsländern aufweisen (z. B. die Staaten der GUS oder die baltischen Republiken) und
c) Probleme, die sich nur in einem einzelnen Land zeigen (z. B. in der Ukraine).

Daraus können dann Lösungsansätze erarbeitet werden, in die die Erfahrungen in den neuen Bundesländern, aber auch die Ungarns bei der Privatisierung der Energiewirtschaft oder die Polens bei der systematischen Angleichung der Energiepreise an die Kosten, einfließen. Die gewonnenen Erkenntnisse aus diesen Seminaren werden seit 1994 in jeweils zwei Berichtsbänden dokumentiert.

Hinsichtlich der Rolle Deutschlands im Vergleich zu der anderer westlicher Staaten bei der Unterstützung des Transformationsprozesses in den am Seminar teilnehmenden Ländern wurde von den Seminarteilnehmern ein Interessenkomplex erarbeitet, der aus der Sicht der Transformationsländer die 10 Schwerpunkte enthält, die für die Zusammenarbeit mit westlichen Ländern als besonders wichtig angesehen werden. Tabelle 7.13 zeigt diese Schwerpunkte.

Tabelle 7.13: Einschätzungsgegenstände

Nr.	Einschätzungsgegenstand
1	Interesse für komplexe Zusammenarbeit
2	Interesse für strategische Zusammenarbeit
3	Kenntnisgrad der Wirtschaftsrealität in den Übergangsländern
4	Betrachtung der Vertreter von Übergangsländern als Partner
5	Grad der Übereinstimmung zwischen Regierungstätigkeiten in dem westlichen Land und den Tätigkeiten seiner Unternehmen und Institutionen
6	Einschätzung des Einflussgrades von spezifischen Bedingungen, welche aus der Übergangsperiode resultieren
7	Verhältnis der Tätigkeiten der Unternehmen und Institutionen zu internationalen Organisationen und Institutionen, welche auch die Übergangsländer fördern
8	Hilfsbereitschaft in Bezug auf die Übergangsländer
9	Risikobereitschaft bei der Organisation der Zusammenarbeit
10	Finanzhilfebereitschaft bei der Entwicklung von Vorbereitungsprojekten der geplanten Zusammenarbeit

Zur vergleichenden Bewertung einzelner westlicher Länder (repräsentiert durch deren Unternehmen, die im jeweiligen Transformationsland tätig sind) wurde folgender Bewertungsmaßstab vorgegeben:

Bewertungsskala: 1 - sehr gering (sehr mäßig)
                     2 - gering (mäßig)

> 3 - mittel (mittelmäßig)
> 4 - groß (hoch)
> 5 - sehr groß (sehr hoch)

In Auswertung von 414 individuell von Erfahrungsträgern in den Transformationsländern abgegebenen Bewertungen für 16 westliche Länder, davon 68 Bewertungen für Partner in Deutschland, ergibt sich (als Mittelwert der abgegebenen Bewertungen für alle 10 Schwerpunkte) der in Bild 7.4 ersichtliche Bewertungsdurchschnitt im Ländervergleich.[1]

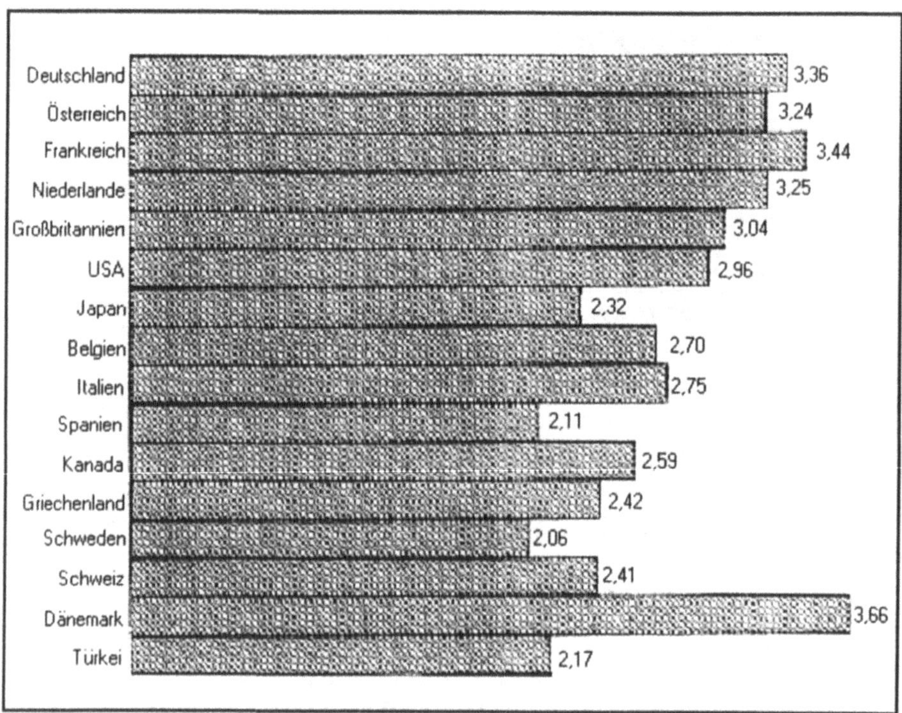

Bild 7.4: Bewertung der Hilfeleistungen westlicher Länder im Energiebereich durch
           Transformationsländer (Durchschnitt der Fragen 1 - 10)

Wie ersichtlich, nimmt in der Bewertung Deutschland einen vorderen Platz ein, was seine besondere Rolle innerhalb der Länder der EU in erfreulicher Weise bestätigt.

---

[1] (Die Auswertung der Befragung für die einzelnen Schwerpunkte nach Ländern kann vom Autor - wie auch die Berichte zu den Zittauer Seminaren - bezogen werden).

Literatur

[1] Bartos, J., Kopac, P.: Aktuelle energiewirtschaftliche Situation in der Tschechischen Republik

[2] Bundesministerium für Wirtschaft: Wirtschaftslage und Reformprozesse in Mittel- und Osteuropa - Sammelband 1999, Berlin 1999.

[3] Gattinger, M. u.a.: Stromerzeugung und Stromverbrauch - Verbundnetze, Reihe Energie in Europa - Herausgeber und Verlag: Siemens AG, 1992.

[4] Lenin, W. I.: VIII. Allrussischer Sowjetkongress, Bericht über die Tätigkeiten der Volkskommissare vom 22. 12. 1920 in Lenin/Stalin zu den Fragen der sozialistischen Industrie - Berlin, Dietz Verlag, 1955.

[5] Michna, I., Krawczynski, F.: Aktuelle Wirtschafts- und Energieprobleme Polens

[6] Richter, E., Meszaros, G.: Stand und Entwicklung der Energiewirtschaft in Ungarn

[7] Riesner, W.: Energieeinsparpotentiale in Osteuropa - Energiewirtschaftliche Tagesfragen 43 (1993), 1/2 S. 34 - 41

[8] Rugina, V.: Aktuelle Fragen der Reform im Energiebereich Rumäniens

[9] Rousek, J.: Energiewirtschaftliche Situation in der Slowakischen Republik

[10] Rouytcheva, M., Denissjew, M.: Sozialwirtschaftliche, energiewirtschaftliche und ökologische Situation in Bulgarien

[11] Statistisches Jahrbuch des Rates für gegenseitige Wirtschaftshilfe 1989, Moskau 1989 (russ.)

[12] Zeltins, N., Rudi, U., Miskins, V., Kapala, I.: Aktuelle Wirtschafts- und Energieprobleme der baltischen Staaten

Die Quellen [1, 5, 6, 8, 9, 10 und 12] sind Beiträge für das 9. Zittauer Seminar zur energiewirtschaftlichen Situation in den Ländern Osteuropas vom 2. - 4. November 1999. Sie werden in zwei Seminarbänden (in deutscher Sprache) veröffentlicht und können vom Veranstalter erworben werden. Das gilt auch für die Seminarbände vom 4. - 8. Zittauer Seminar.

8 Chancen und Perspektiven konventioneller und regenerativer Energieträger

Wolfgang Pfaffenberger

8.1 Zur Entwicklung der Energieversorgung

Bevor auf die spezifischen Einsatz- und Entwicklungsmöglichkeiten der verschiedenen Energieträger eingegangen wird, soll ein kurzer Blick auf die Geschichte der Energieversorgung geworfen werden, aus der einige globale Momente abgeleitet werden sollen.

Menschheitsgeschichtlich gesehen war die Energieversorgung bis vor kurzer Zeit eine Sonnenenergiewirtschaft. Sie fußte auf verschiedenen Formen von Biomasse (indirekte Sonnenenergie). Die Knappheit der Biomasse beschränkte den Lebens- und den Entwicklungsspielraum der Bevölkerung und letztlich auch das Bevölkerungswachstum. Aus diesem Grunde lagen auch die Zentren der kulturellen Entwicklung zunächst in Regionen mit höherer Sonneneinstrahlung. Die dort mögliche höhere Produktion von Biomasse und die bessere Ausnutzung der Jahreszeit dafür ermöglichten eine Überschussproduktion von Nahrungsmitteln, die es erlaubte, Arbeitskräfte für Aufgaben einzusetzen, die nicht mit der Produktion unmittelbarer Bedürfnisse zu tun hatten. Ein solcher Überschuss ist eine notwendige Entwicklungsvoraussetzung.

In den nördlichen Regionen mit geringerer Sonneneinstrahlung erwies sich die Knappheit von Biomasse als Entwicklungsschranke. Die geringe Produktivität der Arbeit war unter anderem auch dadurch bedingt, dass bedingt durch den Jahreszeitenzyklus die Nahrungsproduktion nur einen Teil der gesamten potenziellen Arbeitszeit in Anspruch nehmen konnte. So gab es für die Bevölkerung zwar einen Zeitüberschuss, seine produktive Nutzung setzte aber eine Rohstoff- und vor allem eine Energiebasis voraus (vgl. Hesse, 1992).

Die Industrialisierung entsprang aus der Notwendigkeit, die durch die (sonnenenergiebedingte) Knappheit der Biomasse auferlegte Beschränkung zu durchbrechen. Sie war aber erst möglich im Zusammenhang mit der Nutzung von Energieträgern, die nicht aus der laufenden Sonneneinstrahlung stammen, sondern sich in den Beständen der fossilen Energieträger aus früherer Sonneneinstrahlung gebildet haben. Die Nutzung dieser Vorräte vergangener Sonnenenergie bildete also die Basis für die Entwicklung in den Bereichen Produktion, Transport, Kommunikation usw., die für uns heute selbstverständlich geworden ist.

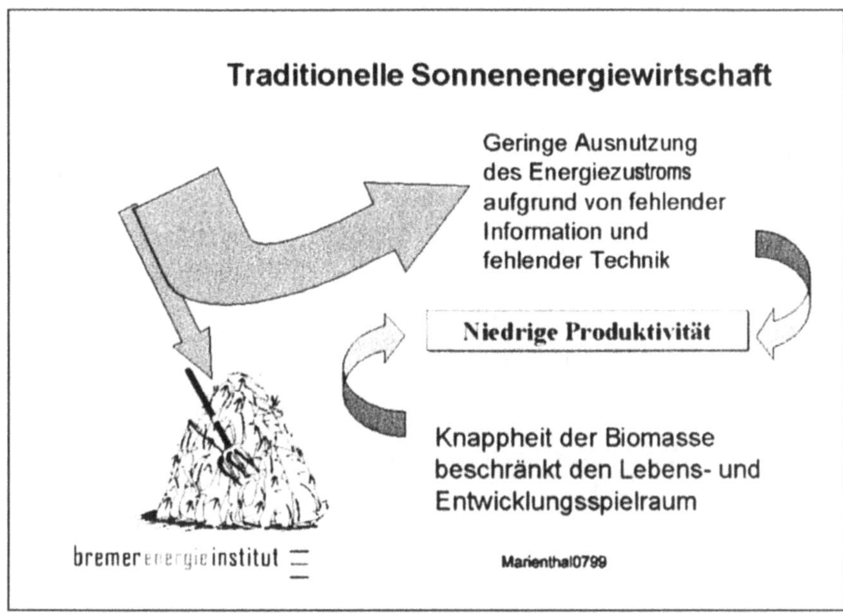

Bild 8.1: Traditionelle Sonnenenergiewirtschaft

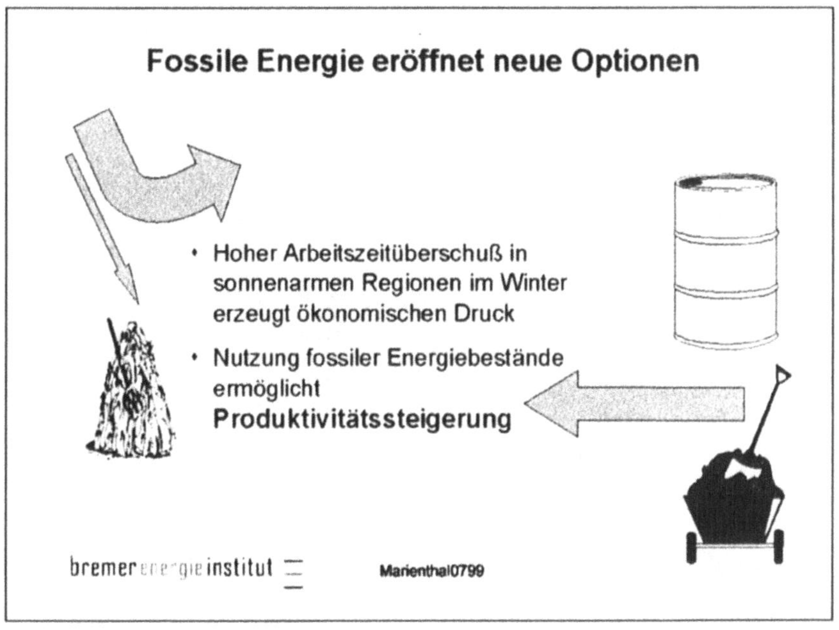

Bild 8.2: Beitrag fossiler Energie

Eine kontinuierliche Weiterentwicklung auf dieser Basis ist allerdings nicht möglich, da die Bestände der fossilen Energieträger begrenzt sind und da ein immer weiter wachsendes Verbrennen dieser Bestände zu zunehmenden Umweltproblemen und im Zusammenhang mit dem so genannten Treibhauseffekt auch zu einer weit reichenden globalen Veränderung der Klimabedingungen führen kann.
Sowohl die Ressourcenfrage wie die Umweltfrage stellen für das politische und ökonomische System eine große Herausforderung dar, denn beide Fragen werfen Probleme der Gerechtigkeit zwischen den Generationen auf: wie viel der sich über Millionen von Jahren angesammelten Vorräte fossiler Energieträger darf die heutige Menschheit in welcher Zeit benutzen, wie viel muss sie künftigen Generationen übrig lassen? Wie viel Umweltbelastungen darf sie heute verursachen, die mit großer Wahrscheinlichkeit zu Folgeschäden für künftige Generationen führen werden?

Vor dem Hintergrund dieser Fragen stellt sich das Energieproblem heute so dar, dass verstärkte Nutzung aller Formen von erneuerbarer Energie (Sonnenenergie) ebenso bedeutend ist, wie die effektivere Ausnutzung der eingesetzten Energieträger aller Art. Darüber hinaus müssen solche Energieträger bevorzugt werden, die zu einer Reduktion von Treibhausgasen beitragen.

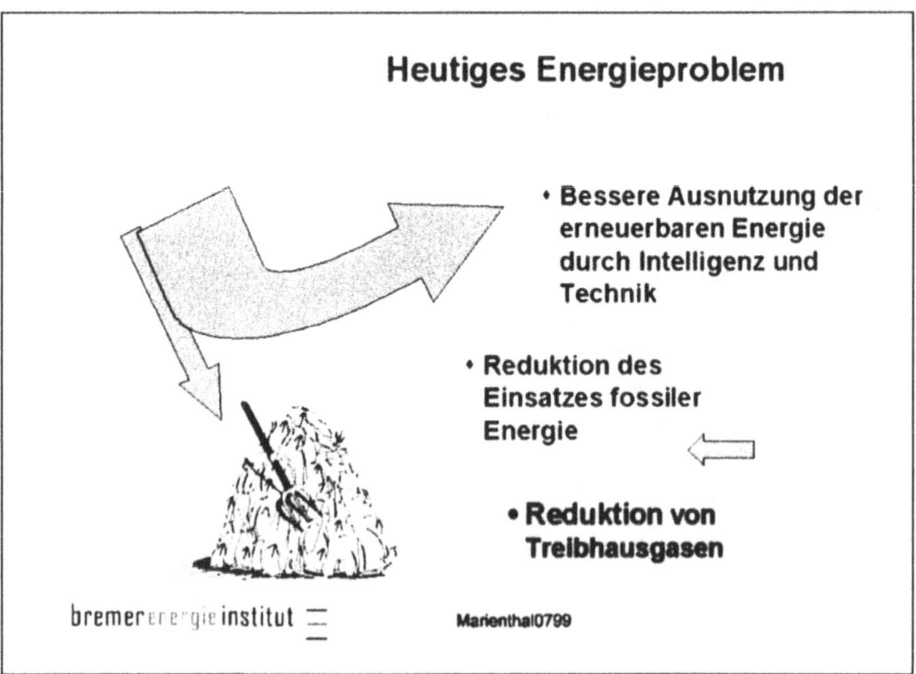

Bild 8.3: Heutiges Energieproblem

Betrachtet man die heutige Energiebilanz, so führt nur etwa ein Drittel des gesamten Energieeinsatzes zu Nutzenergie, also der Nutzung der Energie, die letztlich mit dem Einsatz bezweckt wird. Zwei Drittel des Einsatzes gehen auf dem Weg von der Energiequelle (Primärenergie) bis zur Nutzung in den dafür erforderlichen Umwandlungvorgängen verloren.

Die Verbesserung der Energieausnutzung ist also neben der Frage, welche Energieträger insgesamt eingesetzt werden von mindestens ebenso großer Bedeutung. Im Folgenden beschränke ich mich allerdings auf eine Bewertung der verschiedenen heute einsetzbaren Energieträger selbst.

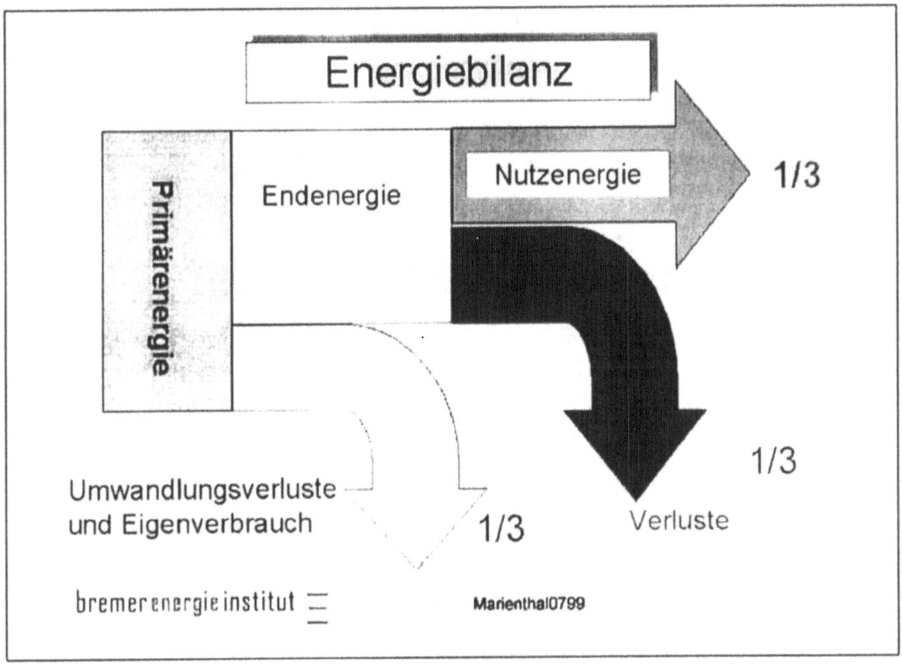

Bild 8.4: Energienutzung

8.2 Bewertungskriterien für Energieträger

Für die Bewertung der verschiedenen Energieträger werden folgende Kriterien zu Grunde gelegt:

1. Potenzial
   Hier ist zu prüfen, welche Mengen der Energieträger in Zukunft zur Verfügungen stehen werden. Eine Definition von Potenzialen setzt sowohl Informationen als auch eine wirtschaftliche Bewertung voraus. Im Allgemeinen wird unterschieden nach den Reserven (derzeit technischen wirtschaftlichen gewinnbare Mengen) und den Ressourcen mit entweder geringerer Wirtschaft-

lichkeit der Förderung oder einem geringeren Informationsniveau über die Bestände (vgl. Bild 8.6).

2. Erreichbarkeit
    Die geologischen Vorkommen sind unterschiedlich gut zu erreichen, was sich bei der Abgrenzung von Ressourcen und Reserven in der Wirtschaftlichkeit ausdrückt.

3. Verfügbarkeit und Speicherbarkeit
    Die Eignung bestimmter Energieträger für bestimmte Umwandlungszwecke hängt u. a. auch davon ab, inwieweit sie im Hinblick auf den Bedarf verfügbar gemacht werden können. Der Bedarf schwankt nach Jahres- und Tageszeit. Die Verfügbarkeit ist damit auch wesentlich eine Frage der Möglichkeit, Energieträger zu speichern, um Erzeugung von Energie und Verbrauch zu entkoppeln.

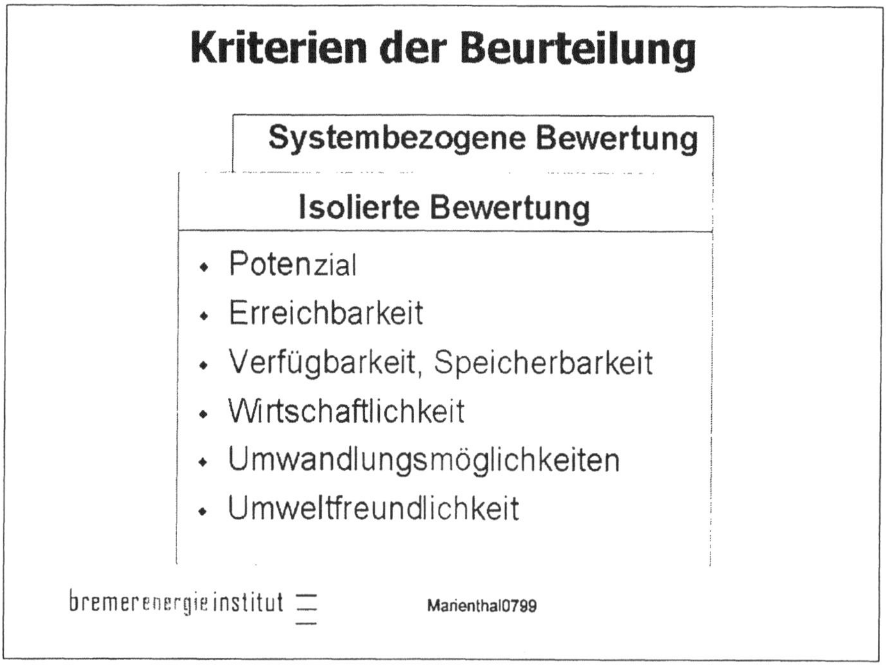

Bild 8.5: Bewertungskriterien für Energieträger

4. Wirtschaftlichkeit
    Letztlich können alle Energieträger in eine Form verwandelt werden, die sie für bestimmte Nutzungszwecke vergleichbar macht. Daher bestimmen immer die wirtschaftlichen Varianten für einen bestimmten Zweck die für diesen Nutzungszweck auch möglichen Einsatzmöglichkeiten der Energieträger.

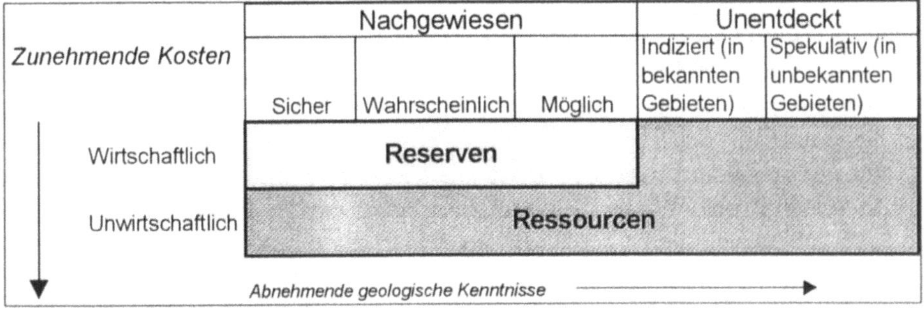

Bild 8.6: Reserven und Ressourcen
           Quelle: Stahl (1999)

Unter Wirtschaftlichkeit sind damit zwei Aspekte zu verstehen:

- die relative Wirtschaftlichkeit der Energieträger im Verhältnis zueinander und
- das Preisniveau, zu dem Energie zur Verfügung steht

Der erste Aspekt entscheidet darüber, welche Energieträger zu welchem Zweck verfügbar sind. Der zweite Aspekt entscheidet darüber, inwieweit es interessant ist, Aufwand zu betreiben, um Energie effektiver einzusetzen.

Es gibt jedoch keine objektive wirtschaftliche Bewertung. Kosten ergeben sich u.a. auch aus dem gesellschaftlich-institutionellen Rahmen, auf der anderen Seite spielt auch die „Knappheit" fossiler Energieträger eine Rolle. Denn auf Grund dieser Knappheit liegen die Preise für fossile Energieträger teilweise über den Förderkosten, wodurch sich das Preisniveau in einer Bandbreite bewegen kann, die als Relation zu den Kosten anderer Energieträger darüber entscheiden kann, ob diese wirtschaftlich darstellbar sind oder nicht. Schließlich spielen auch Steuern für die relative Wirtschaftlichkeit eine große Rolle. Energie wird in vielen Ländern in vielfältiger Weise besteuert, was durchaus die relative Wirtschaftlichkeit der einzelnen Energieträger verschieben kann. Daran wird deutlich, dass Wirtschaftlichkeit neben dem wesentlichen Marktaspekt auch einen politischen Aspekt hat (Beispiel: Besteuerung von Heizöl und Erdgas in Deutschland, aber keine Besteuerung von Kohle).

Schließlich kann man Wirtschaftlichkeit nicht als eine statische Größe verstehen. Entscheidungen über den Einsatz bestimmter Energieträger reichen auf Grund der langen Lebensdauer der für diese Energieträger notwendigen Umwandlungssysteme häufig über einen Zeitraum von 20 bis 40 Jahren. Erfolgt die Entscheidung auf der Basis der heutigen relativen Wirtschaftlichkeit der

Energieträger, so kann sich dies in Zukunft als großer Fehler erweisen, weil die auf der Basis der heute verfügbaren Informationen getätigten Investitionen später zu relativ unwirtschaftlichen Ergebnissen führen können. Aus diesem Gesichtspunkt folgt, dass Entscheidungen über den Energieträgereinsatz anders getroffen werden können als das reine Wirtschaftlichkeitsgebot es nahelegen würde.

Dies gilt sowohl für die Mischung konventioneller Energieträger als auch dafür, dass Vorkehrungen für den Einsatz erneuerbarer Energieträger getroffen werden müssen, bevor diese sich am Markt als wirtschaftlich erweisen, denn nur auf diese Weise kann sichergestellt werden, dass sie zu einem späteren Zeitpunkt verfügbar sein werden, wenn dies auch wirtschaftlich geboten ist. Aus diesem Gesichtspunkt lässt sich die Notwendigkeit langfristig orientierter Entscheidungen begründen.

Märkte honorieren jedoch im Allgemeinen langfristig orientierte Investitionen mit noch unklarem Marktergebnis nicht. Insofern erfordern zukünftige Märkte einen Vorlauf mit einer unwirtschaftlichen Phase. Die Frage, ob auf längere Sicht die Förderung eines neuen Energieträgers zu einem wirtschaftlichen Ergebnis führen wird, ist schwer zu beantworten. Eine rationale Technologiepolitik wird deshalb alle Optionen prüfen, aber auch diejenigen Optionen verwerfen, die sich nicht als viel versprechend erweisen.

5.   Umwandlungsmöglichkeiten
Für die Bewertung eines Energieträgers spielt es schließlich eine große Rolle, für welche Nutzzwecke er günstigerweise eingesetzt werden kann. So ist z. B. die Kohle reichlich vorhanden (siehe unten) und daher auch besonders preiswert. Dennoch spielt heute Kohle im Wärmemarkt kaum noch eine Rolle, weil der Einsatz dieses Energieträgers im Bereich der Heizung mit Handhabungsnachteilen verbunden ist (Transport, Lagerung, Ascheentsorgung etc.). Grundsätzlich kann Kohle in Gas verwandelt werden, wodurch die Handhabungsnachteile zurückgehen, aber die Umwandlungskosten, die damit verbunden sind, wiegen die Vorteile auf, so dass die Vergasung von Kohle für den Einsatz in dezentralen Heizsystemen heute praktisch keine Rolle mehr spielt.

Für bestimmte Energieträger gibt es also bestimmte Handhabungsvorteile, so dass für bestimmte Energieträger auch bestimmte Anwendungszwecke besonders günstig sind (vgl. Tabelle 8.1).

6. Umweltfreundlichkeit
Die Umweltfreundlichkeit der Energieträger spielt eine zunehmende Rolle. Zu bewerten ist sie zunächst nach den unmittelbaren Umwelteffekten, die aus dem Einsatz des Energieträgers resultieren, z. B. dem Schadstoffgehalt der Abgase beim Verbrennen fossiler Energieträger. Bei einer Gesamtsystembetrachtung müssen aber auch die Umwelteffekte im gesamten Produktionszyklus von der

Primärenergiequelle bis zur letzten Verwendung mitbetrachtet werden. Darüber hinaus muss man bei einer vollständigen Analyse auch berücksichtigen, welche Umweltwirkungen mit den für den Energieeinsatz notwendigen Umwandlungseinrichtungen verbunden sind. Diese entstehen normalerweise beim Bau dieser Einrichtungen. Dieser Effekt tritt nur einmalig auf. Die damit verbundenen Umweltwirkungen können vergleichbar gemacht werden, indem sie auf die gesamte Produktion dieser Umwandlungseinrichtung (z. B. eines Kraftwerks) verteilt werden. Allerdings treten bei solchen Analysen immer gewisse Schätzprobleme auf: wird z. B. zur Herstellung eines Kraftwerks Strom eingesetzt, so muss dieser ja in der Vergangenheit erzeugte Strom hinsichtlich seiner Umweltwirkungen bewertet werden, damit diese Umweltwirkungen nun auf das Kraftwerk und davon ausgehend schließlich auf die aus dem neuen Kraftwerk zu erzeugenden Einheiten umgelegt werden können. Im Einzelnen sind natürlich die früheren Umwelteffekte aus der Stromerzeugung zum Bau des Kraftwerks nicht bekannt. Üblicherweise geht man daher so vor, dass man durchschnittliche Werte zu Grunde legt.

Umwelteffekte =

direkte Umwelteffekte bei der Nutzung
z. B. Abgase aus der Verbrennung

+ indirekte Umwelteffekte auf vorgelagerten Stufen
z. B. durch Gewinnung und Transport verursachte Umwelteffekte

+ kumulierte Umwelteffekte in den eingesetzten Umwandlungseinrichtungen
z. B. Energieaufwand zur Herstellung eines Kraftwerks und die damit verbundenen Umwelteffekte. Diese werden auf die erzeugten Produkte umgelegt.

Tabelle 8.1: Haupteinsatzbereiche konventioneller Energieträger

Energie	**Haupteinsatzbereich**
Kohle	**Stromerzeugung**, Industrieprozesse
Erdöl	**Verkehr**, Wärme
Erdgas	**Wärme**, Industrieprozesse
Kernenergie	**Stromerzeugung**, Wärme

Die Tabelle 8.2 zeigt ein Beispiel für die direkten und kumulierten Emissionen aus einem Gas- und einem Kohlekraftwerk. Das Beispiel zeigt deutlich, dass die direkten Emissionen die entscheidende Größe sind. Die vollständige Analyse, wie sie hier gezeigt wurde, wäre nur dann immer erforderlich, wenn sich die Proportionen der unterschiedlich zuzurechnenden Emissionen bei einzelnen Energieträgern/Produktionsprozessen stark unterscheiden würden. Ist dies nicht der Fall, so entsteht kein allzu großer Fehler, wenn man die direkten Emissionen zum Maßstab des Vergleichs macht.

Tabelle 8.2: Direkter und kumulierter Energieeinsatz

Bezugsbasis: 1000 kWh Strom aus neuem Kraftwerk		
	Steinkohlekraftwerk	Erdgas-GuD-Kraftwerk
Energieeinsatz direkt	2299 kWh	1818 kWh
Energieeinsatz kumuliert	2586 kWh	1927 kWh
CO_2-Emission direkt	805 kg	364 kg
CO_2-Emission kumuliert	880 kg	385 kg

Quelle: nach GEMIS

Die Umweltfreundlichkeit wird an verschiedenen Kriterien gemessen. Üblicherweise geht man nach den Umweltmedien Boden, Wasser, Luft vor und berücksichtigt Auswirkungen auf diese Medien. Auf Grund der inzwischen hochgradig regulierten Umweltnutzung wird ein Teil möglicher Umwelteffekte heute durch Rückhaltetechniken vermieden (z. B. Emission von SO_2 aus der Verbrennung von Kohle), ein Teil der Umweltwirkungen wird durch Auflagen kompensiert (z. B. Rekultivierungsmaßnahmen im Zusammenhang mit dem Braunkohletagebau) und ein weiterer Teil verbleibt als nicht vermeidbare Umweltbelastung.

Die Frage ist nun, von welchen Emissionen bei der Umweltbewertung ausgegangen werden soll: der Markt wird sich im Rahmen der gesetzlichen Regelungen bewegen und diejenigen Energieträger vorziehen, die unter Berücksichtigung des gesetzlichen Rahmens am kostengünstigsten sind. Die daraus resultierenden Umweltbelastungen können sich zwischen Energieträgern dennoch stark unterscheiden. Wird z. B. der Grenzwert für die Emission von SO_2 bei einem Kohlekraftwerk eingehalten, so entstehen dennoch im gesetzlich zugelassenen Rahmen weiterhin nennenswerte Mengen von Emissionen, die beim Einsatz z. B. von Erdgas nicht anfallen würden. Eine besondere Rolle spielen heute die Emissionen von Treibhausgasen, von denen aber das Wesentliche, nämlich Kohlendioxid, das bei der Verbrennung fossiler Brennstoffe anfällt, nicht rückhaltbar ist.

Hierfür gibt es keine gesetzlichen Grenzwerte, aber eine allgemeine Zielsetzung zur Reduktion der Gesamtmenge. In diesem Zusammenhang kann eine Bewertung nicht vom einzelnen Energieträger ausgehen. Die Emission von Kohlendioxid kann reduziert werden, indem an die Stelle kohlenstoffhaltiger Brennstoffe kohlenstofffreie Brennstoffe treten (z. B. Ersatz von Kohlestrom durch Kernenergiestrom oder Strom aus erneuerbaren Energiequellen), indem aber auch kohlenstoffreiche durch kohlenstoffarme Energieträger ersetzt werden (Ersatz von Kohlestrom durch Erdgasstrom).

Schließlich kann aber auch die Emission vermieden werden, indem durch geeignete Maßnahmen der Stromverbrauch insgesamt reduziert wird. Eine Bewertung setzt also Gesamtsystemüberlegungen voraus, an welcher Stelle in der Volkswirtschaft für welche Zwecke wie viel Energie aus welcher Quelle eingesetzt werden soll, um im Rahmen der erlaubten Umweltbelastung zu bleiben. Für die Analyse dieser Zusammenhänge werden Systemmodelle eingesetzt, die den Gesamtzusammenhang systematisch abbilden und damit auf der Basis der in den einzelnen Teilbereichen unterschiedlichen Vermeidungskosten eine optimale Auslegung der Emissionsvermeidung ermöglichen. Da-

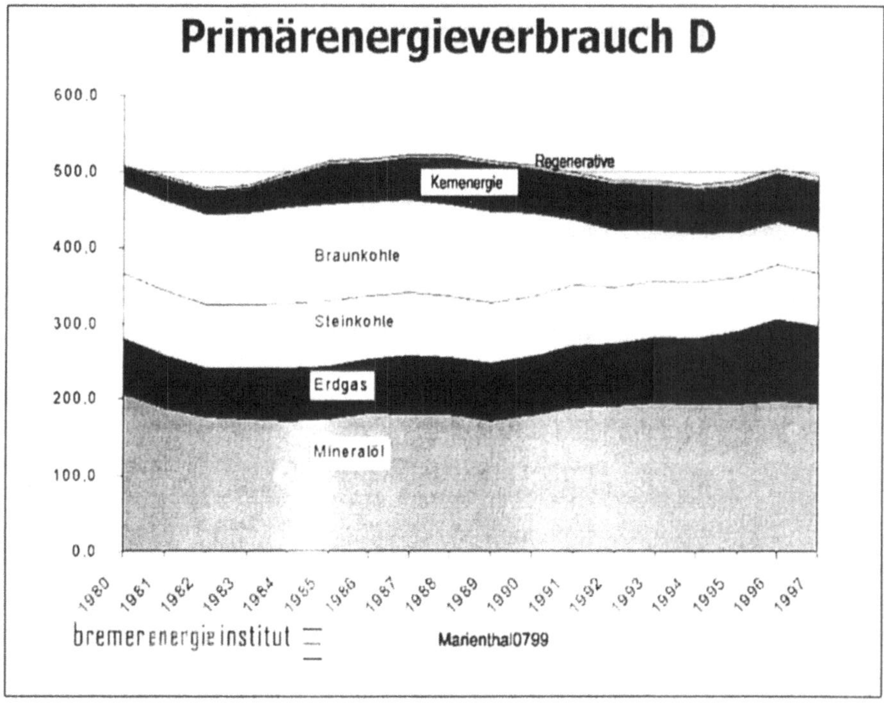

Bild 8.7: Entwicklung des Primärenergieverbrauchs in Deutschland

raus wird deutlich, dass die Bewertung der einzelnen Energieträger nicht nur sozusagen von unten nach oben auf der Basis ihrer jeweiligen stofflichen Eigenschaften und der Eigenschaften der dazugehörigen Nutzungssysteme erfolgen kann, sondern dass ebenfalls eine Betrachtung von oben nach unten erforderlich ist, um festzustellen an welcher Stelle in der Volkswirtschaft welche Energieträger am besten eingesetzt werden sollten.

Das Bild 8.7 zeigt die Entwicklung des Primärenergieverbrauchs in Deutschland nach Energieträgern seit 1980. Aus der Abbildung lassen sich zwei Tendenzen erkennen:

1. Das Niveau des Energieverbrauchs war von der Mitte der 80er Jahre bis zur Mitte der 90er Jahre rückläufig. Dies war im Wesentlichen durch die großen Veränderungen der Volkswirtschaft in den neuen Bundesländern bedingt.

2. Weiterhin ist ein Strukturwandel bei den fossilen Energieträgern zu erkennen: Rückgang des Kohleeinsatzes geht mit einer Ausweitung des Erdgaseinsatzes einher. Schließlich zeigt sich, dass die erneuerbaren Energieträger noch keine bedeutende Rolle spielen. Von den Zukunftsanforderungen einer wesentlich umweltfreundlicheren Energiewirtschaft mit stark reduziertem Ressourcenverbrauch sind wir also noch weit entfernt.

Im Folgenden sollen nun die einzelnen Energieträger und deren Entwicklungsmöglichkeiten im Einzelnen betrachtet werden.

8.3 Bewertung konventioneller und erneuerbarer Energieträger

8.3.1 Konventionelle Energieträger

Das Denken über die Wertigkeit der verschiedenen Energieträger ist stark durch die ressourcenökonomische Sichtweise bestimmt. Vereinfacht ausgedrückt bestimmt sich der Wert von Energieträgern nach ihrer jeweiligen Knappheit. Je stärker eine nicht erneuerbare Ressource abgebaut wird, umso mehr muss ihr Preis steigen. Damit wird automatisch dafür gesorgt, dass nach Ersatzmöglichkeiten für die Energieträger gesucht wird. Dies können andere fossile Energieträger, aber auch nicht erschöpfbare erneuerbare Energieträger sein. Bei diesem Gedankenmodell, das die ressourcenökonomische Theorie sehr differenziert ausgearbeitet hat, geht man aber immer von (bekannten) Beständen der jeweiligen Ressourcen aus. Tatsächlich gibt es aber nur begrenztes Wissen über die Vorräte der erschöpfbaren Energieträger.

Die Tabelle 8.3 zeigt Angaben über die Reserven und Ressourcen der erschöpfbaren Energieträger. Während bei Erdöl und Erdgas die bekannten (konventionellen)

Reserven in der gleichen Größenordnung liegen wie die weniger sicher bekannten Ressourcen, sind die Ressourcen bei der Kohle um den Faktor 10 größer als die Reserven. Auch bei Erdgas und Erdöl sind große Ressourcen zu erwarten, die allerdings im Bereich nicht konventioneller Erdöle und Erdgase liegen, für die entsprechende Gewinnungsmethoden noch entwickelt werden müssten. Auf der Basis der Reserven wird auch die statische Reichweite berechnet. Sie drückt das Verhältnis der gegenwärtigen Förderung zum Bestand aus. Danach würde bei heutiger Förderung Erdöl noch 44 Jahre, Erdgas noch 64 Jahre und Kohle noch 185 Jahre reichen. Im Zusammenhang mit den Schätzungen über die Ressourcen sind diese Energieträger also für die gegenwärtigen Generationen nicht „knapp".
Die Preisbildung dieser Ressourcen bezieht sich daher auch viel stärker auf die gegenwärtigen Fördermöglichkeiten und Förderkosten, die sich regional zum Teil erheblich unterscheiden. Ressourcenanbieter mit niedrigen Förderkosten könnten rein theoretisch durch eine entsprechende Ausweitung ihres Angebots Anbieter mit höheren Förderkosten vom Markt verdrängen. Es kann jedoch auch in ihrem Interesse liegen, zu einem höheren Preis anzubieten, einen geringeren Absatz in Kauf zu nehmen und die Produktion auf die Zukunft zu verschieben. Das tatsächliche Anbieterverhalten hängt damit nicht nur von wirtschaftlichen, sondern auch von einer Vielzahl politischer Faktoren ab.

Dies erklärt zum Teil die zu beobachtende Instabilität in der Entwicklung der Ölpreise (vgl. Bild 8.8). Dabei gibt es allerdings Grenzen für die Preisbewegungen: da alle fossilen Energieträger in ähnlicher Weise in Nutzenergie transformiert werden können, führen höhere Preise eines Energieträgers in dem Bereich, wo er ersetzbar ist, automatisch zum Mehreinsatz anderer Energieträger, wodurch eine gewisse Stabilisierung der Preise ausgelöst wird. Da Erdölprodukte aber im Bereich Verkehr eine Domäne haben, wo sie bei den gegebenen Systemen nicht ersetzbar sind, wirkt dieser Mechanismus im Bereich der Erdölprodukte nur schwach. Auf sehr lange Sicht gesehen, können aber andere fossile Energieträger auch in Treibstoffe für Kraftfahrzeuge umgewandelt werden, so dass bei höherem Ölpreis z. B. Kohle ein Substitut für Erdölprodukte bieten kann.

Aus all diesen Überlegungen folgt, dass eine physische Knappheit von fossilen Energieträgern auf mittlere bis längere Sicht nicht gegeben ist. Es bestehen vielfältige Möglichkeiten, eine Vielfalt von Nutzzwecken mithilfe der fossilen Energieträgerbestände abzudecken. Für die Zukunft von größerer Bedeutung ist daher die Frage der Energieträgerpreise. Wesentliche Teile der Energiemärkte sind heute wettbewerbsorient organisiert. Tendenziell besteht daher ein Zusammenhang zwischen den Preisen und den Kosten. Daher sind unter friedlichen Bedingungen Preisbewegungen, die sich über einen längeren Zeitraum weit von den Kosten entfernen, wenig wahrscheinlich. Die Verfügungsmöglichkeiten über große Mengen fossiler Energieträger zu relativ niedrigen Preisen werden also noch über längere Zeit bestehen.

Diese Aussage bedeutet, dass Zielsetzungen einer Umgestaltung des Energiesystems in Richtung von mehr Umweltfreundlichkeit von der Ressourcenseite her nicht automatisch erfüllbar sind.

Tabelle 8.3: Reserven und Ressourcen nicht erneuerbarer Energieträger

Energieträger	Reserven Mrd. t SKE	Reichweite Jahre	Ressourcen Mrd. t SKE
Erdöl	**428**		**973**
Darin konventionell	227	44	113
Darin nicht konventionell	201		860
Erdgas	**184**		**4087**
Darin konventionell	180	64	267
Darin nicht konventionell	4		3820
Kohle	**558**	185	**6110**
Darin Hartkohle	487		5021
Darin Weichbraunkohle	71		1089
Fossile Energieträger	**1170**		**11170**
Kernbrennstoffe	**65**		**289**
Nicht erneuerbare Energie	**1235**		**11459**

Quelle: BGR (1999)

Die vorhandenen Reserven und Ressourcen fossiler Energieträger dürfen unter Umweltgesichtspunkten nicht auf dem gleichen Niveau und mit den gleichen Steigerungsraten wie in der Vergangenheit in Anspruch genommen werden, wenn lokale und globale Umweltziele erreichbar sein sollen. Die Energiemärkte selbst produzieren nicht die entsprechenden Preissignale, um eine Umstrukturierung in diese Richtung zu fördern.

Unter dem Gesichtspunkt der Nachhaltigkeit müssten die heute lebenden Generationen, die nicht erneuerbare Energiebestände in Anspruch nehmen, dafür gegenüber künftigen Generationen einen Ersatz leisten. Dies kann z. B. durch Forschung und Entwicklung von erneuerbaren Energieträgersystemen geschehen, die zukünftig größere Anteile übernehmen können. Der Gesichtspunkt als solcher ist wohl unumstritten, umstritten ist aber, in welchem Umfang und mit welcher Geschwindigkeit dies geschehen soll (vgl. dazu Masuhr, 1992).

Die Tabelle 8.4 gibt einen Überblick über die Bewertung der einzelnen Energieträger nach den im Kapitel 2 definierten Kriterien. Für das Marktgeschehen bei den fossilen Energieträgern sind häufig anlegbare Preise maßgeblich. Ein anlegbarer Preis ist derjenige Preis, bei dem die Gleichwertigkeit zu einem anderen Energieträger unter Berücksichtigung der Einsatzkosten und -nutzen gewährleistet ist.

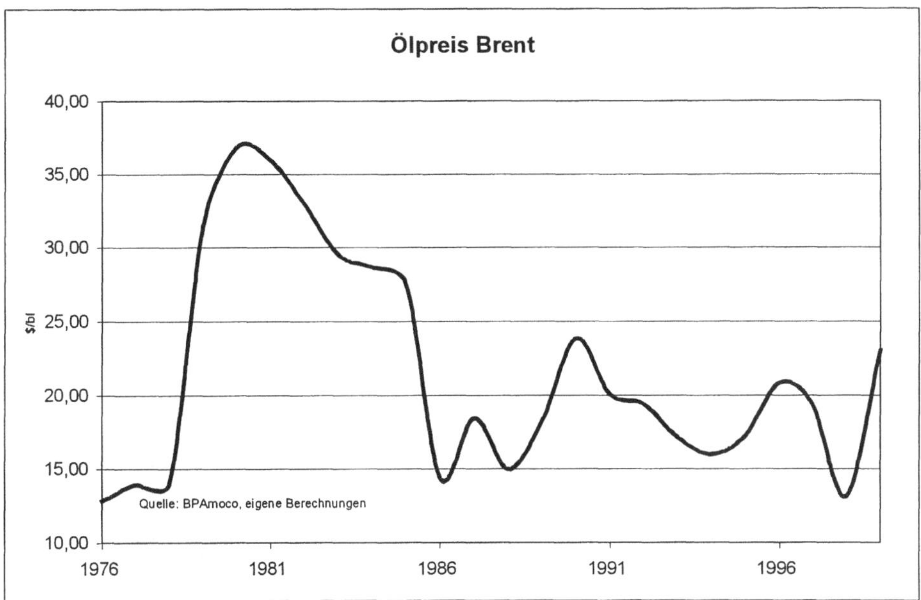

Bild 8.8: Ölpreisentwicklung

Die Einsatzkosten unterscheiden sich erheblich zwischen den Energieträgern. Wie die Tabelle zeigt, sind alle fossilen Energieträger im Bereich der Wärmeerzeugung einsetzbar, insofern drücken die Preisunterschiede zwischen den Energieträgern auch die unterschiedlichen Einsatzmöglichkeiten und -kosten aus. Darüber hinaus spielen spezifische Transportkosten eine Rolle. Die Tabelle 8.5 zeigt den Grenzübergangspreis für Kohle, Rohöl und Erdgas im Durchschnitt der Jahre 1995 bis 1997. Deutlich zeigt sich die Abstufung, dass Öl etwa doppelt so teuer wie Kohle ist und der Preis von Erdgas in der Mitte liegt. Diese Abstufung entspricht durchaus den längerfristigen Werten. Sie erklärt sich aus den unterschiedlichen Einsatzbereichen dieser Energieträger (Wärmemarkt, Verstromung oder Verkehr), den unterschiedlichen Verteilkosten (insbesondere bei Gas) und sicherlich spielen auch die vom Staat auf die Endprodukte erhobenen Steuern noch eine große Rolle, die hier nicht mit enthalten sind (Mineralölsteuer, Mehrwertsteuer). Auf der Basis einer solchen Preisstruktur bilden sich Verbrauchsstrukturen heraus, die in Frage gestellt werden, wenn sich die Preisrelation zwischen den Energieträgern stark verändert. Der Preis von Erdgas erscheint in der Tabelle wesentlich günstiger, als er sich für bestimmte Anwendergruppen darstellt. Dies hängt damit

zusammen, dass Erdgas sozusagen eine doppelte Anlegbarkeit aufweist: Einmal gegenüber Heizöl auf dem Wärmemarkt für Raumheizung und auf der anderen Seite gegenüber Kohle auf dem Markt für Stromerzeugung. Mit der Einführung der Energiebesteuerung zum 1. April 1999 und den geplanten Veränderungen in den folgenden Jahren ergeben sich für die Anwender von Energie Veränderungen im relativen Preisgefüge. Damit soll das Preisniveau für Energie erhöht werden (Anreiz zum effizienteren Umgang mit Energie) und es sollen Anreize zur Verringerung der Umweltbelastung aus Energieeinsatz gegeben werden.
Inwieweit solche steuerlichen Maßnahmen zielführend sind, hängt sehr stark davon ab, inwieweit die Ausgestaltung der Steuern diesen Bedingungen entspricht und ob die Energieverbraucher in ihrem jeweiligen Bedingungsrahmen in der Lage sind, auf Grund der Steuerbelastung auf eine weniger energieverbrauchende oder umweltfreundlichere Lösung überzugehen. Dies kann hier nicht ausführlich untersucht werden.

Tabelle 8.4: Vergleichende Bewertung konventioneller Energieträger

	Kohle	Öl	Erdgas	Atom
Potenzial	groß	mittel	Groß	mittel
Erreichbarkeit	Standort	gut	Leitung	(gut)
Verfügbarkeit, Speicherbarkeit	gut	gut	Gut	spezieller Kreislauf
Wirtschaftlichkeit	hoch	hoch	Hoch	gut, Investitionsrisiko
Umwandlung	begrenzt	flexibel	Flexibel	Strom, Wärme
Einsatzbereiche	Strom, Wärme	Wärme, Verkehr	Wärme, Strom	Strom, Wärme
Umweltfreundlichkeit	CO_2, SO_2, NO_x	(SO_2), CO_2	hoch (CO_2)	kein Treibhausgas / Risiko / Endlager

Tabelle 8.5: Preisvergleich fossile Energieträger

Grenzübergangspreis Mittelwert 1995-1997 DM/MWh		
Kohle	Rohöl	Erdgas
9,45	18,82	13,97

Quelle: berechnet nach Energie Daten 1999

8.3.2 Erneuerbare Energieträger

Die Energiezufuhr über die Sonneneinstrahlung treibt das Ökosystem über die Fotosynthese an, sorgt für großräumige Wassertransporte über Verdunstung und Niederschläge und erzeugt laufend über Temperatur- und Druckunterschiede in der Atmosphäre große Ausgleichsbewegungen von Luftmassen, d.h. Winde. In der Sonneneinstrahlung, in der Biomasse sowie in Wasser- und Luftbewegung liegen Energiepotenziale, die für die Erzeugung von Nutzenergie eingesetzt werden können. Sie werden erneuerbare Energiequellen genannt, weil die Nutzung ihren Vorrat nicht verringert. Die Sonne ist die Hauptquelle erneuerbarer Energie, daneben spielt auch die Gravitationswirkung zwischen Erde und Mond (Gezeiten der Meere) und die Erdwärme eine Rolle.

Die Nutzung dieser Potenziale erfordert spezifische Umwandlungssysteme. Die Tabelle 8.6 zeigt die regenerativen Energiequellen und ihre Umwandlungssysteme.

Tabelle 8.6: Erneuerbare Energiequellen

Energiequelle	Umwandlung	Erzeugte Energie
Solarstrahlung	PV Anlage, Solarthermisches Kraftwerk	
Wasserkraft	Wasserkraftwerk	Strom
Windkraft	Windenergiekonverter	
Biomasse	(Heiz-) Kraftwerk	
Erdwärme	Geothermisches (Heiz-) Kraftwerk	Strom und Wärme
Solarstrahlung	Kollektor, Absorber, Passive Nutzung	
Biomasse	Heizkessel	Wärme
Umgebungswärme	Wärmepumpe, Absorber	
Biomasse	Biogasanlage, Alkoholfermenter, Kompaktier-, Aufbereitungsanlage	Brennstoff
Solarstrahlung	Fotoelektrochemische Zellen	

Quelle: Wagner, Rouvel, Schaefer (1997)

Die Tabelle 8.7 zeigt den Beitrag erneuerbarer Energie zum gesamten Energieverbrauch in Deutschland. Insgesamt erbringen heute erneuerbare Energiequellen etwa 2 % des Primärenergieverbrauchs und 5 % der Stromerzeugung. Dies wird sich ändern müssen, wenn klimapolitische Ziele erreicht werden sollen.

Tabelle 8.7: Beitrag erneuerbarer Energie, D 1998

Erneuerbare Energie 1998	PetaJoule
Wasserkraft (geschätzt)	59
Brennholz (1994)	(47)
Klärschlamm, Müll (1994)	(92)
Klärgas (1994)	(13)
Wind (geschätzt)	18
Fotovoltaik	0,04
Insgesamt	**284**
Primärenergieverbrauch gesamt	*14320*
Beitrag EEQ insgesamt ca.	*2 %*
Stromerzeugung EEQ 1998	TWh
Wasserkraft	19
Wind ca.	4,6
Müll etc. ca.	2
Biomasse ca.	1
Fotovoltaik	0,03
Gesamt	**26,5**
entspricht ca.	*5 %*

Quelle: BMWi, Energiedaten '99, Energiebilanz, IWR Münster, eigene Berechnungen

Die Wirtschaftlichkeit erneuerbarer Energieträger ist heute noch sehr unterschiedlich, einige Beispiele zeigt die Tabelle 8.9. Für die Erhöhung des Anteils erneuerbarer Energieträger sind daher Markteinführungsprogramme erforderlich, die die Wirtschaftlichkeitslücke in der Anfangsphase schließen, bis eine selbsttragende Entwicklung bei den erneuerbaren Energien möglich erscheint. Wie Tabelle 8.8 zeigt, ist das Potenzial besonders bei der direkten Stromerzeugung aus Sonne hoch. Auf der anderen Seite ist gerade hier die Wirtschaftlichkeit noch weit von der Marktreife entfernt und ein besonderes Problem besteht darin, dass die Verfügbarkeit der Solarstrahlung besonders schlecht an den Energiebedarf angepasst ist. Die Spitzen der Verfügbarkeit von Solarenergie liegen tageszeitlich mittags und jahreszeitlich im Sommer, während die Spitzen des Stromverbrauchs tageszeitlich in den Morgen- und Abendstunden und jahreszeitlich im Winter liegen. Aus diesem Grunde kann die Fotovoltaik nur eine ergänzende Funktion im Gesamtsystem haben.

Bei den erneuerbaren Energien wird es also darauf ankommen, die verschiedenen Möglichkeiten zu mischen. Eine längerfristig orientierte und einheitliche Förderpolitik, die den Anbietern eine gewisse Investitionssicherheit bietet, ist eine wesentliche Voraussetzung für die Weiterentwicklung auf diesem Gebiet.

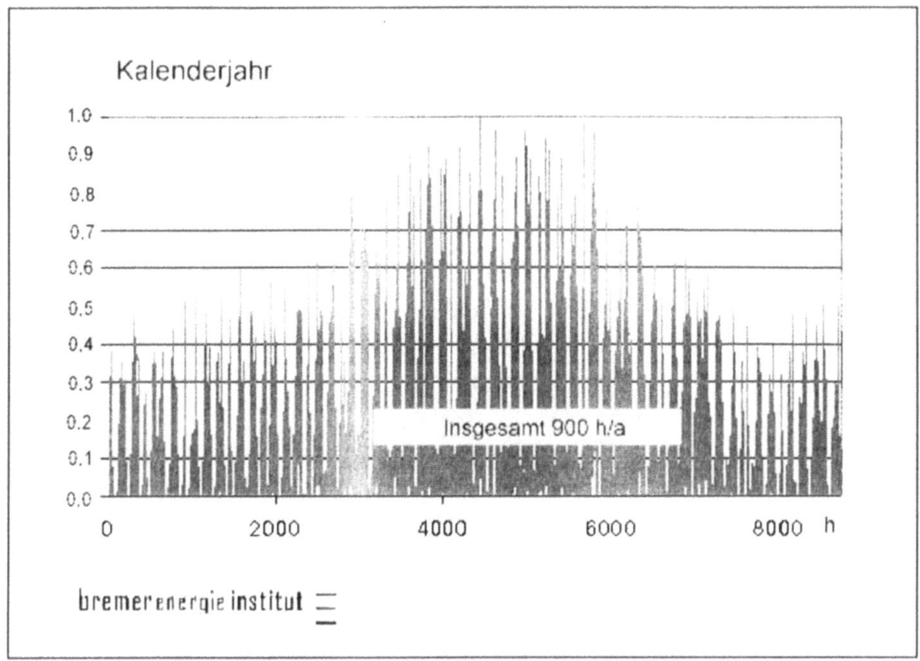

Bild 8.9: Verfügbarkeit von fotovoltaischem Strom an einem süddeutschen Standort
Quelle: Eigene Berechnung

Tabelle 8.8: Potenziale erneuerbarer Energie in Deutschland

	Potenzial TWh	Erläuterung
Wind	22	Windgeschwindigkeit > = 5,5 m/s
Wasserkraft (Zubau)	2,7	Kleinwasserkraftanlagen
Fotovoltaik Dachnutzung	138	technisches Potenzial
Fotovoltaik Freiflächen	606	technisches Potenzial
Solare Nahwärme	32	ausschöpfbar bis 2020
Feste Biomasse	67	vor allem Reststroh/-holz
Hinweis: Die Daten können nicht aggregiert werden, da sich die Nutzungen teilweise wechselseitig ausschließen.		

Quelle: Diekmann u.a. (1995)

Der in anderen Ländern entwickelte Ansatz, einen Teil des Aufkommens aus der
Energiebesteuerung hierfür einzusetzen, erscheint sinnvoll. Dabei müssen allerdings in Zukunft auf Grund der Liberalisierung der Energiemärkte marktorien-
tierte Lösungen entwickelt werden, damit die Förderung nicht nur zu Mitnah-
meeffekten führt, sondern auch Anreize bestehen, dass sich auf der Anbieterseite
leistungsfähige Unternehmen entwickeln.

Tabelle 8.9: Kosten regenerativer Energie

Gesamtkosten regenerativer Energien		DM/kWh
Solarthermische Wärme	Dezentrale Warmwasserbereitung	0,34 - 0,38
	Solare Nahwärme	0,22 - 0,30
Fotovoltaische Stromerzeugung		
Dachmontierte Anlage (5 kW)	Stand	2,01 - 2,41
	Fortschritt	1,08 - 1,31
	Best	0,68 - 0,82
Kraftwerk (1000 kW)	Stand	1,21 - 1,45
	Fortschritt	0,68 - 0,83
	Best	0,52 - 0,68
Windenergie	Kleine Anlage Stand	0,20
	Fortschritt	0,18
	Best	0,16
	Mittlere Anlage Stand	0,10
	Fortschritt	0,08
	Best	0,07
	Große Anlage Stand	0,13
	Fortschritt	0,08
	Best	0,07
Biomasse		DM/MWh
Waldrestholz	Hackschnitzel	> 21
Stroh	Rundballen	ca. 55
Biogas	120 Großvieheinheit-Anlage	ca. 85

Quelle: Kaltschmitt/Wiese (1995), Hartmann/Strehler (1995)

8.4   Entwicklungstendenzen

Welche Rolle werden und sollen die Energieträger in Zukunft spielen? Diese Frage hängt zunächst einmal sehr stark davon ab, wie sich das Niveau der Nachfrage nach Energie entwickeln wird. In Deutschland wird man davon ausgehen können, dass die laufenden Verbesserungen der Energieeffizienz, die aus der wirtschaftlichen Weiterentwicklung resultierende Mehrnachfrage kompensieren oder überkompensieren können. Innerhalb dieses kaum wachsenden, vielleicht sogar etwas zurückgehenden Gesamtniveaus des Energieverbrauchs (dies ist u.a. auch sehr stark eine Frage der künftigen Bevölkerungsentwicklung) wird es allerdings starke Verschiebungen geben. Diese hängen von der technischen Entwicklung (z.

B. wann werden kostengünstige Brennstoffzellen zur dezentralen Strom- und Wärmeerzeugung verfügbar sein), aber auch von vielfältigen politischen Entscheidungen (relative Besteuerung verschiedener Energieträger, Einsatzvorschriften und vieles andere mehr) ab.

Das Bild 8.10 zeigt die Emission von CO_2 pro Kopf im Vergleich verschiedener Länder. Die Daten sind von der Internationalen Energie Agentur in vergleichbarer Weise zusammengestellt worden und beziehen sich auf das Jahr 1996. Soll das Ziel einer Rückführung der CO_2-Emissionen bis zum Jahr 2010 erreicht werden, müssen an verschiedenen Stellen Umstrukturierungen einsetzen. Ein wesentlicher Kandidat für die CO_2-Reduktion ist der Stromsektor, der auf Grund des hohen Kohleeinsatzes in erheblichem Umfang zur Emission dieses Treibhausgases beiträgt.

In der Politik sind hier gegenläufige Tendenzen zu beobachten: Während auf der einen Seite eine steuerliche Förderung des Erdgaseinsatzes in Kraftwerken erfolgen soll, die an sich überflüssig ist, weil für den Neubau von Kraftwerken Anlagen auf Erdgasbasis mit hohem Wirkungsgrad ohnehin am wirtschaftlichsten sind, wird auf der anderen Seite das Klimaproblem durch den Ausstieg aus der Kernenergie eher verschärft. Unter diesem Gesichtspunkt spricht vieles dafür, dass die mögliche Restnutzungsdauer der Kernkraftwerke als Teil eines klimapolitischen Gesamtkonzepts eingesetzt wird.

Unter den gegenwärtigen Rahmenbedingungen hat die Kernenergie ohnehin aus zweierlei Gründen kaum Chancen:

1. Die schlechte Akzeptanz in der Bevölkerung macht Neubauten von Kernkraftwerken z. Z. unabhängig von der Politik relativ unwahrscheinlich, weil in Konkurrenz stehende Unternehmen sich schwer tun werden, ein schlecht akzeptiertes Produkt am Markt zu platzieren.

2. Kernkraftwerke sind besonders kapitalintensiv, sie sind im Einsatz relativ unflexibel, die Bauzeiten sind lang, Bauentscheidungen sind also mit einem langen Vorlauf zu treffen. Neue Kernkraftwerke rechnen sich nur, wenn die am Anfang der Nutzungsdauer zu tätigenden hohen Abschreibungen mit großer Sicherheit am Markt durch entsprechende Strompreise und Absatzmengen zurückgeholt werden können. Im inzwischen liberalisierten Energiemarkt sind dafür die Bedingungen jedoch äußerst ungünstig, denn die inzwischen wirksame Konkurrenz an diesem Markt drückt die Preise in Richtung der Grenzkosten der Stromerzeugung, so dass eine langfristige Kapitalbindung im Zusammenhang mit den sehr umstrittenen politischen Rahmenbedingungen für die Anbieter ein hohes Risiko darstellt, das sie wahrscheinlich nicht eingehen werden.

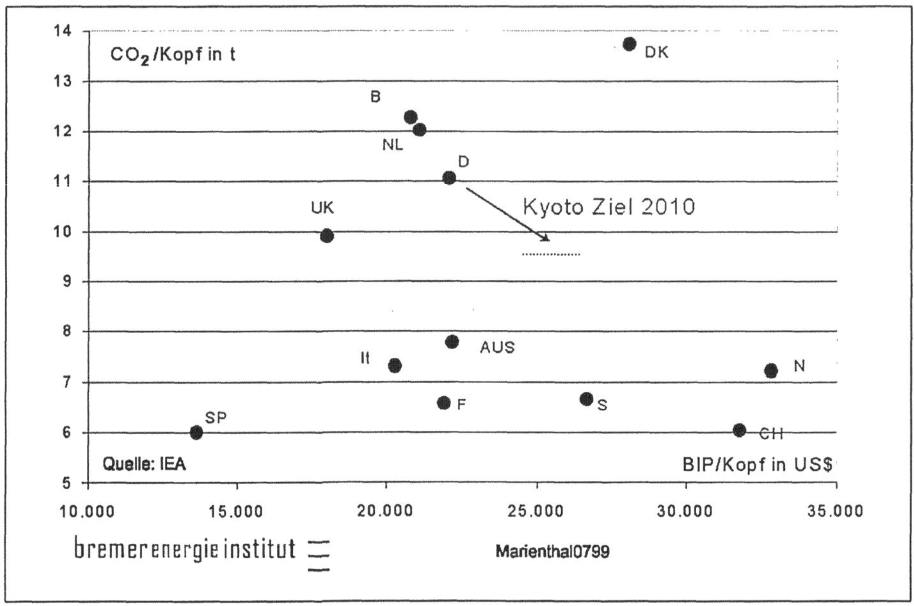

Bild 8.10: CO_2-Emission und Bruttoinlandsprodukt

Eine Umstrukturierung der Stromerzeugung in Richtung von mehr Gaseinsatz kann einen Beitrag der Stromwirtschaft zur Lösung des Klimaproblems darstellen. Dieser Weg wird aber langsamer beschritten werden als dies unter Umweltgesichtspunkten erwünscht erscheint, weil die Umstrukturierung des Kraftwerksparks Zeit braucht und die wirtschaftlichen und sozialen Interessen der kohleproduzierenden Regionen ebenfalls retardierend wirken werden.

Die Energiepolitik muss Umweltverträglichkeit und Wirtschaftsverträglichkeit im Rahmen einer weltoffenen Volkswirtschaft bei stabilen Rahmenbedingungen erreichen. Damit sind erhebliche Umstrukturierungsaufgaben verbunden. Die Politik ist heute insgesamt von Verteilungsauseinandersetzungen (zwischen den Generationen, zwischen Kapital und Arbeit, zwischen Arbeitenden und Nichtarbeitenden) geprägt, die sich auf grund der niedrigen wirtschaftlichen Entwicklung bei hohem sozialen Anspruchsniveau ergeben. Hier zeigt sich eine Analogie zum Umweltproblem: Verteilungsprobleme lassen sich durch Vorgriffe auf künftige, heute noch nicht produzierte Einkommen entschärfen. Ederer und Schuller (1999) haben in ihrer Untersuchung über den deutschen Staat („Deutschland AG") geschätzt, dass die Verschuldung des Staates etwa dreimal so hoch ist wie die explizit ausgewiesene, wenn man berücksichtigt, dass für heute schon an die Bevölkerung verteilte Rechte auf künftige soziale Leistungen Rückstellungen zulasten der heutigen Generation hätten aufgebaut werden müssen:

„Weil die Deutschland AG mehr verteilt als sie hat, muss sie sich immer mehr auf künftige Generationen verlassen. Der Generationenvertrag funktioniert nicht als Umverteilung zwischen lebenden, sondern als Umverteilung von zukünftigen auf heute lebenden Generationen." (S. 52)

So wie das soziale System weit von einer Nachhaltigkeit im Sinne einer Generationengerechtigkeit entfernt ist, gilt dies auch für die Inanspruchnahme von Umweltgütern. Auch hier lebt die Gegenwart auf Kosten der Zukunft.

Anders als bei der Sozialpolitik sind die Zukunftslasten weniger genau abschätzbar, aber auch leichter beeinflussbar. Angesichts des engen finanziellen Spielraums wird die Politik gegenüber künftigen Energieträgern allerdings weniger mit finanziellen Instrumenten arbeiten können als vielmehr sich auf ihre Regulierungsaufgabe besinnen müssen. Diese besteht darin, die erkannten Grenzen der Umweltbelastung in verbindliche Spielregeln für die wirtschaftlichen Akteure umzusetzen. Davon sind wir noch weit entfernt.

Literatur

BGR, Bundesanstalt für Geowissenschaften und Rohstoffe, Reserven, Ressourcen und Verfügbarkeit von Energierohstoffen 1998, Zusammenfassung, 1999.

Diekmann, J.; Horn, M.; Hrubesch, P.; Praetorius, B.; Wittke F.; Ziesing, H.-J.: Fossile Energieträger und erneuerbare Energiequellen, Jülich, 1995.

Ederer, P., Schuller, P.: Geschäftsbericht Deutschland AG, Stuttgart 1999.

Friedrich, R., Greßmann, A., Krewitt, W., Mayerhofer, P.: Externe Kosten der Stromerzeugung, Stand der Diskussion, Frankfurt 1996.

Hensing, I., Pfaffenberger, W., Ströbele, W.: Energiewirtschaft, München 1998.

Hensing, I.: Die Perspektive von Kernenergie in wettbewerblich geöffneten Energiemärkten, in: Zeitschrift für Energiewirtschaft, 1996, S. 53-64.

Hesse, G.: Die Entstehung industrieller Volkswirtschaften: ein Beitrag zur theoretischen und empirischen Analyse der langfristigen wirtschaftlichen Entwicklung, Tübingen, 1982.

Kaltschmitt, M.; Wiese, A. (Hrsg.): Erneuerbare Energien - Systemtechnik, Wirtschaftlichkeit, Umweltaspekte, Berlin, Heidelberg, 1995.

Masuhr, K., Wolff, H., Keppler, J.: Die externen Kosten der Energieversorgung, Stuttgart 1992.

Nitsch, J.: Erneuerbare Energie an der Schwelle zum nächsten Jahrtausend - Rückblick und Perspektiven, Mskr. 1999.

Nitsch, J.: Potenziale und Märkte der Kraft-Wärme-Kopplung in Deutschland, DLR Institut für Technische Thermodynamik, STB Bericht Nr. 15, Stuttgart 1997.

Pfaffenberger, W.: Ausstieg aus der Kernenergie - und was kommt danach?, Alfred Herrhausen Gesellschaft, Frankfurt 1999.

Stahl, W.: Die weltweiten Reserven der Energierohstoffe;: Mangel oder Über- fluss?, BGR 1999.

Wagner, U.; Rouvel, L.; Schaefer, H.: Nutzung regenerativer Energien, München, 1997.

9 Die globale Faktor Vier-Strategie für Klimaschutz und Atomausstieg

Peter Hennicke

9.1 Einleitung

Der weltweite Primärenergieverbrauch kann bei üblichen Annahmen über das Wirtschafts- und Bevölkerungwachstum bis zum Jahr 2050 nahezu konstant gehalten werden, wenn der rationellen Energienutzung (REN) Priorität eingeräumt wird. Wird gleichzeitig die Markteinführung der Kraft-Wärme/Kälte-Koppelung (KW/KK) und ein breites Mix aus regenerativen Energien (REG) aktiv gefördert, dann sinken die CO_2-Emissionen um etwa 50 % und es kann schrittweise auf die Kernenergie weltweit verzichtet werden. Dies ist das herausfordernde Ergebnis einer umfassenden Szenarioanalyse, die eine Arbeitsgruppe am Wuppertal Institut erarbeitet hat[1].

Damit liegt erstmalig ein Weltenergieszenario vor, das aufbauend auf der Datenbasis des World Energy Council (WEC) aufzeigt, dass eine Energiestrategie der Risikominimierung und ein Übergang zu einem zukunftsfähigen Weltenergiesystem technisch und – prinzipiell auch wirtschaftlich – möglich ist. Für die weltweite Energiepolitik bedeutet dies eine große Herausforderung und Ermunterung.

Zur kritischen Einordnung eines solchen **Szenarioergebnisses** muss jedoch an den Unterschied zwischen Szenarien und Prognosen sowie an die eingeschränkte Belastbarkeit von Zukunftsaussagen erinnert werden: Wissenschaftliche Aussagen über die Zukunft sind unvermeidlich unsicher. Das gilt insbesondere für sehr langfristige **Szenarien** oder **Prognosen** über zukünftiges Wirtschaftswachstum und Energieverbrauch. Aus der Vergangenheit wissen wir: Die **Fehlprognosen** über die Entwicklung des Energiesystems sind Legion. Vieles spricht dafür, dass die Geschwindigkeit des technischen und sozialen Wandels weiter zunimmt. Eine Folge dieser Beschleunigung ist eine wachsende Prognoseunsicherheit.

Ernüchtert durch die geringe Treffsicherheit von Prognosen wurde schon Anfang der siebziger Jahre damit begonnen, die Entwicklung **alternativer Zukünfte** zu beschreiben, die vom jeweils aktuellen Zustand als möglich erachtet werden können. Diese verschiedenen Zukunftsbilder wurden **Szenarien** genannt. Szenarien

---

[1] Vgl. Lovins, A./Hennicke, P.: Voller Energie. Vision: Die globale Faktor Vier-Strategie für Klimaschutz und Atomausstieg, Campus Verlag, Frankfurt/ New York 1999. Das Szenario umfaßt 150 Länder und unterscheidet 11 große Weltregionen. Es wurde in dreijähriger Arbeit von der Szenariengruppe des Wuppertal Instituts (Manfred Fischedick, Stefan Pfahl, Carsten Polenz und Dirk Wolters; Mitwirkung von Frank Merten) unter der Leitung des Autors erarbeitet.

zeigen nicht, wie die Realität ist oder sich wahrscheinlich entwickeln wird, sondern wie sie sich unter bestimmten Bedingungen entwickeln könnte. Szenarien beschreiben unterschiedliche, in sich geschlossene und widerspruchsfreie Zukunftsentwürfe, die auf der Basis von konsistenten Annahmen, mit Computermodellen und Datensätzen sowie nach gewissen Grundphilosophien ihrer Konstrukteure errechnet werden; Szenarien ermöglichen einen transparenteren wissenschaftlichen und gesellschaftspolitischen Diskurs über die „Wünschbarkeit der Ziele" und die „Realitätstüchtigkeit von Mitteln".

Das folgende Szenario kann insofern nur „Wenn, dann"-Aussagen und keine Prognose über eine wahrscheinliche Entwickung liefern. Auf eigene Alternativrechnungen wird dabei verzichtet, weil von den Szenarien der WEC/IIASA mit einem vergleichbaren Datengerüst ausgegangen werden kann.
Wichtiger als **eine unter Trendbedingungen wahrscheinliche** Zukunft vorherzusagen, kann das Wissen darüber sein, **ob und inwieweit Entscheidungsspielräume** existieren und welche **unterschiedlichen Ziele** mit heutigen Entscheidungen erreicht werden können. Daher ist die Unterscheidung zwischen Aussagen über **wahrscheinliche (Prognosen)** oder über **mögliche (Szenarien)** Zukunftsentwicklungen so grundlegend. **Prognosen** befördern Pragmatismus und Realismus, aber sie können auch Pessimismus, Immobilität und Fatalismus auslösen. **Szenarien** schärfen das Bewußtsein für neue Ziele und Mittel, sie zeigen Entscheidungs- und Handlungsspielräume auf und beruhen auf der optimistischen Grundannahme der prinzipiellen Veränder- und Steuerbarkeit gesellschaftlicher Entwicklung. Szenarien können daher demokratische Diskurse und Konsensbildung wirkungsvoll unterstützen. Wenn konsistente Wunschbilder unversehens mit der Realität gleichgesetzt werden, kann der unkritische Umgang mit Szenarien aber auch Wunschdenken und Realitätsverlust auslösen.

Bei der Benutzung von Prognosen und Szenarien und allen komplexen Modellrechnungen **zur Politik- und Unternehmensberatung** ist generell Vorsicht geboten, um einer **Computerisierungseuphorie** und der **Modellgläubigkeit** von Politikern vorzubeugen. Je komplexer und teurer die Computermodelle, desto besser die Politik? Keineswegs! Häufig ist leider gerade das Gegenteil der Fall: Aufwendige Computermodelle rechtfertigen eine schlechte Politik! „Garbage in, garbage out" sagt ein geflügeltes Modellierwort oder frei übersetzt: „Sind die Annahmen Schrott, produzieren auch die Modelle nur Schrott". Dennoch: Energiemodelle und -szenarien sind für die Analyse komplexer Systeme unabdingbar und sie sind – als Grundlage für wegweisende politische oder wirtschaftliche Zukunftsentscheidungen – unverzichtbar. Sie können aber auch zur scheinwissenschaftlichen Legitimation vorgefaßter Entscheidungen oder zur scheindemokratischen Rechtfertigung von Individualinteressen mißbraucht werden.
Auf einen nahe liegenden Einwand gegen das folgende „für technisch und wirtschaftlich möglich" gehaltene „Faktor Vier-Szenario" soll bereits an dieser Stelle

eingegangen werden. Bisher liegt eine Fülle von „Hochenergie-Szenarien" über einen erheblich **steigenden**, aber nur wenige Szenarien über einen **stagnierenden oder sinkenden Weltenergieverbrauch** vor. Stellt eine solche Abweichung von der überwiegenden „Mehrheitsposition" nicht die Machbarkeit eines „Faktor Vier-Szenarios" von vornherein infrage?

Um verständlich zu machen, warum für zukünftige Energiesysteme **Trendbrüche realistischer als Trendextrapolationen sind,** ist der folgende methodische Hinweis angebracht: Viele Szenarien bilden zwar die Angebotsseite des Energiesystems differenziert ab, begnügen sich jedoch auf der Nachfrageseite mit einfachen Trendextrapolationen. Daher wurden früher zukünftige Energiezuwachsraten im Regelfall systematisch überschätzt.[2] Die in den Industrieländern in den 80er- und 90er Jahren zu beobachtende Entkoppelung – mehr Wirtschaftswachstum bei tendenziell stagnierendem Energieverbrauch – wurde in den 60er- und 70er-Jahren noch für undenkbar gehalten. Zwischen Wirtschaftswachstum und Energieverbrauch wurde ohne genauere Wirkungsanalyse ein mehr oder weniger starrer technischer Zusammenhang unterstellt. Erst nach den Ölpreiskrisen der 70er-Jahre wurden die technischen, ökonomischen und verhaltensbedingten Bestimmungsfaktoren von Energieverbrauch systematischer erforscht.

Eine wichtige – bis heute aber noch nicht konsequent umgesetzte – neue methodische Erkenntnis war dabei, dass **Energieeinsatz nur ein Mittel zum Zweck der Bereitstellung von Energiedienstleistungen (EDL)** ist. Die Energiedienstleistung „behagliche Raumwärme" kann z. B. im schlecht gedämmten Haus mit viel billiger Energie und hohen Energiekosten oder durch ein supergedämmtes „Passivhaus" mit minimaler aktiver Heizleistung bereitgestellt werden, was die Kapitalkosten für das energetisch hochwertige Haus zwar etwas erhöht, aber die Energiekosten selbst bei Höchstpreisen erheblich senkt. Mit diesem systemaren Verständnis von EDL ist auch erklärbar, warum eine Entkoppelung von Wirtschaftswachstum und Energieverbrauch nicht nur möglich, sondern bei entsprechenden Rahmenbedingungen wahrscheinlich ist. Auch eine „Verdoppelung des Wohlstands, bei halbiertem Ressourcenverbrauch" (Weizsäcker/Lovins/Lovins),

---

[2]   Vergleicht man frühere Szenarien des Weltenergierats mit der tatsächlichen Entwicklung bis heute, so wird deutlich, dass **keines der Szenarien die reale Entwicklung auch nur annähernd beschreibt.** Wie in den aktuellen Szenarien der WEC wurden auch jene früheren Szenarien bereits in drei Kategorien A, B und C unterteilt. Szenario A beschreibt einen Wachstumskurs, Szenario B galt seinerzeit als das plausibelste und fungierte daher als Trendannahme, wohingegen Fall C mit den niedrigsten Verbrauchszuwächsen das untere Ende der als möglich erachteten Entwicklung darstellt. Der Energieverbrauch wuchs jedoch in Wirklichkeit so langsam, dass selbst der scheinbare Minimalverbrauch im Szenario C aus dem Jahr 1980 noch deutlich darüber liegt. Mehr noch: 15 Jahre nach Veröffentlichung der Szenarien stellte der Weltenergierat erneut Szenarien der Kategorien A, B und C vor. Darin liegen selbst die Wachstumserwartungen des Hochwachstumsszenarios A noch deutlich unterhalb des im Jahr 1980 prognostizierten geringsten Verbrauchszuwachses.

d. h. eine Erhöhung der Energieproduktivität um den „Faktor 4" und mehr, rückte damit in den Bereich des technisch und ökonomisch Vorstellbaren.

Das Qualitätskriterium für ein Szenario ist daher nicht, ob es innerhalb der scheinbar „realistischen Bandbreite" von methodisch fragwürdigen Szenarien und Trendextrapolationen liegt, sondern **wie differenziert es die zukünftige Struktur und Bestimmungsgründe der Nachfrage nach Energiedienstleistungen abzubilden in der Lage ist**. Hier liegt der Ansatz des „Faktor Vier"-Szenarios auf der sicheren Seite. Es versucht, die Ursachen von Energieverbrauch, so weit wie bei der begrenzten weltweiten Datenlage möglich ist, aus den konkreten Anwendungsfeldern („bottom-up") abzuleiten.

9.2   Zentrale Thesen der "Faktor Vier-Strategie"

Im folgenden Abschnitt wird in zehn pointierten Thesen vorgestellt, was unter einer „Faktor Vier-Strategie" verstanden wird und wie die weiter unten zusammengefaßten quantitiven Ergebnisse des „Faktor Vier-Szenarios" energie- und gesellschaftspolitisch einzuordnen sind.

9.2.1   Wachsender Energieverbrauch ist weder Naturgesetz noch Marktzwang

Die Energiezukunft ist grundsätzlich gestaltbar: Weltenergieszenarien bis 2030/2050 zeigen bei ähnlichen Annahmen über Wirtschafts- und Bevölkerungswachstum einen um den Faktor 7 unterschiedlichen Energieverbrauch.
Eine Entkoppelung von Primärenergieverbrauch (PEV) und Bruttosozialprodukt (BSP) hat in den Industrieländern (IL) bereits stattgefunden und zeichnet sich auch für einige Entwickungs- und Schwellenländer (EL) wie z. B. China ab.

Der Gesamtwirkungsgrad des Weltenergiesystems liegt bei etwa einem Drittel, eine Verdopplung ist beim Stand der Technik möglich.

„Entwicklungssprünge" („Leap frogging") finden bereits im Trend statt und können beschleunigt werden; eine „nachholende Entwicklung" unseres Industrialisierungsweges ist weder verallgemeinerungsfähig noch – wegen des „Ohnehin"-Technologie- und Know How-Transfers – wahrscheinlich.

9.2.2   Wir stehen am Scheideweg: Selbstzerstörung unserer Mit- und Umwelt oder Zukunftsfähigkeit sind möglich

Zwischen Experten herrscht Übereinstimmung: Die Energietrends (business as usual, „BAU") sind auf jeden Fall nicht zukunftsfähig. BAU-Szenarien werden

zukünftig durch massive Grenzüberschreitungen geprägt: Mehr CO_2-Emissionen, mehr geostrategische Risiken um knapperes Erdöl und Gas und steigende nukleare Proliferations- und Unfallgefahr.
Die Knappheit der Reserven und Ressourcen ist dabei nicht das Hauptproblem, sondern die „Senken". Nicht nur die Erde, sondern vor allem die Aufnahmefähigkeit der Atmosphäre bildet eine „Naturschranke".

Steigt wie bisher der Weltenergieverbrauch unnötig und unmäßig weiter an, droht die „Barbarisierung" (Stockholm Institute) der Weltgesellschaft.

9.2.3 Risikostreuung ist solange nicht notwendig, solange Risikominimierung möglich ist

Wir brauchen nicht zwischen zwei Megarisiken zu wählen: Mehr Kernenergie, dafür weniger CO_2. Beide Risiken können mittelfristig abgebaut und langfristig ganz vermieden werden, wenn in Politik und Wirtschaft entschiedener in Richtung Zukunftsfähigkeit gesteuert wird.
Zukunftsfähigkeit bedeutet global: Industrieländer müssen langfristig den nicht erneuerbaren Energieeinsatz **absolut** senken, d. h. pro Kopf mindestens halbieren; die CO_2-Emissionen müssen im nächsten Jahrhundert in den IL um bis zu 80 % und weltweit um etwa 50 % reduziert werden.

Entwicklungsländer müssen **den Zuwachs** des Energieverbrauchs und der CO_2-Emissionen drastisch dämpfen; gleichzeitig muss die Versorgung mit Energiedienstleistungen und der Lebensstandard in den EL weit schneller, aber erheblich weniger ressourcenintensiv als bisher wachsen.

9.2.4 Mehr Wohlstand mit weniger Energieverbrauch

Wir können mehr Wohlstand mit weniger Öl, Gas, Kohle und Uran erreichen. Der prognostizierte Trendenergiezuwachs läßt sich wegsparen – der verbleibende Energiebedarf kann überwiegend durch erneuerbare Energie gedeckt werden.
Auch in den armen Ländern muss steigender Lebensstandard nicht mit proportionalem Energiezuwachs verbunden sein. Im Jahr 2050 könnten dann 9,5 Mrd. Menschen durchschnittlich so komfortabel leben wie die Menschen im Europa der 70er Jahre.

9.2.5 Höchste Zeit zum zielgenauen Handeln

Der Zeitfaktor ist generell kritisch: „Wait and see" wird die Probleme verschärfen und mehr Kosten des Umsteuerns und unnötige Schäden verursachen.
Wir müssen die Erneuerungszyklen bei Industrieprozessen, Gebäuden und Geräten nutzen, um „entgangene Gelegenheiten" und die Kosten des Strukturwandels zu

minimieren: Dies setzt hohe Anforderungen an die Kontinuität und Zielgenauigkeit der Energiepolitik.

Wir können noch wählen, aber wir müssen es jetzt tun. Und wie immer sich die Menschheit entscheidet: Dieser Entschluss und seine Konsequenzen sind wegen der langen Kapitalbindungszeiten im Energiesystem auf Jahrzehnte nicht mehr rückholbar.

9.2.6 Der „ökologische Imperativ": Die Hauptverursacher müssen aktiv vorangehen, damit die Hauptbetroffenen leben können

Wir in den reichen Ländern leben auf Kosten künftiger Generationen und der Weltbevölkerungsmehrheit. Wir sind hauptverantwortlich für die Ursachen und im moralischen Sinne „schadensersatzpflichtig" für die möglicherweise katastrophalen Folgen des Klimaproblems.

Ohne Vorreiterrollen und neue Allianzen der Gewinner sind die globalen Umwelt- und Klimaprobleme nicht mehr lösbar.

9.2.7 Die „doppelte Dividende": Schadensvermeidung als Motor für qualitatives Wachstum und Zukunftsmärkte

Die in jeder Hinsicht robusteste „Technologiebrücke zur Sonnenenergiewirtschaft" führt über die forcierte Effizienzsteigerung bei der Umwandlung und Nutzung von Energie.

Selbst wenn es das Klimaproblem nicht gäbe, sollte daher die Markteinführung der rationellen Energienutzung, der Kraft-Wärme/Kälte-Koppelung sowie der regenerativen Energien, d. h. der Aufbau der „drei grünen Säulen" eines zukunftsfähigen Energiesystems, forciert werden.

Die scheinbar unübersehbare Vielfalt technisch möglicher Energiezukünfte reduziert sich drastisch, wenn ökologische, ökonomische und soziale Grenzüberschreitungen berücksichtigt werden.

Trotz Zukunftsungewißheit und Technologievielfalt: Der Zielkorridor eines zukunftsfähigen Energiesystems wird durch die genannten drei „grünen" und dezentraleren Technologieoptionen bestimmt („Optimale Kraftwerksgröße kleiner als 100 MW"/Ontario Hydro; „The future will be decentralized"/Siemens-Mitarbeiter in POWER).

Zahlreiche Indizien deuten darauf hin, dass diese Strategie auch mit wirtschaftlichen Vorteilen realisierbar ist: Aktive Klimaschutzpolitik ist kluge vorsorgende Industrie- und Exportpolitik, senkt die volkswirtschaftlichen Energiekosten und weist positive (Netto-) Beschäftigungseffekte auf.

REN, KW/KK und REG können zudem einen sinnvollen Beitrag zur Deglobalisierung leisten und eine makroökonomisch vorteilhafte Importsubstitutionsstrategie begründen (Kapitalexport für Energieimporte durch inländische/regionale Wertschöpfung ersetzen).
Wird REN Vorrang eingeräumt, dann kann ein rasch steigendes Niveau an Energiedienstleistungen langfristig vorwiegend mit erneuerbaren Energien bereitgestellt werden.

Der häufig grenzenlose Optimismus bei der Markteinführung und den Kosten von Großtechnologien des Energieangebots steht in merkwürdigem Kontrast zur Kleingläubigkeit und Skepsis bei REN-Techniken; dabei sind REN-Techniken – anders als z. B. Großkraftwerke – in der Regel mit Massenfertigung und ausgeprägten Lernkurveneffekten verbunden.

Das „Faktor Vier"-Szenario ist in gesamtwirtschaftlicher Hinsicht konservativ, weil es z. B. Trends zur Tertiarisierung und Dematerialisierung („ökoeffiziente Dienstleistungswirtschaft"), zur Kreislauf- und Rezyklierungswirtschaft sowie zu neuem ökologisch optimierten Produkt- und Prozessdesign (Systemoptimierung; neue Materialien; Dauerhaftigkeit; Modularität) und zu neuen Nutzungskonzepten (Leasinggesellschaft; nutzen statt besitzen; Kaskadennutzung) nicht berücksichtigt. Auch Fragen nach der Suffizienz („Wieviel ist für wen genug"? „Ist weniger mehr"? „Besser leben, aber weniger haben"?) werden ebenso ausgeklammert wie eine Analyse von denkbaren „Rebound Effekten".

9.2.8 Der Paradigmenwechsel: Märkte für volkswirtschaftliche preiswürdige Energiedienstleistungen!

Für die Energiekunden zählen nicht Kilowattstunden, sondern der Energienutzen, z. B. warme Wohnungen, kaltes Bier oder auch produzierte Tonnen Stahl. Solche Energiedienstleistungen können zukünftig mit weit weniger Energie und Kosten bereitgestellt werden.
Wettbewerb um billige, aber riskante Kilowattstunden kommt uns langfristig viel zu teuer: Die externen Kosten der (fossilen) Stromerzeugung liegen nach Schätzungen in EU-Studien (ExternE) schon heute höher als die Produktionskosten.
Wurde bisher mit Energieverkauf häufig auf Kosten der Umwelt Geld verdient – das Prinzip MEGA-Watt –, sind bei geeigneten Rahmenbedingungen die Investitionen in effizientere Nutzung auch für Energieanbieter eine profitable Alternative – das Prinzip NEGA-Watt.

Die Stichworte lauten „Ökonomie des Vermeidens" („aus Energievermeidung Ökonomie machen"!) und „Life Cycle Cost"-Minimierung („nicht allein der Anschaffungspreis, sondern die gesamten Lebenszykluskosten für Anschaffung, Betrieb, Wartung und Entsorgung zählen").

Durch eine Öko-Steuer, Contracting, Demand Side Management (DSM) und Integrierte Ressourcenplanung (IRP) können der (Substitutions-)Wettbewerb zwischen Energie- und Effizienzanbietern intensiviert und neue ökoeffiziente Geschäftsfelder erschlossen werden.

Beispiel 1:

Energiesparpartnerschaft Berlin; Senkung der Energiekosten öffentlicher Gebäude ohne öffentliches Geld um etwa 10 % durch private Contracting-Firmen.

Beispiel 2:

Mit einer DM Personal- und Amortisationsaufwand können fünf DM Energiekosten in öffentlichen Gebäuden vermieden werden („Intracting" durch das Umweltamt Stuttgart).

Beispiel 3:

Eine Elf-Watt-Energiesparlampe (ESL) kann eine 60-Watt-Glühbirne ersetzen und den Geldbeutel um 140 DM und die Umwelt um eine halbe Tonne CO_2 entlasten.

Beispiel 4:

Durch eine gemeinschaftliche Halbjahrescampagne haben 79 EVU in NRW 1,5 Mio. Energieparlampen neu in den Markt eingeführt, die Kundenrechnungen um 140 Mio. DM und die Umwelt um 410.000 t CO_2 entlastet – mit Kosten von 3,2 Pf pro eingesparte Kilowattstunde („Helles NRW").

Beispiel 5:

Senkung des Stromverbrauchs eines Durchschnittshaushalts von 3500 kWh durch marktbeste Geräte auf 600 kWh; die Stromkosteneinsparungen sind dabei höher als die Mehrkosten bei der Anschaffung.

Beispiel 6:

Stromeinsparung von 40 % durch Ersatz von Quecksilber- durch Natrium-Hochdruckdampflampen mit einer Amortisationszeit von 2-3 Jahren (Machbarkeitsstudie für Amman/Jordanien).

9.2.9 Wettbewerbsneutrale „ökologische Leitplanken": Das Beispiel Deutschland

Bei veränderten „ökologischen Leitplanken" könnten Energieversorger auch als Effizienzverkäufer erfolgreich sein und Energierechnungen senken, statt Billigenergie zu verramschen.

Im Gegensatz zum Energieangebot hat die unübersehbare Vielfalt von Energieeffizienztechniken keine starke Lobby. Die Markteinführung stößt zudem auf eine Vielzahl besonderer Markthemmnisse: Daher ist für einen „Vorrang der Energieeinsparung vor der Energieerzeugung" (Koalitionsvereinbarung) das Primat der Energiepolitik und ein funktionsfähiger Substitutionswettbewerb zwischen Energie und Kapital unabdingbar.

Freiwillige DSM/IRP-Aktivitäten und Qualitätswettbewerb mit REG und KW/KK sind im reinen Preiswettbewerb nur noch begrenzt praktikabel. Ein EVU, das – wie energiepolitisch gewünscht – REN, KW/KK und REG Vorrang einräumt, kann mit Vollkosten nicht gegen Kampfpreise aus abgeschriebenen Großkraftwerken konkurrieren.

9.2.10 „Global denken, lokal handeln" *und* „Lokal handeln, um global zu verändern!"

Die Effizienzrevolution gibt es nicht auf Knopfdruck, sondern in kleinen Portionen – jeden Tag ein bisschen mehr.

Netzwerke müssen geknüpft und Anreizstrukturen verändert werden. Damit gewinnen wir Zeit auf der Suche nach neuen Wohlstandsmodellen – um naturverträglicher zu arbeiten und zu leben.

9.3   Annahmen und zentrale Szenarienergebnisse

Nachfolgend werden aus dem komplexen Annahmen- und Datengerüst (150 Länder und 11 weltweite Großregionen) und aus der Vielzahl von Einzelergebnissen einige Kernaussagen des Faktor Vier-Szenarios zusammengefaßt. Zunächst muss dabei ein kurzer Blick auf den Ausgangspunkt, die Szenarien des World Energy Councils, geworfen werden.

Auf den Weltenergiekonferenzen in Tokio (1995) und in Houston/USA (1998) beschäftigte sich der World Energy Council (WEC) mit der Frage, ob eine risikominimierende Langfriststrategie bis 2050 bzw. 2100 möglich ist (WEC/IIASA, 1995; 1998). Die Ergebnisse des sogenannten C1-Szenarios (ein ökologisch orientiertes Szenario) waren für den WEC, die weltweit größte Energieanbieter-Konferenz, sensationell: Im 21. Jahrhundert können anspruchsvolle Ziele einer Klimaschutzpolitik (CO_2-Reduktion um 50 %) erreicht und gleichzeitig weltweit der Ausstieg aus der Atomenergie verwirklicht werden. Allerdings wird die notwendige CO_2-Reduktion um 50 % erst gegen Ende des 21. Jahrhunderts erreicht. Weiterhin ist nicht plausibel, dass die Atomenergie – ausgerechnet in Entwicklungsländern – bis 2020 zunächst ausgebaut und bis 2100 wieder auf Null zurückgefahren werden soll. Dennoch hebt sich das C1-Szenario in Methodik und Konsistenz vorteilhaft von der Vielzahl traditioneller **angebots-orientierter** Welt-Energieszenarien ab, die ausnahmslos risikokumulierende Effekte aufweisen. Es trägt damit zu einer heute kaum noch zu bestreitenden Erkenntnis bei: Strategien, die die Welt-Energieprobleme **vorwiegend** durch ein steigendes fossiles bzw. nukleares Energieangebot und immer aufwendigere Diversifizierung des Angebotsmix – quasi aus der Verkäuferperspektive – zu lösen versuchen, sind mit den Zielen einer Klimastabilisierungs- und Risikominimierungspolitik prinzipiell nicht vereinbar.

Tabelle 9.1: Entwicklung des Primärenergieverbrauchs im Faktor Vier-Szenario

Primärenergie

in Gtoe	1995	2020	2050
Kohle	2,5	2,3	0,3
Öl	3,0	3,0	2,5
Gas	1,7	1,8	1,2
Erneuerbare	1,8	2,6	6,3
Nuklear	0,5	0,2	0,0
Welt	**9,5**	**9,9**	**10,3**

toe - Tonne Öl-Äquivalent

CO_2-Emission

in Gt C	1995	2020	2050
	5,9	5,6	3,0

Das in einigen Punkten noch unzulängliche WEC-C1-Szenario wurde am Wuppertal Institut zu einem weltweiten Faktor Vier-Szenario weiterentwickelt. Zentrale Fragestellung dabei war, unter welchen Voraussetzungen ein ausreichender Klimaschutz (weltweite CO_2-Reduktion um 50 %) und ein Ausstieg aus der Atomenergie bis Mitte des nächsten Jahrhunderts, mit einem angemessen steigenden Lebensstandard für 9,5 Mrd. Menschen und traditionellem quantitativen Wirtschaftswachstum verbunden werden können. Um die Vergleichbarkeit mit dem WEC-C1-Szenario zu sichern, wurden dessen Basisannahmen (z. B. Bevölkerungs- und Wirtschaftswachstum: Länder- und Regionaldifferenzierung) weitgehend übernommen, aber eine **forcierte Vorrangpolitik für die weltweite Markteinführung von REN, KW/KK und REG-Technologien** simuliert. Die folgenden zusammenfassenden Ergebnisse zeigen, dass unter diesen Voraussetzungen die Ziele Risikominimierung (weltweiter Ausstieg aus der Atomenergie) und ausreichender Klimaschutz (50 % CO_2-Reduktion bis 2050) technisch realisierbar sind (siehe Tabelle 9.1).

Hinsichtlich **der Realisierbarkeit** betonen die WEC-Autoren, dass trotz des langen Zeithorizonts **heute Richtungsentscheidungen** für die jeweiligen Zukunftspfade notwendig sind: »Alle werden für durchführbar gehalten. Aber keines geht davon aus, dass die Entwicklungen selbstverständlich eintreten werden« (WEC/IIASA, 1995, 2).

Tabelle 9.2: Kumulierte Gesamtinvestitionen für das Energieangebot von 1990 bis 2050 laut IIASA/WEC 1998 (in Klammern die Werte von 1995)[1]

	Szenario Fall (WEC)		
Investitionen für Energie	A1	B	C1
Kumulierte Investitionen [in Billionen US (1990) $]	38 (54)	35 (46)	24 (31)
[1] Die niedrigeren Werte der 98er-Studie erklären sich durch die Berücksichtigung von „Lernkurven"-Effekten (z. B. Kostendegressionen durch Massenfertigung), die in der 95er Studie nicht enthalten waren.			

In Tabelle 9.2 werden die **Investitionskostenrechnungen** der IIASA/WEC-Studien (1995 und 1998) für **die Energieangebotsseite** zusammengefasst: Die Gesamtinvestitionskosten des „ökologisch getriebenen" C1-Szenarios liegen bis zum Jahr 2050 deutlich unter den entsprechenden Investitionskosten von vier risikokumulierenden WEC-Szenarien (A1, A2, B1, B2)[3]. Allerdings wurden in keinem der Szenarien **die verbraucherseitigen Investitionen** ausdrücklich berücksichtigt, die wegen des stärkeren Effizienzwachstums voraussichtlich im C1-Szenario erheblich höher als in den anderen Szenarien sein werden. Aber wird das etwas daran ändern, dass das C1-Szenario kostengünstiger bleibt? Wahrscheinlich nicht. In Bezug auf den Investitionsaufwand für Endverbrauchertechnologien und Investitionen in Energiesparinfrastruktur sagt die IIASA/WEC-Studie (1995): „Wären wir in der

---

[3] Auf der WEC 1998 in Houston wurde das C2-Szenario von Tokyo mit veränderten Investitionskosten und folgender Grundaussage präsentiert: Durch die forcierte Einführung einer neuen Generation von dezentraleren Kernkraftwerken seien die gleichen ökologischen Ziele wie in C1 mit noch etwas geringeren Investitionskosten möglich. Allerdings steht diese „neue Generation" nur auf dem Reißbrett, die Investitionskosten sind daher noch extrem unsicher und die Akzeptanz nicht gesichert.

Lage letzteres einzubeziehen, schätzen wir einen Anstieg der Werte von 50 bis 100 Prozent" (S. 73). Aber selbst bei einem Anstieg von 100 Prozent im C1-Szenario und nur 50 Prozent im B- und A1-Szenario bleiben die Gesamtinvestitionen des C1-Szenarios immer noch niedriger.

Könnte die stärkere Betonung der Energieeffizienz im Faktor Vier-Szenario die Größenordnung und Reihenfolge der gesamten kumulierten Investitionen verändern? Es gibt gute Argumente dafür, dass dies nicht der Fall zu sein braucht:

Erstens ist die viel versprechendste Strategie in Bezug auf Kostensenkung auch nach Auffassung der WEC die forcierte Steigerung der Energieeffizienz. Im Abschluss-Statement von Houston wird betont: „Höhere Effizienz im Energieendverbrauch eröffnet die ... größte, schnellste und die kostengünstigste Möglichkeit, den Energieverbrauch und die Umweltschäden zu mindern..." (WEC Houston 1998; eigene Übersetzung). Dabei schöpft die im C1-Szenario (1998) unterstellte durchschnittliche Steigerung der Energieeffizienz von 1,4 % p.a. bei weitem nicht die vorhandenen Effizienzpotenziale aus. Das trifft auch für die in dieser Hinsicht ambitioniertere Faktor Vier-Strategie zu, in der die Rate der **Energieeffizienz jährlich um ca. 2 % über 60 Jahre steigt.**

Diese nur scheinbar moderate Rate bedeutet **eine Verdopplung** gegenüber der historischen Effizienzsteigerungsrate, was nur durch eine Richtungsänderung der Weltenergiepolitik erreichbar erscheint. Im Faktor Vier-Szenario wird diese langfristige Steigerungsrate des energietechnischen Fortschritts aus sektor- und technologiespezifischen Analysen berechnet. Am Beispiel der Bundesrepublik, eines gegenüber den USA etwa doppelt und gegenüber Japan etwa halb so energieeffizienten Landes, kann plausibel gemacht werden, dass die Rate der Energieeffizienzsteigerung **prinzipiell als strategische Energiepolitikvariable** betrachtet werden kann.
Szenarien der Klima-Enquête-Kommission (EK 1995) für die Bundesrepublik zeigen, dass beim Stand der Technik die Steigerungsrate der Energieeffizienz (reales Bruttosozialprodukt bezogen auf den Primärenergieeinsatz) bis 2020 von bisher etwa 1,7 % p. a. auf bis zu 3,4 % p. a. angehoben und bis zum Jahr 2050 etwa um den »Faktor 4« (vergl. Nitsch et al., 1997) gesteigert werden kann. Die forcierte Markteinführung von REN und KW/KK würde nach diesen Szenarien die technischen und wirtschaftlichen Voraussetzungen schaffen, um den Marktanteil von REG im notwendigen Umfang anheben zu können. Insbesondere das kostengünstige Energiesparen (REN) erweitert die Finanzierungsspielräume für die noch teuren REG.

Zweitens berücksichtigt das Faktor Vier-Szenario nur – zumindest als Prototyp – vorhandene fortgeschrittene Effizienztechnologien. Es geht also nicht um höchst unsichere Prognosen über zukünftig mögliche Basisinnovationen, sondern **um die**

beschleunigte Marktdiffusion heute schon bekannter Hocheffizienztechnologien sowie um deren technologische Fortentwicklung und **Kostendegression durch Massenfertigung**.

Unter günstigen Randbedingungen und verbunden mit Markteinführungsprogrammen sind innerhalb der nächsten 50 Jahre bei einigen dieser Schlüsseltechnologien (z. B. Passiv- und Plus-Energiehäuser, hocheffiziente Haushaltsgeräte und systemoptimierte elektrische Antriebssysteme, mobile und stationäre Anwendungen von Brennstoffzellen, superleichte und extrem energiesparende „Hypercars"[TM4]) eine weitgehende Marktdurchdringung und Kostendegressionen wahrscheinlich.

Hinzu kommt, dass das Verständnis dafür wächst, dass neben diesen Basiseffizienztechnologien **die Systemoptimierung über gesamte Prozeßketten** durch integrierte Planung eine enorme Energie- und Kosteneinsparung ermöglicht[5]. Die verbesserten Wirkungsgrade multiplizieren sich nämlich auf jeder Stufe von der Primärenergie über die Endenergie bis zur Energiedienstleistung: Sie ermöglichen z. B. für Pumpensysteme Effizienzsteigerung um den Faktor 10 und mehr. Systemoptimierungen sind aber prinzipiell nicht standardisierbar und können daher in Szenariorechnungen nur unzureichend einbezogen werden.

Drittens müssen die relativ höheren Aufwendungen für REN im Faktor Vier-Szenario mit den vermiedenen Energiebetriebskosten für den Verbraucher gegengerechnet werden. Bei der zu erwartenden erheblichen Verknappung fossiler Energieträger bis zum Jahr 2050 werden die **realen Energiepreise voraussichtlich weit mehr steigen** als der durchschnittliche Preisindex für Effizienztechnologien, gerade das macht die Energieeffizienz auf Dauer noch kostengünstiger als bereits heute. Daher wird die Markteinführungsrate steigen und Lerneffekte können auf breiter Ebene wirksam werden.

Viertens wird auch der etwas höhere Anteil an erneuerbarer Energie im Faktor Vier-Szenario voraussichtlich nicht das Investitionskostenbild ändern: Im Gegensatz zu maßgeschneiderten Großkraftwerksinvestitionen sind REN-, REG- und KW/KK-Technologien für Massenfertigung zugänglich.

Auf Grund von Kostendegressionseffekten werden künftig erneuerbare Energieträger wesentlich kostengünstiger als heute sein. Aus diesem Grund erwartet z. B. die Shell AG für den Zeitraum nach 2020 eine Wettbewerbsfähigkeit für die meisten erneuerbaren Energiequellen.

---

[4] Vgl. hierzu P. Hawken, A. Lovins, H. Lovins, Natural Capitalism. The Next Industrial Revolution, London 1999

[5] Vgl. Hawken, Lovins, Lovins a.a.O

Tabelle 9.3: Grund-Annahmen und Resultate: C1 und Faktor4-Szenario

	1995	2020		2050	
		C1	Faktor 4	C1	Faktor 4
Bevölkerung, Mrd.	5,56	7,92	7,58	10,06	9,50
BSP (mer), 1.000 Mrd. US$ 90	23,3	40,4		75	
Fossile Primärenergie (Gtoe/a)	9,5	11,4	9,9	14,3	10,3
CO_2 Emissionen (Gt C)	5,9	6,3	5,6	5,3	3,0

	bis 2020		bis 2050	
	C1	Faktor 4	C1	Faktor 4
Energieintensität, TPE/BSP, % p.a. (Gtoe/Mrd. US$ 90)	-1,44 %	-2,00 %	-1,30 %	-1,90 %
Quelle: Wuppertal Institut				

mer - market exchange rates, Wechselkurse
toe - Tonne Öl-Äquivalent
TPE - total primary energy, gesamte Primärenergie

Tabelle 9.3 vergleicht die Annahmen und Ergebnisse des Faktor Vier-Szenarios mit denen des WEC-C1-Szenarios. Es wird deutlich, dass „nur" eine Effizienzsteigerung um etwa einen **Faktor Drei** – d. h. eine Verdreifachung des Weltbruttosozialprodukts bei nahezu konstantem Primärenergieverbrauch – ausreicht, um bis zum Jahr 2050 eine CO_2-Reduktion um 50 % und einen Verzicht auf die Kernenergie zu realisieren. Der Grund ist, dass der REG-Deckungsanteil im Jahr 2050 über 50 beträgt. Das Gesamtvolumen und die Struktur des regenerativen Energieangebots des Faktor Vier-Szenarios sind mit denen des C1-Szenarios in etwa vergleichbar. In Relation zu dem ambitionierteren RIGES-Szenario[6] sind die Potenziale aber geringer ausgeschöpft. Der folgende Kasten faßt einige sektorspezifische Ergebnisse (jeweils bis zum Jahr 2050) des Faktor Vier-Szenarios zusammen.

---

[6]   Vgl. Renewable Intensive Global Energy Scenario (RIGES); vergl. Johansson, T. et al, Johannson, T.B.; Williams, R.H. (Hrsg.) et al. (1993): Renewable fuels and electric for a growing world economy: defining and achieving the potential, in: Renewable Energy: Sources for Fuel and Electricity, Island Press, Washington

Deutlich wird, dass vor allem im Verkehrs- und Gebäudesektor forciert auf Effizienzsteigerung gesetzt wird.

Umwandlungssektor

Der Stromanteil aus Kraft-Wärme/Kälte-Koppelung steigt auf 32 % (OECD),
35 % (REF) und 22 % (DCs)
Anteil an der REG-Stromerzeugung: Biomasse (23 %), solarthermische und PV-
Stromerzeugung (35 %), Windkraft (16 %) und kleine Wasserkraft und Geothermie (26 %)

Produktionssektor

In der gewerblichen Wirtschaft wächst der Endenergieverbrauch um 40 % und im
Dienstleistungssektor um 300 %; der weltweite Übergang zum Öko-Landbau hält
in der Landwirtschaft den Energieverbauch konstant

Haushaltssektor

Das durchschnittlich Pro-Kopf-Einkommen und die Wohnfläche verdoppeln sich
Niedrigenergiehäuser bilden den durchschnittlichen Gebäudestandard; der weltweite Marktanteil von „Passivhäusern" steigt auf 20 %
Für Haushaltsgeräte, Beleuchtung und Klimatisierung sinkt der spezifische Energieverbrauch zwischen 20 und 80 %
Erheblich sinkender Pro-Kopf-Verbrauch für Kochen und Warmwasser

Verkehrssektor

Nur Effizienzsteigerung, keine Verkehrsvermeidung oder Verkehrsverlagerung im
großen Stil werden berücksichtigt
Gleiche Entwicklung von „Personen- und Tonnen-Kilometern" wie in den WEC-
Szenarien
Durchschnittlicher Welt-Flottenverbrauch bei PKW sinkt von 11 auf 2,5 Liter/100km
Der spezifische Treibstoffverbrauch sinkt bei Zügen und Flugzeugen um 30 % und
bei Lastwagen um 50 %
Der Energieverbrauch steigt um 6 % beim Personenverkehr und um 80 % beim
Güterverkehr

REF- Reformländer Osteuropas und Mittelasiens, DC - Entwicklungsländer,
OECD - Mitgliedsländer der OECD

9.4 (Welt-)Energiepolitik: Ausgewählte Leitideen und Konzepte

Über den zukünftigen Energieverbrauch wie auch über die Art der Energiebereitstellung, so hat die Analyse gezeigt, entscheiden weder ein unveränderbares Schicksal noch scheinbar naturgesetzliche Marktzwänge. Denn Energie- und Unternehmenspolitik wird von Menschen gemacht, Unternehmensziele, Märkte und Energiezukünfte sind gestaltbar.

Die Menschheit steht vor einer **Verzweigungssituation** – bildhaft vorstellbar als Weggabelung, mit zwei sich nach wenigen Jahren ausschließenden Hauptrichtungen. Werden die derzeitigen Trends nicht gebrochen, werden sich die drei globalen Risiken steigenden Energieverbrauchs kumulieren: Mehr geostrategische Risiken um knapper werdendes Öl und Gas, Verschärfung des anthropogenen Treibhauseffekts und wachsende Risiken durch Nutzung der Kernenergie. Aber eine **risikominimierende Strategie und der Übergang zu einem zukunftsfähigen Energiesystem** sind ebenso möglich. Das Faktor Vier-Szenario hat hierzu eine technische Vision und einen gangbaren Weg beschrieben.

Ein zukunftsfähiges und risikominimierendes Weltenergiesystem ist also keine Fiktion, sondern eine „konkrete Utopie" (E. Bloch): Heute deshalb noch eine „Utopie", weil die Trends in die entgegengesetzte Richtung verlaufen. Dennoch handelt es sich um eine machbare und insofern um eine „konkrete" Utopie, weil wir die Entscheidungsrichtung kennen und die Technologiepotenziale auch nicht mehr strittig sind, die zu einer Risikosenkung beitragen.

Das ist die positive Botschaft. Sie ist geeignet, Mut zu machen und weitverbreitete Ohnmachtsgefühle angesicht der Globalität der Krisen in konstruktives Handeln zu wenden. Die negative Botschaft ist, dass wir uns heute noch weltweit auf einem Katastrophenpfad befinden, wenn wir so weiter machen wie bisher. Visionen alleine reichen daher nicht mehr. Es besteht ein dringender Handlungsbedarf auf allen gesellschaftlichen Ebenen, insbesondere jedoch auf der Ebene der nationalen und transnationalen Energie- und Unternehmenspolitik. Denn die „offenen Fenster der Möglichkeiten" werden sich – vor allem durch ökologische Grenzüberschreitungen – nach der Jahrtausendwende immer mehr und relativ rasch schließen. Für jeden, der die Fakten zu Kenntnis nehmen will, ist erkennbar: „Business as usual" ist in jedem Fall nicht zukunftsfähig. **Insofern stellt sich nicht mehr die Frage, ob, sondern nur noch wie und wie schnell die weltweite Energiepolitik geändert werden kann.**

Leider ist die „Faktor Vier"-Vision gerade an diesem entscheidenden Punkt noch Zukunftsmusik: Es mangelt bei Politikern, Managern und bei vielen Bürgern derzeit an Einsicht in die Notwendigkeit einer Wende, am Willen zur Durchsetzung einer neuen Politik und an Mut zum Abbau von Hemmnissen. Private und Unternehmensinteressen setzen sich immer wieder über gesellschaftliche gemeinsame Menschheitsinteressen („commons") hinweg. Viele Menschen entscheiden morgens unter den (oft nur scheinbaren) Sachzwängen ihrer Jobs in Wirtschaft und Politik, was sie abends vor ihren Kindern und sich selbst nicht verantworten können.

Zur Überwindung der Hemmnisse für ein zukunftsfähiges Weltenergiesystem sind die derzeitigen **Anreizstrukturen, energiepolitischen Leitkonzepte, Programme, Institutionen, Akteurskoalitionen, Instrumente und Finanzierungsformen** noch unzulänglich. Einer der ideologischen Einwände gegen das hier skizzierte Szenario ist, dass es nur mittels Dirigismus durchsetzbar sei und die Richtung dem „freien Markt" überlassen bleiben solle. Es gibt kein einziges Land der Erde, dass sein Energiesystem **nur** „dem Markt" ausgeliefert hat oder zukünftig ausliefern würde. Genauso unsinnig wäre es, in nachgewiesenermaßen effiziente und richtungssichere Marktprozesse mit dem Staat hineinzuregieren. In der Realität geht es immer um eine den jeweiligen Bedingungen und Zielen angepasste **Verbindung von Markt und staatlicher Intervention**. Ein kluger Aphorismus sagt: „Der Markt ist eine geplante Veranstaltung" (Kurt Biedenkopf).

In zahlreichen Publikationen ist ein sektor- und zielgruppenspezifisches Policy Mix für die nationale Energiepolitik beschrieben worden[7]. Eine entsprechende Analyse für eine „Weltenergiepolitik" steht noch aus. Im Folgenden können hierzu nur einige Stichpunkte angesprochen werden.[8]
Denn gewiss ist, dass bereits durch einige zentrale energiepolitische „Stellschrauben" eine Veränderung der Anreizstrukturen sowie eine zukunftsfähige Innovations- und Investitionsdynamik eingeleitet werden kann. Es ist nicht entscheidend, womit, sondern dass mit einer grundlegenden Richtungsänderung begonnen wird. Vorreiterrollen, vor allem der Industrieländer, sind hierfür die entscheidende conditio sine qua non.

Anlass zu Hoffnung besteht deshalb, weil mit einigen globalen sozioökonomischen und politischen Trends nicht nur Risiken, sondern durchaus auch Chancen zur Umsetzung einer zukunftsfähigen Energiepolitik verbunden sein können. Vor allem hat die derzeit noch krisenhafte Entwicklung Ideen, technologische und soziale Innovationen und Handlungsbereitschaft ausgelöst. Dass der Präsident des Elektrokonzerns ABB, Göran Lindahl, auf der Weltenergiekonferenz 1998 in Houston (Texas) ein globales Pilotprojekt initiiert mit dem Ziel, die CO_2-Emissionen um eine Gigatonne zu reduzieren, wäre noch vor einigen Jahren undenkbar gewesen und gehört ebenfalls zu den vielen ermutigenden Initiativen, „die globale Erwärmung endlich (zu) stoppen" (Göran Lindahl, in: Neue Züricher Zeitung, 08.02.1999).

---

[7]   Vgl. Enquête-Kommission des 12. Deutschen Bundestages "Schutz der Erdatmosphäre" (Hrsg.): Mehr Zukunft für die Erde: Nachhaltige Energiepolitik für dauerhaften Klimaschutz, Bonn 1995

[8]   Vgl. hierzu auch Lovins, A. / Hennicke, P., Voller Energie, a. a. O.

Auch internationale Organisationen wie z. B. die Weltbank setzen heute klarere klima- und unweltpolitische Akzente als noch vor einigen Jahren. Richtungsweisend sind die im Folgenden zusammengefassten Leitideen wie sie in der Publikation „Energy after Rio" des United Nations Development Program (UNDP)[9] zusammmengfaßt wurden:

Leitideen nach UNDP

UNDP formuliert folgende Leitideen für „zukunftsfähige Energiestrategien" aus dem besonderen Blickwinkel der Entwicklungsländer:

- Konzeptionelle Betonung von Energiedienstleitungen (statt von Kilowattstunden)
- Förderung von effizienten Märkten für Energiedienstleistungen
- Staatliche Intervention zugunsten des Marktzugangs zu Energiedienstleistungen in ländlichen Regionen
- Einbeziehung von sozialen Kosten in Entscheidungskalküle auf den Energiemärkten
- Beschleunigung der Entwicklung und Marktdurchdringung von zukunftsfähigen Technologien
- Aufbau einheimischer Kapazitäten (Capacity building) in EL
- Ermutigung der Partizipation breiter gesellschaftlicher Gruppen an Entscheidungsprozessen im Energiesystem

---

Diese Leitideen für eine internationale Energiepolitik sollen nachfolgend an einigen Beispielen – natürlich ohne Anspruch auf Vollständigkeit – konkretisiert und ergänzt werden.

9.4.1 Vorrang für gesellschaftliche Leitziele

Die Kernfrage ist heute brennender denn je, wie weltweit Rahmenbedingungen und „ökologisch-ökonomische Leitplanken" geschaffen werden können, damit **einzelwirtschaftliche** Interessen, private Gewinnorientierung und die Anreizstrukturen in der Energiewirtschaft mit gesellschaftlichen Zielsetzungen in Einklang gebracht werden können. Adam Smith`s „unsichtbare Hand" hat in der kapitalistischen Marktwirtschaft eine riesige Vermehrung wirtschaftlichen Reichtums für eine Weltbevölkerungsminderheit, aber keinen „Wohlstand für alle" und schon gar

---

[9] Vgl. UNDP, Energy after Rio, UNDP [United Nations Development Programme]: Energy after Rio: Prospects and Challenges, New York 1996

nicht eine Sicherung der natürlichen Lebensgrundlagen gebracht. Nun **muss** in sichtbare Fehlsteuerungen von Märkten zum Wohle aller eingegriffen werden, denn das blinde Vertrauen auf „die unsichtbare Hand" beginnt, den „(Natur-) Reichtum der Nationen" irreversibel zu zerstören. Wegen dieser grundlegenden Widersprüche bedarf es auch einer tiefergehenden Analyse und Verständigung über die Stärken und Schwächen der derzeitigen Energiepolitik: Energiepolitische Reformdiskussionen werden noch zu häufig nur über **einzelne Mittel, Instrumente und branchenorientierte Teilziele** der Energiepolitik geführt. Die **gesellschaftlichen Leitziele** und die hierfür zielführenden **energiepolitischen Instrumentenbündel** bleiben unklar. Die Diskussion der scheinbaren energiepolitischen Alternative „Deregulierung vs. Regulierung" oder „Markt vs. Plan" führt immer wieder zu **einer Verwechslung von Mitteln und Zielen.**

So richtig es ist, dass freie Märkte und Wettbewerb mächtige Triebkräfte der Effizienzsteigerung und Innovationsmotoren sein können, so naiv und gefährlich wäre die Hoffnung, dass hierdurch **gesellschaftlich erwünschte Ziele** wie Armutsbekämpfung und wirtschaftliche Entwicklung, soziale Gerechtigkeit, Umwelt- und Klimaschutz und Zukunftsfähigkeit quasi im marktwirtschaftlichen Selbstlauf und richtungssicher „entdeckt" werden. Vor allem sind Märkte und Wettbewerb perspektivisch blind, wenn auch **als Mittel** zur Erreichung gesellschaftlicher Zukunftsziele bei klug gesetzten gesellschaftlichen Rahmenbedingungen effizient. Daher darf nicht der Markt die Ziele setzen, sondern die Gesellschaft (die Politik) muss über ihre gewünschten Entwicklungsperspektiven und ihre energiepolitischen Leitziele demokratisch entscheiden.

9.4.2 Integration von globalen und sektor-/akteursspezifischen Instrumentenbündeln („Policy Mix")

Die im Faktor Vier-Szenario aufgezeigten „drei Säulen" einer zukunftsfähigen Energiepolitik, die rationelle Energienutzung (REN), die Kraft-Wärme/Kälte-Koppelung (KW/KK) und die regenerativen Energien (REG) bedürfen zu ihrer beschleunigten Markteinführung **der offensiven Flankierung durch ein „Policy Mix".** Dabei handelt es sich um **eine Kombination energiepolitischer Instrumente** – sowohl mehr Wettbewerb und Markt als auch mehr ökologische Leitplanken und Regulierung. Typische Instrumente dieses „Policy Mix" sind zum Beispiel:

- mehr bilaterale Kooperationsmodelle in der internationalen Klimaschutzpolitik
- Nutzung von Joint Implementation und des Clean Development Mechanism (CDM) zur Intensivierung des Klimaschutzes sowie für den Technologie- als auch den Know-how-Transfer
- Einführung globaler über den Preis steuernder Instrumente (wie z. B eine aufkommens-neutrale Energiesteuer)

- ordnungsrechtliche Vorschriften für maximale Energieverbräuche von Geräten, Gebäuden und Verkehrsmitteln
- freiwillige Vereinbarungen (z. B. CO_2-Reduktionsziele von Industrieverbänden),
- IRP-Programme sowie Drittfinanzierungsmodelle (Contracting),
- Förderprogramme (z. B. für die Markteinführung von REG und für die energetische Gebäudesanierung)
- Kennzeichungs (Labelling)-, Informations-, Motivations- und Energieberatungsprogramme
- Markteinführungsprogramme durch Bündelung kaufkräftiger Nachfrage („Procurement") und ökologisches Beschaffungswesen von Großinstitutionen

Ein internationales „Policy Mix" besteht **aus länder-, sektor- und zielgruppenspezifischen Instrumentenbündeln,** wobei die Besonderheiten einzelner Länder und Ländergruppen berücksichtigt werden müssen. **Einen** für alle Länder und Rahmenbedingungen erfolgreichen **Königsweg** zur Zukunftsfähigkeit gibt es nicht. Hinzu kommt die „Ökologisierung" international tätiger Institutionen (siehe Kasten).

Ökologisierung weltweit agierender Institutionen

1. Aufbau einer Internationalen Agentur für Energieeffizienz und Solarenergie (IAES) sowie Anschubförderung eines Netzwerks entsprechender regionaler Agenturen in CIS und DCs

Aufgabe dieser Agenturen, ist die Markteinführung von REN, KW/KK und REG, durch Information, Weiterbildung, Workshops, Pilot- und Demonstrationsprojekte sowie durch Unternehmens- und Politikberatung zu fördern. Zur Finanzierung könnte von allen Annex-I-Ländern eine Abgabe auf den Primärenergieverbrauch von 1 $/ pro Tonne Öläquivalent erhoben werden. Daraus würde sich ein jährlicher Fondsbeitrag z. B. der OECD-Länder (außer USA) von etwa 4,5 Mrd $ und der USA von 2,3 Mrd.$ ergeben.

2. Welteffizienzkonferenzen vergleichbar dem World Energy Council (WEC)

Die WEC bildet seit Jahrzehnten ein Forum für die weltgrößten Energieanbieter und für angebotsorientierte Strategien. Entsprechend dem weltweiten Vorrang für die rationellere Energieumwandlung und -nutzung in einer Faktor Vier-Strategie wäre ein vergleichbares Weltforum im 3-Jahresturnus zum Informationsaustausch, zur Öffentlichkeitsarbeit und für Business-Kontakte für REN, KW/KK und REG wichtig.

---

3. **Weltweite Popularisierung der Integrierten Ressourcenplanung (IRP)**
Unter der Federführung von UNDP und mit Unterstützung von UNEP, GEF, Weltbank und den G7 sollte eine Serie von Workshops und ein Pilot-, Demonstrations- und Förderprogramm zur Popularisierung und weltweiten Einführung von IRP, vor allem auch in DCs (z. B. in China, im Nahen Osten, in Lateinamerika) durchgeführt werden. Jährliche Berichte an die Commission for Sustainable Development (CSD) über die Umsetzung und deren Publikation im Rahmen der UNFCCC würden das innovative IRP-Konzept in der Klimaschutzpolitik rascher durchsetzen. Neben der Verankerung von IRP-Prozeduren in die jeweiligen nationalen Energie- und Unternehmenspolitiken könnte dadurch auch die Etablierung eines aussagefähigeren Systems der volkswirtschaftlichen Nutzen- und Vollkostenrechnung erfolgen.

4. **Neue Prioritäten für F&E/D und für die energierelevante internationale Projekt- und Kreditförderung**
Die OECD, die IEA, die Weltbank und andere internationale Finanzorganisationen sollten darauf hinarbeiten, dass die nationalen Forschungsbudgets stärker auf die Erforschung, Entwicklung und Markteinführung von (System-)Techniken der rationelleren Energieumwandlung und -nutzung sowie der erneuerbaren Energien konzentriert werden. Das Gleiche gilt für die Kredit- und Projektfinanzierung internationaler Finanzinstitutionen und die verstärkte Dezentralisierung und Ökologisierung der Kreditvergabe.

CIS - Gemeinschaft unabhängiger Staaten (der früheren Sowjetunion; GUS)
DC - Entwicklungsländer

9.4.3 Ordnungspolitik und Energierecht: Märkte für „Energiedienstleistungen" statt für „Kilowattstunden"[10]

Vordringliche Aufgabe der Ordnungspolitik ist, ein modernes ökologisches und wettbewerbsorientiertes Energierecht für das 21. Jahrhundert zu schaffen. Im Mittelpunkt steht dabei der Wandel zum **Energiedienstleistungsunternehmen (EDU) und der Markt für preiswürdige Energiedienstleistungen (EDL)** statt wie traditionell nur für die billige (und häufig riskante) Kilowattstunden.

Damit EDL und EDU eine flächendeckende Dynamik entwickeln können, müssen die Wettbewerbsformen und **Anreizstrukturen durch staatliche Rahmensetzung** so verändert werden, dass auch die bisherigen Energieversorger statt nur in Energieangebot („MEGAWatt") in die effizientere Nutzung („NEGAWatt")

---

[10]   Vgl. Hennicke, P., Wa(h)re Energiedienstleistung. a.a.O.

investieren können, solange diese für ihre Kunden, die Volkswirtschaft und die Umwelt günstiger ist. Hierfür ist jedoch das **Konzept eines unregulierten Preiswettbewerbs nicht zielführend.** Vielmehr geht es darum, den **Wettbewerb zwischen jeder Form nicht erneuerbarer Energien und der rationellen Energienutzung funktionsfähiger zu machen,** also wo immer wirtschaftlich und ökologisch sinnvoll, bei gleicher oder höherer Energiedienstleistung **die Energie durch intelligentere Effizienztechnik und rationelleres Verhalten zu ersetzen.** Die Ökonomen sprechen von der Intensivierung **des Substitutionswettbewerbs** (zwischen Energie und Kapital) statt nur von **direktem Wettbewerb** zwischen Energieanbietern.

Ein intensivierter Substitutionswettbewerb zwischen Energie und Effizienztechniken kann im Rahmen des Energierechts und der Ordnungspolitik durch geeignete Vorrangregellungen für REN-, REG- und KW/KK-Techniken sowie durch faire Marktzutrittsbestimmungen ermöglicht werden. Hierzu liegen zahlreiche Vorschläge vor, auf die hier nicht eingegangen werden kann. Hier soll nur in aller Kürze ein gemeinsames Konzept der integrierten und wettbewerbskonformen Anschubfinanzierung vorgestellt werden:

Im Folgenden wird die Idee eines **„Zukunftspfennigs"** vorgestellt, der als wettbewerbsneutraler Netzaufschlag auf jede an Endverbraucher gelieferte Kilowattstunde Strom konzipiert wird. Dieser Netzaufschlag kann ergänzend oder integriert mit einer Energiesteuer realisiert werden. Sinnvoll erscheint in jedem Fall, die REN-, KW/KK- und REG-Umlagefinanzierung in einem gemeinsamen Finanzierungskonzept zusammenzufassen. Dadurch werden die energiepolitischen Zielwerte gebündelt und ein unnötiger Verteilungskampf zwischen Solar-, KW/KK- und Effizienzakteuren vermieden. Eine breite gesellschaftliche „Allianz für Zukunftsenergien" bis hin zu den Umweltverbänden könnte dadurch eine gemeinsame Klammer erhalten. Ähnliche Finanzierungskonzepte sind in Kalifornien, in Dänemark, in den Niederlanden oder in England realisiert worden.

Nachfolgend soll am Beispiel Deutschland gezeigt werden, um welche Größenordnung es dabei geht:

Zur Finanzierung eines Aktionsprogramms „**Erneuerbare Energien**" mit dem Zielwert einer Verdreifachung des Primärenergiebeitrags aus REG sind Mittel im Umfang zwischen 1,25 und 2,5 Mrd. DM jährlich erforderlich, was einem "Aufschlag" auf den Strompreis zwischen 0,3 bis 0,6 Pf/kWh entspricht. Für Forschungs– und Entwicklungsaufgaben wären zusätzliche Mittel notwendig.

Bei der Finanzierung der **KW/KK–Regelungen** wird davon ausgegangen, dass der zusätzliche Kostenumfang etwa 0,2 bis 0,3 Pf/kWh beträgt (dies entspricht einer jährlichen Summe von 0,8 bis 1,25 Mrd. DM), womit bei einem Anteil von

20 bis 30 % öffentlicher Kraft-Wärme-Kopplung an der Gesamtstromerzeugung solcher Strom mit einem Bonus von 1 bis 2 Pf/kWh vergütet werden könnte.

Eine wettbewerbsneutrale Finanzierung von Programmen der rationellen Energienutzung könnte ebenfalls durch eine **Netzabgabe auf alle Stromumsätze an Letztverbraucher** (incl. Importe) erreicht werden. Die Energieversorgungsunternehmen werden verpflichtet (sofern eine entsprechende freiwillige Vereinbarung nicht erreicht wird), entweder selbst entsprechende Effizienzprogramme (IRP-Programme) mindestens in diesem Umfang aufzulegen oder die Abgabe an einen nationalen Fonds („Energieeinspar-Fonds" nach englischem oder dänischem Beispiel) abzuführen. Im Rahmen von Ausschreibungen für alle potenziellen Akteure (z. B. EDU, Energieagenturen, Contracting-Firmen, Ingenieurbüros) werden diejenigen Firmen durch den Fonds beauftragt, die bezogen auf die eingesetzten Mittel die höchste Energie- bzw. Stromeinsparung erzielen. Auf Grund aktueller deutscher Erfahrungen mit IRP-Programmen[11] können in Deutschland derzeit kosteneffektive und erprobte IRP-Aktivitäten in der Größenordnung von jährlich 2,5 bis 3 Mrd. DM durchgeführt werden, was einem Aufschlag von etwa 0,6 bis 0,7 Pf/kWh entspricht.

Insgesamt ergibt sich in Deutschland zur Finanzierung des Vorrangs von REN, KW/KK und REG ein Finanzierungsbedarf von jährlich ca. 5,5 bis 8,5 Mrd. DM, sodass die Strompreisverteuerung bei den Endkunden zwischen ca. 1,1 Pf/kWh und ca. 1,6 Pf/kWh betragen würde.

Werden die Einnahmen aus den Netzaufschlägen z. B. zur Finanzierung von kosteneffektiven Energiesparprogrammen verwendet, handelt es sich de facto **nur um eine Vorfinanzierung** sonst unterbliebener Effizienzprogramme, die im Saldo die Energiekosten erheblich senken. Denn den Belastungen von maximal 8,5 Mrd. DM p. a. stünden **volkswirtschaftliche Kostensenkungen** durch Effizienzsteigerung von 10 Mrd. DM jährlich gegenüber. Insofern ist dies eine „**Win-Win-Win**"-**Politik**: Es profitieren in erster Linie **die Verbraucher und die Umwelt**. Aber auch **die Unternehmen**, die solche Effizienzprogramme professionell umsetzen, können hieraus neue profitable Geschäftsfelder entwickeln. Daher handelt es sich bei diesem „Strompfennig" um eine volkswirtschaftlich höchst sinnvolle Form der Anschub- und Vorfinanzierung von Zukunftsmärkten mit hohem Selbstfinanzierungs- und positivem Nettobeschäftigungseffekt.

---

[11] Das Wuppertal Institut hat zusammen mit dem Öko-Institut Freiburg das Least-Cost Planning-Konzept in Deutschland mit eingeführt und beispielhafte EDU-Programme mitentwickelt bzw. evaluiert. Bahnbrechend für das LCP-Konzept in Deutschland war die Fallstudie der Stadtwerke Hannover, vergl. Integrierte Ressourcenplanung. Die LCP-Fallstudie der Stadtwerke Hannover 1995

9.5   Schlussbemerkung

Wenn das WEC-C1- sowie das Faktor Vier-Szenario die möglichen „Energiezukünfte" zutreffend beschreiben, bedarf es keiner Abwägung zwischen den Kosten des Klimaschutzes heute und der Vermeidung von Risiken, Umwelt- und Klimaschäden von morgen, denn die **Klimaschutzpolitik schafft doppelten Nutzen**: Erstens für die gegenwärtige Generation, da eine Risikominierungsstrategie wahrscheinlich kostengünstiger ist als eine Politik des Business-as-usual; zweitens für kommende Generationen, denn die Umweltschäden und Risiken zukünftiger globaler Veränderungen werden gemindert. Voraussetzung dafür ist allerdings, dass weltweit die Hemmnisse für einen intensivierten Wettbewerb um Energiedienstleistungen abgebaut und ökologisch-ökonomische „Leitplanken" in Richtung zukunftsfähige Entwicklung eingerichtet werden.

Bei derart veränderten Rahmenbedingungen ist die energiepolitische Botschaft des WEC-C1- und Faktor Vier-Szenarios so klar wie aufregend: Eine weltweite Strategie der Risikominimierung ist nicht nur technisch möglich, sondern ist wahrscheinlich auch leichter finanzierbar als „Business-as-usual", nur: Energiemanager, Politiker und wir alle müßten uns bald gegen die derzeitigen Trends und für ein zukunftsfähigeres Energiesystem entscheiden. Es ist beunruhigend, dass diese Erkenntnisse aus den WEC-Szenarien in der etablierten Energiewirtschaft und Energiepolitik noch weitgehend folgenlos geblieben sind: Die Inkaufnahme von mehr Kosten und Risiken wird immer noch als energiepolitischer Pragmatismus, aber die volkswirtschaftlich vorteilhaftere Risikominimierung als illusionäre Politik dargestellt. Eine Überwindung dieser Schizophrenie verlangt eine vorurteilslose Analyse der Stärken und Schwächen und einen offenen Dialog über die heute noch vorherrschende Energiepolitik.

Literatur

Bloch, E. (1979): Revolution der Utopie, Campus Verlag, Frankfurt a. M.

Enquête-Komission des 12. Deutschen Bundestages "Schutz der Erdatmosphäre" (Hrsg.) (1995): Mehr Zukunft für die Erde: Nachhaltige Energiepolitik für dauerhaften Klimaschutz, Bonn.

EU-Kommission (1996): Energie für die Zukunft: Erneuerbare Energiequellen, Grünbuch für eine Gemeinschaftsstrategie, Brüssel.

Hennicke, Peter; Lovins, Amory (1999): Voller Energie: Vision: Die globale Faktor Vier Strategie für Klimaschutz und Atomausstieg, Buchreihe EXPO 2000, Campus Verlag, Frankfurt a.M., New York, Sept. 1999.

Hawken, Paul, Lovins, Amory B.; Lovins, L. Hunter (1999): Natural Capitalism-The Next Industrial Revolution, London 1999.
Hennicke, Peter (1999): Wa(h)re Energiedienstleistung - Ein Wettbewerbskonzept für die Energieeffizienz- und Solarenergiewirtschaft, Wuppertal Texte, Birkhäuser Verlag, Berlin-Basel-Boston, Sept. 1999.

Hennicke, Peter; Müller, Michael (1995): Mehr Wohlstand mit weniger Energie, Wissenschaftliche Buchgesellschaft, Darmstadt.

Johannson, T. B.; Williams, R. H. (Hrsg.) et al. (1993): Renewable fuels and electric for a growing world economy: defining and achieving the potenzial, in: Renewable Energy: Sources for Fuel and Electricity, Island Press, Washington.

Lovins, A.: Hypercars - the next industrial revolution, Snowmass, Colorado 1996

WEC; IIASA (1995): Global Energy Perspectives to 2050 and Beyond: Report 1995).

WEC [World Energy Council]; IIASA [International Institute for Applied Systems Analysis] (1998): Global Energy Perspectives, University Press, Cambridge.

Wuppertal Institut für Klima, Umwelt und Energie, Öko-Institut e.V. Institut für angewandte Ökologie (1995): Integrierte Ressourcenplanung. Die LCP-Fallstudie der Stadtwerke Hannover AG (Hrsg.).

UNDP [United Nations Development Programme]: Reddy, A. K. N.; Williams, R. H.; Johannsson, T. B. (1997): Energy after Rio: Prospects and Challenges, UNDP, New York.

10 Die Herausforderungen vor Augen – Energiepolitik für eine nachhaltige Entwicklung

Alfred Voß

10.1 Einleitung

Am Beginn des dritten Jahrtausends sieht sich die Menschheit inklusive der wohlhabenden Industriegesellschaft mit einer Reihe existenzieller Herausforderungen konfrontiert. Zu diesen zentralen Herausforderungen zählen:

- die Schaffung humaner Lebensbedingungen für eine weiter wachsende Weltbevölkerung,
- die Vermeidung nicht tolerierbarer Umwelt- und Klimaveränderungen sowie
- die Sicherung der Zukunftsfähigkeit des Wirtschafts- und Lebensraumes Deutschland.

Alle diese Herausforderungen haben einen direkten Bezug zur Energieversorgung,

- da die Bereitstellung von mehr Energie, präziser von mehr Arbeitsfähigkeit, die aus Energie gewonnen wird, eine notwendige Voraussetzung zur Überwindung von Hunger und Armut und zur humanen Begrenzung des Wachstums der Weltbevölkerung ist,
- da 50 Prozent der anthropogenen Treibhausgasemissionen aus der Energieversorgung stammen,
- da die Sicherung des Wirtschaftsstandorts Deutschland ohne eine leistungsfähige Energieinfrastruktur und wettbewerbsfähige Energiepreise nicht gelingen wird.

In der Diagnose der vor uns liegenden Herausforderungen besteht weitgehende Übereinstimmung, ebenso, was den dringenden Handlungsbedarf betrifft, der sich sowohl aus unserer ethisch-moralischen Verantwortung gegenüber den Menschen in der Dritten Welt und den kommenden Generationen, als auch aus Sorge um die Umwelt und Natur ergibt. Über die einzuschlagenden Wege zur Bewältigung der Herausforderungen bestehen aber zwischen den verschiedenen gesellschaftlichen Gruppen in unserem Land kontroverse, ja teilweise sehr gegensetzliche Auffassungen. Mehr als am Zielkonsens fehlt es am Wegekonsens bezüglich der zukünftigen Energieversorgung. Wo und wie lassen sich Orientierungen für Wege aus der Gefahr finden?

Das Leitbild einer „Nachhaltigen Entwicklung", das mit dem Bericht der Weltkommission für Umwelt und Entwicklung – nach ihrer Vorsitzenden auch

Brundtland-Kommission genannt – „Unsere gemeinsame Zukunft" im Jahr 1987 Eingang in die entwicklungspolitische Diskussion gefunden hat, scheint geeignet, diese Orientierungen zu geben.

Obwohl festzustellen ist, dass das Leitbild einer nachhaltigen Entwicklung auch über die verschiedenen gesellschaftlichen Gruppen hinweg eine breite prinzipielle Zustimmung findet, so spannen doch die Vorstellungen und Interpretationen des Leitbildes, sowohl hinsichtlich ihrer normativen bzw. theoretisch-naturwissenschaftlichen Fundierung als auch hinsichtlich ihrer abgeleiteten Handlungsziele bzw. Handlungsanweisungen – dies gilt gerade für den Energiebereich – eine große Bandbreite auf. Soll das Leitbild einer nachhaltigen Entwicklung nicht zur bloßen Worthülse werden, die von verschiedenen gesellschaftlichen Gruppen für ihre jeweiligen Interessen instrumentalisiert wird, dann ist eine inhaltliche Konkretisierung dringend geboten. Diese ist auch unumgänglich, will man die verschiedenen Energieoptionen im Hinblick auf ihre Bedeutung für eine nachhaltige Entwicklung bewerten und einordnen.

10.2 Nachhaltigkeitskonzepte – eine kritische Würdigung

Im Verständnis der Brundtland-Kommission wie der Rio-Deklarationen beinhaltet das Leitbild "Nachhaltige Entwicklung" die beiden sich intuitiv scheinbar widersprechenden Forderungen nach schonender Umweltnutzung, die die Tragekapazität und den immateriellen Wert von Umwelt und Natur auf Dauer erhält, und nach weiterer wirtschaftlicher und sozialer Entwicklung. Die Brundtland-Kommission charakterisiert als nachhaltige Entwicklung eine Entwicklung, die die Bedürfnisse der Gegenwart befriedigt, ohne zu riskieren, dass künftige Generationen ihre eigenen Bedürfnisse nicht befriedigen können.

Ziel einer nachhaltigen Entwicklung ist es also, den kommenden Generationen ein Erbe zu hinterlassen, das ihnen ermöglicht, ihr Leben nach eigenen Vorstellungen und Wünschen zu gestalten und dabei auf mindestens das gleiche Potenzial an Möglichkeiten zurückgreifen zu können, wie wir es tun konnten. Oder anders ausgedrückt, nachhaltige Entwicklung meint eine Entwicklung, welche die Verbesserung der ökonomischen und sozialen Lebensbedingungen aller Menschen, der heute und zukünftig lebenden, mit der langfristigen Sicherung der natürlichen Lebensgrundlagen in Einklang bringt.

Diese allgemeinen inhaltlichen Beschreibungen von Nachhaltigkeit, die für Viele zustimmungsfähig sind und sich als ethische Norm primär aus Gerechtigkeitsüberlegungen gegenüber künftigen Generationen ableiten, sagen aber noch wenig darüber aus, worauf es bei einer nachhaltigen Entwicklung konkret, z. B. in Bezug auf die Energieversorgung, ankommt. Diese Offenheit und Unbestimmtheit lässt Spielraum für unterschiedliche Konkretisierungen und Interpretationen.

Die Fragen der Nachhaltigkeit sind von verschiedenen Wissenschaftsdisziplinen in den letzten Jahren aufgegriffen worden. Insbesondere im Bereich der Wirtschaftswissenschaften sind in den vergangenen Jahren verschiedene Konzepte der intra- und intergenerationalen Nachhaltigkeit diskutiert worden, die unterschiedliche theoretische Fundierungen und Problemsichtweisen zur Grundlage haben. Ein wesentliches Element des neoklassischen Ansatzes, der sogenannten "weak sustainability", ist das Substitutionsparadigma, demgemäß die Elemente des natürlichen Kapitalstocks (erneuerbare und erschöpfliche Ressourcen, assimilative und lebenserhaltende Funktionen der Natur) weitestgehend durch künstliches Kapital (man-made capital) ersetzt werden können. Um ein intergenerational nicht sinkendes Wohlfahrtsniveau zu gewährleisten, muss deshalb der gesamte produktive Kapitalstock über die Zeit mindestens konstant bleiben, d. h. eine Abnahme des Naturkapitals muss durch eine entsprechende Zunahme des Sachkapitalstocks kompensiert werden.

Nachhaltigkeitskonzepte, die der Schule der ökologischen Ökonomie zuzurechnen sind und als "strong sustainability" bezeichnet werden, räumen den ökologisch als notwendig angesehenen Begrenzungen Vorrang vor den Präferenzen der Wirtschaftssubjekte ein. Sie postulieren eine weitgehende Komplementarität von Natur- und Sachkapital, d. h. eine Substituierbarkeit von Naturkapital durch künstliches Kapital wird in weiten Bereichen ausgeschlossen. Als Argumente werden die Begrenztheit der natürlichen Ressourcen, die nicht substituierbaren Funktionen der Natur und die Unsicherheit und Irreversibilität von Auswirkungen auf ökologische Systeme angeführt. Wenn also der natürliche Kapitalstock für den Produktionsprozess nur begrenzt substituierbar ist, folgt daraus, dass das Naturkapital erhalten werden muss (Konstanz des Naturkapitals).

Diese von einigen Vertretern der ökologischen Ökonomik propagierte strenge Nachhaltigkeit erscheint bei näherer Betrachtung ebenso wenig realitätsbezogen wie die Annahme einer unbeschränkten Substitutionsmöglichkeit der Funktionen von Umwelt und Natur. Beiden Konzepten ist aber gemein, dass die verwendeten Begriffskategorien Naturkapital und künstliches bzw. Sachkapital so abstrakt und undifferenziert sind, dass sie für eine sachgerechte Operationalisierung wenig geeignet sind. Dabei suggeriert insbesondere der Begriff des Naturkapitals eine Homogenität, die den unterschiedlichen Funktionen von Natur – ihrer Ressourcenfunktion für den Wirtschaftsprozess, ihrer Assimilations- und Depositionsfunktion, ihren lebenserhaltenden Funktionen (z. B. Atemluft) und ihren immateriellen Werten – nicht Rechnung trägt. Die Frage der Substituierbarkeit bzw. Nichtsubstituierbarkeit von Naturkapital kann sinnvoll wohl nur mit Blick auf die jeweiligen Funktionen beantwortet werden.

Die Diskussion verschiedener Konzepte zur inhaltlichen Bestimmung dessen, was unter Nachhaltigkeit zu verstehen ist, sollte deutlich machen, dass noch viele Fragen offen sind. Unabhängig davon, kann jede Konkretisierung des Leitbildes Nachhaltigkeit aber nur dann tragfähig sein, wenn sie, was die materiell-energetischen Aspekte betrifft, den Naturgesetzen Rechnung trägt. In diesem Kontext kommt dem zweiten Hauptsatz der Thermodynamik, den der Chemiker und Philosoph Wilhelm Ostwald "das Gesetz des Geschehens nannte", eine besondere Bedeutung zu.

Auf die Bedeutung des zweiten Hauptsatzes der Thermodynamik für die Ausgestaltung einer nachhaltigen Entwicklung kann hier nicht ausführlich eingegangen werden. Es sei nur festgehalten, dass die wesentliche Aussage des zweiten Hauptsatzes beinhaltet, dass Leben, der Aufbau und die Nutzung lebenserhaltender und lebensfördernder Ordnungen und Strukturen unumgänglich mit der Entwertung von Energie, d. h. dem Verbrauch von Arbeitsfähigkeit, aber auch mit der Entwertung von Materie, einer Stoffdissipation bzw. Stoffzerstreuung verbunden ist. Dabei wird die Entropie erhöht, d. h. die Unordnung nimmt zu. Leben und die dazu notwendige Befriedigung von Bedürfnissen ist also notwendigerweise mit dem Verbrauch von arbeitsfähiger Energie und verfügbarer Materie verbunden.

Lebewesen erhalten oder erhöhen ihren Ordnungszustand durch arbeitsfähige Energie aus ihrer Umgebung, z. B. durch die Aufnahme von Nahrung. In ihrer Umgebung erzeugen sie dabei eine größere Unordnung, sie vermehren die Entropie. Das gilt analog auch für alle Ordnungszustände, die durch den Menschen geschaffen werden. Dabei sind mit Ordnungszuständen alle materiellen und energetischen Güter, wie auch immaterielle Güter und Dienstleistungen gemeint. Das Entwertungs- bzw. das Entropieprinzip und das Entwicklungsprinzip, d. h. der Aufbau von Ordnungen, sind also miteinander untrennbar verknüpft, und sie werden durch die Hauptsätze beschrieben.

Verfügbare Materie und Verfügung über arbeitsfähige Energie sind aber nur notwendige und noch keine hinreichenden Bedingungen für den Aufbau lebensnotwendiger bzw. lebensfördernder Ordnungszustände und damit für Leben überhaupt. Hinzukommen muss noch Information oder Wissen, um dem Leben dienende Ordnungen zu schaffen. Die Nützlichkeit und den Zweck anthropogener Ordnungszustände bestimmt der Mensch. Nur Steine aufeinander zu schichten verbraucht zwar arbeitsfähige Energie, schafft aber noch keine nützlichen, dem Leben dienenden Ordnungszustände. Zusammengefügt zu einem Haus dienen sie aber dem Leben, schützen vor Wind und Kälte und können als Schule oder Krankenhaus verwendet werden. Wissen, Information und Kreativität sollen hier unter dem Begriff Gestaltungsfähigkeit subsumiert werden. Sie ist neben der arbeitsfähigen

Energie und der verfügbaren Materie die dritte notwendige Komponente zur Schaffung nützlicher, dem Leben dienender Ordnungszustände.

Die Gestaltungsfähigkeit stellt dabei eine besondere Ressource dar. Sie ist zwar zu jedem Zeitpunkt begrenzt, wird aber nicht verbraucht, sondern sie ist sogar vermehrbar. Wissen wächst. Dies zeichnet die Ressource Gestaltungsfähigkeit gegenüber den erschöpfbaren Energie- und Rohstoffvorräten und auch dem großen, aber begrenzten Energiestrom der Sonne aus und gibt ihr eine besondere Bedeutung für die Lösung zukünftiger Probleme und die Erreichung einer nachhaltigen Entwicklung.

Die durch Wissenszuwachs steigende Gestaltungsfähigkeit und die damit mögliche Weiterentwicklung von Technik ermöglichen es uns,

- lebensnotwendige Ordnungszustände mit weniger arbeitsfähiger Energie und weniger verfügbarer Materie bereitzustellen, also die Energie- und Materialintensität unseres Wirtschaftens zu verringern,

- die verfügbare Energiebasis durch die Nutzbarmachung neuer Energiequellen und weiterer Energievorräte zu erweitern,

- die verfügbare Materie durch die Nutzbarmachung von neuen Rohstofflagerstätten und neuen Materialien zu erhöhen,

- die Stoffentwertung verfügbarer Materie durch Recycling zu reduzieren und

- die Umweltbelastungen durch Zerstreuung von Materie und die Produktion von Stoffabfällen auch bei steigender Produktion von Gütern und Dienstleistungen zu reduzieren.

Gestaltungsfähigkeit ist die Basis, um die Entfaltungsspielräume für die kommende Generation zu erhalten und zu erweitern.

10.3 Konkretisierung des Leitbildes der nachhaltigen Entwicklung im Hinblick auf die Energieversorgung

Entsprechend dem zuvor erläuterten Verständnis von Nachhaltigkeit lässt sich die Notwendigkeit der Begrenzung von ökologischen Belastungen und von Klimaänderungen wohl begründen. Schwieriger wird es schon bei der Frage, ob denn die Nutzung erschöpfbarer Energieressourcen mit dem Leitbild einer "Nachhaltigen Entwicklung" vereinbar ist, denn Erdöl und Erdgas oder auch Kernbrennstoffe, die wir heute verbrauchen, stehen zukünftigen Generationen ja nicht mehr zur Verfügung. Hieraus wird dann abgeleitet, dass nur die Nutzung "erneuerbarer Energien" mit dem Leitbild Nachhaltigkeit vereinbar sei.

Dies ist aus zwei Gründen nicht tragfähig. Zum einen ist auch die Nutzung erneuerbarer Energie, z. B. von solarer Energie, immer mit einer Inanspruchnahme von nicht-erneuerbaren Ressourcen, z. B. nichtenergetischen Rohstoffen und Materialien verbunden, deren Vorräte begrenzt sind. Und zum zweiten würde dies bedeuten, dass nicht-erneuerbare Ressourcen überhaupt nicht, auch nicht von den zukünftigen Generationen genutzt werden dürften. Wenn also eine unveränderte Weitergabe der nicht-erneuerbaren Ressourcenbasis offensichtlich unmöglich ist, dann kommt es im Sinne des Leitbildes einer Nachhaltigen Entwicklung darauf an, den nachkommenden Generationen eine technisch-wirtschaftlich nutzbare Ressourcenbasis zu hinterlassen, die ihnen die Befriedigung ihrer Bedürfnisse mindestens entsprechend unserem heutigen Niveau erlaubt.

Die jeweils verfügbare Energie- und Rohstoffbasis wird aber wesentlich durch die verfügbare Technik bestimmt. Energie- und Rohstofflagerstätten, die zwar in der Erdkruste vorhanden sind, aber mangels entsprechender Explorations- und Fördertechniken nicht gefunden und gefördert bzw. nicht wirtschaftlich genutzt werden können, können keinen Beitrag zur Sicherung der Lebensqualität leisten. Es ist also der Stand der Technik, der aus wertlosen Ressourcen verfügbare Ressourcen macht und ihre Quantität mitbestimmt.

Für die Nutzung begrenzter Energievorräte bedeutet dies, dass ihre Nutzung mit dem Leitbild Nachhaltigkeit so lange vereinbar ist, wie es gelingt, den nachfolgenden Generationen eine mindestens gleich große technisch-wirtschaftlich nutzbare Energiebasis verfügbar zu machen. Anzumerken ist hier, dass in der Vergangenheit – trotz steigenden Verbrauchs fossiler Energieträger – die nachgewiesenen Reserven, d. h. die technisch und ökonomisch verfügbaren Energiemengen, zugenommen haben. Darüber hinaus konnten durch technisch-wissenschaftlichen Fortschritt neue Energiebasen, wie die Kernenergie oder ein Teil der erneuerbaren Energieströme, technisch-wirtschaftlich nutzbar gemacht werden.

Was nun die Inanspruchnahme der Senkenfunktion der Ressource Umwelt betrifft, so müsste in der Diskussion stärker beachtet werden, dass Umweltbelastungen, auch die im Zusammenhang mit unserer heutigen Energieversorgung, vorrangig durch anthropogen hervorgerufene Stoffströme, durch Stoffzerstreuung, d. h. Stofffreisetzung in die Umwelt, verursacht werden. Es ist also nicht die Nutzung der Arbeitsfähigkeit der Energie, die die Umwelt schädigt, sondern es sind vielmehr die mit dem jeweiligen Energiesystem verbundenen stofflichen Freisetzungen, wie z. B. das Schwefeldioxid oder das Kohlendioxid bei der Verbrennung von Kohle, Öl und Gas, die zu Umweltbelastungen führen. Dies wird deutlich an der Sonnenenergie, die mit ihrer zur Verfügung gestellten Arbeitsfähigkeit – der solaren Strahlung – einerseits Hauptquelle allen Lebens auf der Erde ist, andererseits aber auch der bei weitem größte Entropiegenerator ist, weil nahezu die gesamte Energie der Sonne nach ihrer

Entwertung als Wärme bei Umgebungstemperatur in den Weltraum wieder abgestrahlt wird. Da ihre Energie, die Strahlung, nicht an einen stofflichen Energieträger gebunden ist, resultieren aus der Entropieerzeugung aber keine Umweltbelastungen im heutigen Sinn. Dies schließt natürlich Stofffreisetzungen und damit verbundene Umweltbelastungen im Zusammenhang mit der Herstellung einer Solaranlage nicht aus.

Der hier angesprochene Sachverhalt ist deshalb von besonderer Bedeutung, weil er die Möglichkeit einer Entkopplung von Energieverbrauch (Verbrauch an Arbeitsfähigkeit) und Umweltbelastung beinhaltet. Ein wachsender Verbrauch an Arbeitsfähigkeit (Energie) und sinkende Umwelt- und Klimabelastungen sind somit kein Widerspruch. Die Stofffreisetzungen, nicht die Energieströme müssen begrenzt werden, will man die Umwelt schützen.

Neben der Erweiterung der verfügbaren Ressourcenbasis kommt unter dem Leitbild der "Nachhaltigen Entwicklung" natürlich auch dem haushälterischen Umgang mit Energie, oder besser gesagt mit allen knappen Ressourcen eine besondere Bedeutung zu. Effiziente Ressourcennutzung im Zusammenhang mit der Energieversorgung betrifft dabei nicht nur die Ressource Energie, da die Bereitstellung von Energiedienstleistungen immer auch den Einsatz anderer knapper Ressourcen, wie nichtenergetische Rohstoffe, Kapital, Arbeit und Umwelt erfordert. Die effiziente Nutzung aller Ressourcen, die sich aus dem Leitbild Nachhaltigkeit ableitet, entspricht aber auch dem allgemeinen ökonomischen Prinzip. Aus beiden folgt, dass ein Energiesystem oder eine Energiewandlungskette zur Bereitstellung von Energiedienstleistungen dann effizienter als eine andere ist, wenn sie für die Energiedienstleistung weniger Ressourcen einschließlich der Ressource Umwelt in Anspruch nimmt.

In der Ökonomie dienen Kosten und Preise als Maß für die Inanspruchnahme knapper Ressourcen. Geringere Kosten bei gleichem Nutzen bedeuten eine ökonomisch effizientere, eine ressourcenschonendere Lösung. Gegen Kosten als Bewertungskriterium von Energiesystemen mag man einwenden, dass gegenwärtig die externen Effekte, z. B. von Umweltschäden, in den Kostenkalkülen noch nicht erfasst werden. Diesem Umstand kann durch die Internalisierung externer Kosten abgeholfen werden. Hieraus lässt sich die Folgerung ziehen, dass Kosten – und zwar im Sinne von Vollkosten, die externe Effekte mit erfassen und berücksichtigen – ein geeignetes Maß für die Inanspruchnahme knapper Ressourcen sind. Somit sind sie auch ein geeignetes Maß für die Beurteilung von Energietechniken im Hinblick auf das Leitbild der Nachhaltigkeit, und es wäre angebracht, dass ihnen in dieser Funktion wieder ein größerer Stellenwert in der energiepolitischen Diskussion zuteil wird.

Kosteneffizienz ist darüber hinaus auch die Basis einer wettbewerbsfähigen Energieversorgung zur energieseitigen Sicherung der wirtschaftlichen Entwicklung und ausreichender Beschäftigung in unserem Land und sie ist der Schlüssel zur Vermeidung nicht tolerierbarer Klimaveränderungen. Beides sind ja zentrale Aspekte des Leitbildes einer "nachhaltigen Entwicklung". Aus dem bisher Gesagten lassen sich für eine inhaltliche Konkretisierung des Leitbildes Nachhaltigkeit im Hinblick auf die Energieversorgung die folgenden Orientierungs- und Handlungsregeln ableiten:

1. Die Nutzung erneuerbarer Ressourcen darf auf Dauer nicht größer sein als ihre Regenerationsrate.
2. Nicht-erneuerbare Energieträger und Rohstoffe sollen nur in dem Umfang genutzt werden, in dem ein physisch und funktionell gleichwertiger wirtschaftlich nutzbarer Ersatz verfügbar gemacht wird, in Form neu erschlossener Vorräte, erneuerbarer Ressourcen oder einer höheren Produktivität der Ressourcen.
3. Stoffeinträge in die Umwelt dürfen auf Dauer die Aufnahmekapazität bzw. Assimilationsfähigkeit der natürlichen Umwelt nicht überschreiten.
4. Gefahren und unvertretbare Risiken für die menschliche Gesundheit durch anthropogene Einwirkungen sind zu vermeiden.
5. Die Inanspruchnahme von knappen Ressourcen einschließlich der Ressource Umwelt sind wesentliche Kriterien für die Beurteilung der Nachhaltigkeit von Energietechniken und Energiesystemen. Ein geeignetes Maß für die Nachhaltigkeit sind die Vollkosten.

10.4 Rolle verschiedener Energiesysteme für eine nachhaltige Entwicklung

Das Leitbild der „Nachhaltigen Entwicklung" stellt für die Energiewirtschaft weltweit wie national eine große Herausforderung dar. Die Erhaltung von Umwelt und Natur, weitere wirtschaftliche Entwicklung und die Sicherstellung einer ausreichenden Ressourcenbasis für die kommenden Generationen bilden dabei ein magisches Zieldreieck. Selbstverständlich treten dabei Zielkonflikte auf. Eine nachhaltige Entwicklung wird aber nur möglich sein, wenn Fortschritte hinsichtlich aller drei Teilbereiche erzielt werden. Modern ausgedrückt muss eine Win-Win-Win Strategie für die Umwelt, die wirtschaftliche Entwicklung und die intergenerationale Gerechtigkeit entwickelt werden.

Welche Rolle können dabei die verschiedenen Energiesysteme spielen? Diese Frage soll ein Stück weit dadurch beantwortet werden, dass im Folgenden einige Stromerzeugungssysteme bezüglich ihrer relativen Nachhaltigkeit, d. h. in Bezug auf ihre

Ressourcen- und Umweltinanspruchnahme sowie ihre Kosten, die ja ein wesentliches Element der ökonomischen Dimension von Nachhaltigkeit sind, verglichen werden.

Vorab sei aber angemerkt, dass die Nachhaltigkeit der Energieversorgung sich angesichts der globalen Dimension der Ressourcennutzung sowie der regionalen und globalen Kapazitätsgrenzen für Stoffeinträge in die Umwelt letztlich wohl nur für das Gesamtsystem der Energieversorgung beurteilen lässt. Die Klimaproblematik veranschaulicht dies. Dennoch liefert der Vergleich von verschiedenen Energiebereitstellungstechniken bezüglich ihrer spezifischen Umwelt- und Ressourceninanspruchnahme wichtige Orientierungen im Hinblick auf ihre Rolle und Bedeutung für die Realisierung einer nachhaltigen Entwicklung. Im Folgenden werden Ergebnisse von Material-, Energie- und Stoffbilanzen erläutert, die alle Stufen und Prozesse, die für die Energiebereitstellung notwendig sind, erfassen. Die Bilanzierung erfolgt also über den gesamten Lebensweg und erfasst alle vor- bzw. nachgelagerten Prozessschritte der Bereitstellung des Energieträgers sowie der Materialien für die involvierten technischen Anlagen, insbesondere die Kraftwerke. Die exemplarischen Betrachtungen beschränken sich auf Stromerzeugungssysteme, die dem derzeitigen Stand der Technik entsprechen und mit den heutigen Produktionsstrukturen hergestellt werden.

Energieaufwand

Tabelle 10.1: Lebensweganalyse: Kumulierter Primärenergieaufwand und Amortisationszeiten

	Kumulierter Primärenergieaufwand in kWh_{prim}/kWh_{el}	Amortisationszeit in Monaten
Fotovoltaik [1]	0,62 - 0,84	61 - 88
Wasserkraft	0,04 - 0,09	7 - 13
Windkraft [2]	0,11 - 0,17	8 - 13
Steinkohle	$0,3^3$	4
Braunkohle	$0,23^3$	4
Erdgas	$0,26^3$	2
Kernenergie	$0,07^3$	3
[1] monokristallin, amorph; [2] mittlere Windgeschwindigkeit 4,5 m/s; [3] ohne Brennstoffeinsatz im Kraftwerk		

Die Bereitstellung von Energie ist immer mit einem investiven Energieaufwand für die Errichtung der Anlagen und im Falle der fossilen und nuklearen Energieträger auch für die Bereitstellung des Brennstoffs sowie für die Entsorgung verbunden.

Der kumulierte Energieaufwand, der in Tabelle 10.1 für verschiedene Stromerzeugungssysteme dargestellt ist, erfasst den Aufwand an Primärenergie für die Herstellung und Entsorgung des Kraftwerks und die Gewinnung und Bereitstellung des Brennstoffs, um eine kWh Elektrizität bereitzustellen. Für die Windenergie liegt er im Bereich von 11 bis 17 %. Bei der Steinkohle und beim Erdgas ist er deutlich höher und wird wesentlich durch den Energieaufwand für die Gewinnung, Aufbereitung und den Transport des Brennstoffs bestimmt. Für die Kernenergie und die Wasserkraft ist er im Bereich von 4 bis 9 %, und für die Fotovoltaik liegt er derzeit noch um einen Faktor 10 höher. Dies schlägt sich dann auch in der energetischen Amortisationszeit nieder, die derzeit bei der Fotovoltaik etwa 5 bis 7 Jahre beträgt, und damit deutlich größer als bei allen anderen Systemen ist.

Rohstoffaufwand

Tabelle 10.2: Lebensweganalyse: Ressourcenaufwand

	Eisenerz in kg/10^6 kWh$_{el}$	Kupfererz in kg/10^6 kWh$_{el}$	Bauxit in kg/10^6 kWh$_{el}$
Fotovoltaik [1]	4.162 - 40.569	218 - 514	257 - 4.772
Wasserkraft	1.510 - 2.768	10 - 13	16 - 19
Windkraft [2]	5.155 - 10.798	91 - 204	213 - 529
Steinkohle	2.509	19	50
Braunkohle	952	25	28
Erdgas	1.813	12	33
Kernkraft	501	2,3	29
[1] monokristallin, amorph; [2] mittlere Windgeschwindigkeit 4,5 m/s			

Tabelle 10.2 zeigt für ausgewählte Materialien die Ressourcenintensität der hier betrachteten Stromerzeugungssysteme. Erfasst ist der jeweilige Rohstoffaufwand für den Bau des Kraftwerks sowie für alle Prozessschritte zur Bereitstellung des Brennstoffs. Die Tabelle erfasst nur einen kleinen Teil der mineralischen Rohstoffe, sie stellt also keine vollständige Materialbilanz dar. Sie lässt aber erkennen, dass die geringere Energiedichte der solaren Strahlung und des Windes über die notwendigen großen Energiesammlungsflächen zu einem vergleichsweise hohen Materialbedarf führt. Diesem hohen Materialaufwand bei Wind und Fotovoltaik steht andererseits gegenüber, dass die Stromerzeugung nicht an die Umsetzung eines stofflichen Energieträgers gebunden ist. Diesbezügliche Stofffreisetzungen, die zu Umweltbelastungen führen, treten somit nicht auf. Umweltbelastungen, die aus Stoffemissionen resultieren, können demnach nur im Zusammenhang mit der Herstellung und Entsorgung des Kraftwerks entstehen.

Emissionen (Stofffreisetzungen)

In Tabelle 10.3 sind die kumulierten, über den gesamten Lebensweg aufsummierten Emissionen ausgewählter Schadstoffe der hier betrachteten Stromerzeugungssysteme gegenübergestellt. Bei den hier erfassten gasförmigen Schadstoffen sind die auf die erzeugte kWh bezogenen Emissionen der Kernenergie, der Wasserkraft und der Windstromerzeugung vergleichsweise niedrig. Verglichen mit der Steinkohle und dem Erdgas sind die kumulierten Emissionen der Fotovoltaik durchaus beachtlich. Beim CO_2 machen sie rund 35 - 45 % der Emissionen einer Stromerzeugung mit Erdgas aus. Hier drückt sich der Umstand aus, dass ein hoher kumulierter Energieaufwand und eine hohe Materialintensität auch bei energierohstofflosen Energiebereitstellungssystemen mit hohen indirekten Schadstoffemissionen verbunden sein kann.

Tabelle 10.3: Lebensweganalysen: Emissionen

	SO_2 in $kg/10^6\ kWh_{el}$	NO_x in $kg/10^6\ kWh_{el}$	CO_2 in $t/10^6\ kWh_{el}$
Fotovoltaik [1]	239 - 329	246 - 286	141 - 183
Wasserkraft	20 - 36	31 - 56	12 - 20
Windkraft [2]	64 - 104	47 - 92	24 - 39
Steinkohle	755	728	844
Braunkohle	795	686	1.027
Erdgas	228	489	424
Kernenergie	37	35	11

[1] monokristallin, amorph; [2] mittlere Windgeschwindigkeit 4,5 m/s

Risiken für das menschliche Leben und die Gesundheit

Bild 10.1 zeigt die Risiken, ermittelt über alle Aktivitäten, die ursächlich mit der Bereitstellung einer Milliarde kWh Strom durch verschiedene Stromerzeugungstechniken verbunden sind. Die Zahlen schließen natürlich die Risiken von Unfällen, auch von Kernkraftwerksunfällen, mit ein.
Die gesundheitlichen Risiken der Nutzung von Stein- und Braunkohle sind vergleichsweise hoch. Die mit der Nutzung der Fotovoltaik verbundenen Risiken, resultierend aus allen für die Herstellung der Anlage notwendigen Aktivitäten, sind etwa halb so hoch und damit größer als die des Erdgases. Kernenergie und die Windenergienutzung weisen die geringsten Risiken auf.

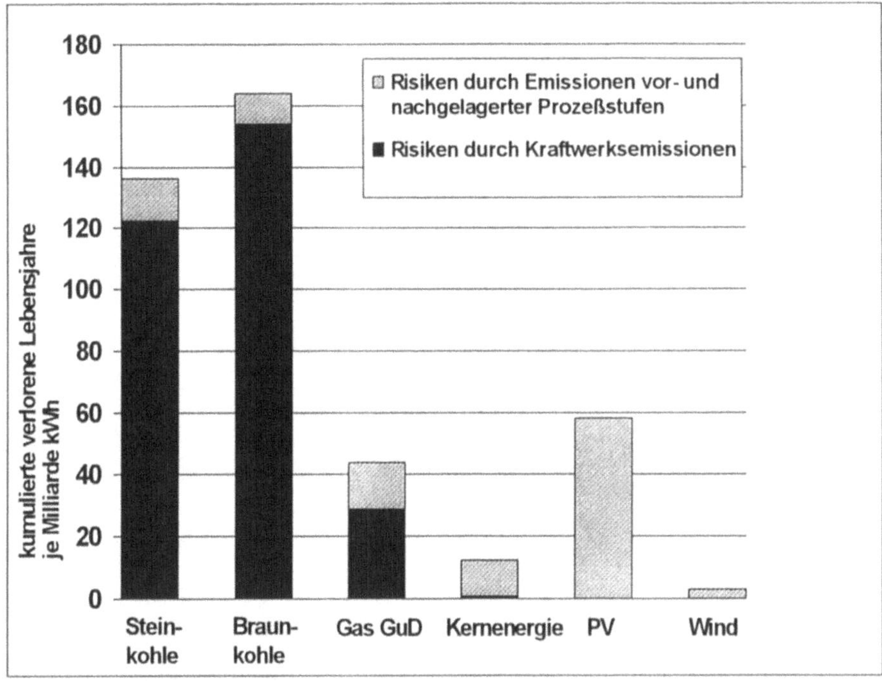

Bild 10.1: Gesundheitsrisiken verschiedener Stromerzeugungstechnologien, dargestellt als Anzahl der verlorenen Lebensjahre

Kosten: Stromgestehungskosten

Zuvor wurde bereits erwähnt, dass Kosten ein adäquates Maß für die Inanspruchnahme knapper Ressourcen sind. Vor diesem Hintergrund ist dann auch verständlich, dass ein hoher Rohstoff- und Energieaufwand sich in hohen Kosten niederschlägt.

Die in Bild 10.2 aufgeführten Stromerzeugungskosten weisen aus, dass die Stromerzeugung aus erneuerbaren Energien mit höheren, im Falle der Fotovoltaik sogar deutlich höheren Kosten verbunden ist als die aus fossilen oder nuklearen Kraftwerken. Allerdings enthalten diese derzeitigen Stromgestehungskosten noch nicht die sogenannten externen Kosten. Hierunter sind diejenigen Kosten zu verstehen, mit denen nicht der Verursacher, sondern unbeteiligte Dritte belastet werden. Die externen Kosten sind aber im Rahmen eines hier angestrebten Vergleichs der Ressourceninanspruchnahme verschiedener Energiesysteme notwendigerweise mit einzubeziehen.

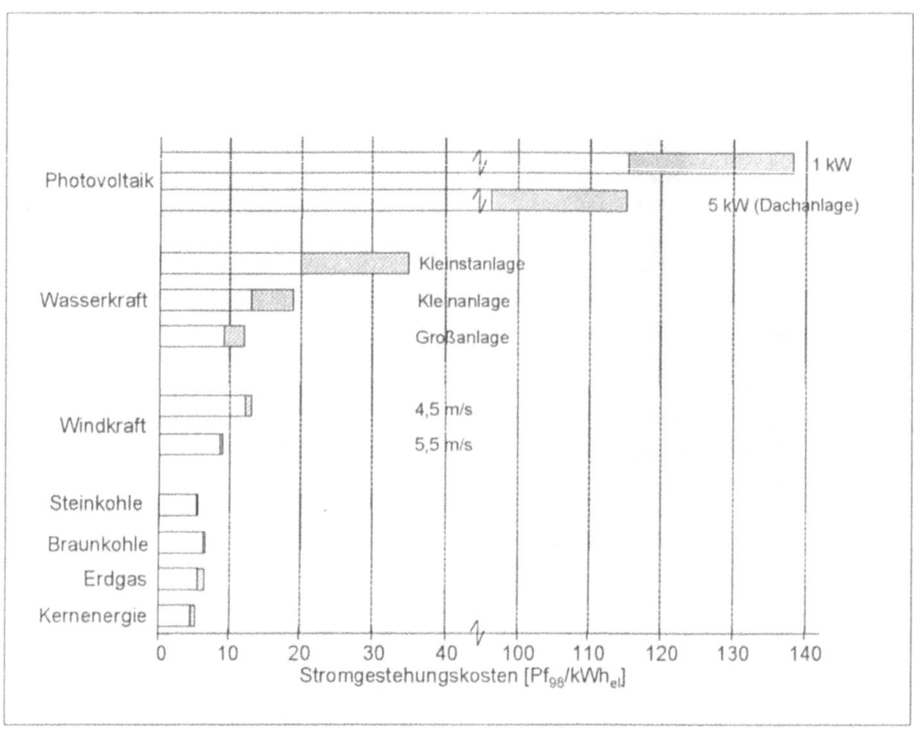

Bild 10.2: Stromgestehungskosten verschiedener Erzeugungsanlagen

Externe Kosten

Die in Tabelle 10.4 aufgeführten, aus heutiger Sicht quantifizierbaren externen Kosten erfassen die Gesundheitsauswirkungen, die Schäden an Feldpflanzen sowie Materialschäden und lärmbedingte Belastungen für den Normalbetrieb wie auch für Unfälle. Nicht erfasst sind die externen Kosten einer möglichen Klimaveränderung durch die Anreicherung von Spurengasen (vor allem CO_2) in der Atmosphäre, die derzeit kaum quantifizierbar sind. Diese nach derzeitigem Wissensstand quantifizierbaren externen Kosten sind deutlich geringer als die Werte, die vor einigen Jahren in die Diskussion gebracht wurden und Aufmerksamkeit erregten. Sie machen nur einen Bruchteil der Kosten aus Investition und Betrieb der Stromerzeugungssysteme aus. Ihre Berücksichtigung verschiebt die Kostenrelationen zwischen den erneuerbaren und konventionellen Stromerzeugungssystemen nicht nachhaltig zu Gunsten der erneuerbaren Energien.
Die erläuterten Ergebnisse ganzheitlicher Bilanzen des Energie- und Rohstoffaufwandes und der Stofffreisetzungen bei der Stromerzeugung gelten wie die Kostenangaben für den derzeit erreichten Stand der Technik. Es ist davon auszugehen, dass sich mit Fortschreiten der technischen Entwicklung deutliche

Verbesserungen realisieren lassen. Dies gilt aber für alle der hier betrachteten Stromerzeugungstechniken.

Tabelle 10.4: Externe Kosten verschiedener Stromerzeugungssysteme für ausgewählte Schadenskategorien in Pf/kWh (ohne Kosten des Treibhauseffektes)

	Steinkohle	Braunkohle	Gas GuD	Kernenergie	PV	Wind
Öffentliche Gesundheits- schäden	1,7	2,0	0,6	$0,05^{1)} - 0,22^{2)}$	0,8	0,03
Berufliche Gesundheits- schäden	0,2	≈ 0	0,004	0,009	- 0,05	0,008
Schäden an Feldpflanzen	0,06	0,08	0,03	0,007	0,04	0,001
Material- schäden	0,03	0,04	0,007	0,002	0,02	0,0006
Lärm	n. q.	n. q.	n. q.	n. q.	n. q.	0 - 0,012
Ökosysteme	n. q.	n. q.	n. q.	n. q.	n. q.	n. q.
Zwischen- summe	2,0	2,1	0,64	0,07 - 0,24	0,81	0,04 - 0,05

[1] 3 % Diskontrate; [2] 0 % Diskontrate; [3] Angabe des "Netto-Risikos", d. h. es wird die Differenz zu dem durchschnittlichen Risiko gewerblicher Tätigkeit betrachtet; n. q.: nicht quantifiziert

Wie bereits erwähnt, liefern die hier gezeigten Ergebnisse Informationen über die relativen Beiträge der einzelnen Stromerzeugungstechniken zu einer nachhaltigen Entwicklung und geben damit wichtige Anhaltspunkte für die Gestaltung eines nachhaltigen Energiesystems. Sie sind aber zu ergänzen um Gesamtbetrachtungen, um Aussagen über die Einhaltung absoluter Nachhaltigkeitsgrenzen der Belastung von Umwelt und Klima machen zu können.

10.5 Nachhaltige Entwicklung und Lenkung über den Markt

Wenn wir unter nachhaltiger Entwicklung der Energieversorgung eine Entwicklung verstehen, die die nicht substituierbaren Funktionen von Umwelt und Natur auf Dauer erhält, die Stoffeinträge in die Umwelt entsprechend ihrer Assimilationsfähigkeit begrenzt, die technisch-wirtschaftlich nutzbare Energiebasis erweitert und mit den nicht-erneuerbaren Rohstoffen effizient und haushälterisch umgeht, um den heutigen und kommenden Generationen keine Lebens- und Entwicklungschancen vorzuenthalten, dann stellt sich natürlich die Frage, ob denn die Lenkung über den

Markt, d. h. die Einführung von Wettbewerb und Deregulierung in der Energiewirtschaft der geeignete Ordnungsrahmen für eine effiziente Erreichung einer nachhaltigen Entwicklung sind.

Wettbewerb und Deregulierung sind natürlich kein Selbstzweck, sondern nur Mittel zum Zweck. Ihre Nutzung im Rahmen unseres Wirtschaftens legitimiert sich nicht nur aus wirtschaftstheoretischen Überlegungen, sondern insbesondere aus der praktischen Erfahrung, dass effizientes Wirtschaften nicht durch staatliche Planung und Regulierung sondern durch die Nutzung der preisgesteuerten Allokationsmechanismen von Märkten erreicht wird. Auf funktionierenden Märkten, wo sich die Knappheiten von Gütern und Ressourcen in den Preisen widerspiegeln, sorgt das eigennutzgesteuerte Verhalten der verschiedenen Marktteilnehmer dafür, dass knappe Ressourcen effizient genutzt und die Wohlfahrt maximiert werden. Preise geben darüber hinaus auch maßgebliche Signale für Innovation, technischen Fortschritt und den Strukturwandel.

Gelegentlich wird mit Hinweis auf die zunehmenden Umweltbelastungen, die ja auch in Marktwirtschaften zu beobachten sind, von einem Marktversagen gesprochen. Diese Diagnose verkennt, dass Umweltbeeinträchtigungen in einer Marktwirtschaft sich aus den Besonderheiten von Umweltgütern ergeben. Diese werden zum großen Teil immer noch als freie Güter betrachtet, von deren Nutzung Einzelne nicht auszuschließen sind. Sie sind also in das Marktgeschehen gar nicht integriert und können daher durch die unsichtbare Hand des Marktes auch nicht vor einer Übernutzung geschützt werden.

Die freie Nutzung von Umweltgütern führt zu negativen externen Effekten, z. B. durch Schadstofffreisetzungen. Die daraus resultierenden Kosten gehen am Markt und am Verursacher vorbei und werden Dritten, z. B. der Allgemeinheit oder auch den zukünftigen Generationen, angelastet. Die Internalisierung dieser externen Kosten ist der Weg, die Nutzung von Umweltressourcen in das Marktgeschehen zu integrieren, und die Nutzung knapper Umweltressourcen dabei den gleichen Regeln zu unterwerfen wie die Nutzung anderer knapper Güter. Auf die verschiedenen Instrumente zur Internalisierung von Umweltkosten soll hier nicht näher eingegangen werden, es sei nur betont, dass marktkonforme Instrumente sich am Verursacherprinzip und den Knappheiten der Umweltressourcen orientieren müssen.

Angebracht ist an dieser Stelle aber ein kleiner Exkurs zu den „externen Kosten": Externe Kosten werden heute nahezu ausschließlich mit Umweltschäden in Verbindung gebracht. Durch diese einseitige umweltpolitische Akzentuierung wird aber verdrängt, dass die Energiemärkte darüber hinaus durch eine Fülle von „Externalisierungstatbeständen" geprägt werden. Mit Externalisieren bezeichnet man den Vorgang des „Auslagerns" von Kosten aus der Rechnung des Verursachers in die Rechnungen anderer. Wer Kosten externalisiert, verdrängt Kosten, anstatt sie – wie es sich gehört – im eigenen Budget zu verbuchen. Aber Kosten, die aus der Rechnung eines Verursachers herausbefördert werden, verschwinden ja nicht. Sie tauchen irgendwann in der Rechnung eines anderen unbeteiligten Dritten wieder auf. Die externalisierten Kosten werden Dritten „angelastet".

Die Externalisierung bzw. die Anlastung von Kosten, beide sind untrennbar miteinander verknüpft, verfälschen das Kosten- und Preissystem, das im Marktprozess die zentrale Orientierung für alle wirtschaftlichen Entscheidungen darstellt. Falsche Preissignale aber führen eine Volkswirtschaft zwangsläufig weg vom Weg der gesamtwirtschaftlichen Effizienz, und das wiederum kann – zumindest auf Dauer – nicht ohne negative Auswirkungen bleiben.

Beispiele für Externalisierungstatbestände aus dem Energiebereich sind

- LCP-Zuschussprogramme für den Kauf energiesparender Geräte
- das Stromeinspeisegesetz
- die Kohlefinanzierung und auch
- die neue ökologische Steuer- und Abgabenreform.

Die Liste ist keineswegs vollständig. Für jede dieser Externalitäten gibt es sicher eine Begründung, sie dienen alle sicher einem guten Zweck. Aber man darf sich dadurch nicht blenden lassen, auf Dauer bleiben sie nicht ohne negative Konsequenzen für den Wirtschaftsstandort. Wenn wir über „Externe Kosten" gerade im Zusammenhang mit der Energieversorgung sprechen, dann müssen wir sie aus dem ökologischen Käfig befreien, in den man sie in den letzten Jahren eingesperrt hat. Damit wieder zurück zu der Steuerung über Wettbewerbsmärkte.

Der Steuerung über Wettbewerbsmärkte wird gelegentlich auch eine Kurzsichtigkeit unterstellt, die langfristigen Aspekten wie z. B. der Verknappung vorratsbegrenzter Ressourcen nicht ausreichend Rechnung trägt. Erfahrungen auf den Rohstoffmärkten stützen diese These nicht. Eher das Gegenteil ist der Fall. Betrachtet man die internationalen Öl- und Erdgasmärkte, auf denen Wettbewerb herrscht, so haben sich die nachgewiesenen gewinnbaren Reserven, trotz eines steigenden Verbrauches in den letzten Jahrzehnten kontinuierlich erhöht und es sind Investitionen mit langen Amortisationszeiten getätigt worden.

Diese mehr grundsätzlichen Darlegungen sollten deutlich machen, dass die Nutzung der Allokationsmechnismen von Wettbewerbsmärkten ein adäquater und zugleich effizienter Ansatz zur Verwirklichung einer nachhaltigen Entwicklung bzw. nachhaltigen Energieversorgung ist, wenn die Knappheit von Umweltgütern durch entsprechende marktkonforme Instrumente auf den Märkten wirksam wird.

Zuvor wurde schon erläutert, dass Vollkosten als Maß für die Inanspruchnahme von knappen Ressourcen einschließlich der Umwelt das geeignete Kriterium für die Nachhaltigkeit von Energiesystemen ist. Auch dies spricht dafür, funktionierenden Märkten die Steuerungsaufgaben auf dem Weg zu einer nachhaltigen Energieversorgung zu übertragen.

Eine Energie- und Umweltpolitik, die funktionierende Märkte in den Dienst von effizienter Ressourcennutzung und nachhaltigem Wirtschaften stellt, bedarf einer klaren und verbindlichen Gesamtkonzeption. Dabei sind auch die Rolle und Handlungsfelder der verschiedenen Akteure neu zu definieren. Ein marktwirtschaftlicher Ordnungsrahmen verträgt sich nicht mit staatlichen Interventionen und dirigistischen Eingriffen in das Marktgeschehen, sondern erfordert ein hohes Maß an unternehmerischer und konsumentenseitiger Freiheit. Liberalisierung und Wettbewerb bedeuten dabei keineswegs einen Verzicht auf Energiepolitik, sondern die Ausrichtung des Staates auf andere Handlungsfelder. Zu diesen ordnungspolitischen Handlungsfeldern des Staates gehören insbesondere:

- die Erhaltung und Sicherung funktionierender Märkte inklusive des Abbaus von Marktverzerrungen,
- die Integration der Nutzung knapper Umweltressourcen in das Marktgeschehen durch marktgemäße Instrumente,
- die Sicherstellung ausreichender, breit angelegter Forschung und Entwicklung im Energiebereich als einzig systematischem Weg, die notwendigen technischen Fortschritte und Innovationen für eine nachhaltige Energieversorgung zu erreichen und
- die Unterstützung der Martkeinführung neuer marktnaher Energietechniken, wobei diese Markteinführungshilfen marktkompatible Kriterien erfüllen müssen, die z. B. das derzeitige Stromeinspeisungsgesetz aber auch Quotenvorgaben nicht erfüllen.

Zu der Integration der Umweltnutzung in das Marktgeschehen sei noch angemerkt, dass entsprechende Schritte der internationalen Verflechtung der Volkswirtschaften Rechnung tragen müssen. Der Wettbewerb auf offenen Märkten begrenzt diesbezügliche nationale Alleingänge, sollen nicht der Verlust industrieller Produktion und von Arbeitsplätzen in Kauf genommen werden. Ein nationaler Alleingang birgt bei globalen Umweltproblemen, und um ein solches handelt es sich beim Treibhausproblem, darüber hinaus die Gefahr von ökologisch kontraproduktiven Wirkungen, wenn nationale Maßnahmen Umweltdumping zur Folge haben und die inländische Reduktion von Schadstoffemissionen als Folge von Produktionsverlagerungen in das Ausland mehr als wett gemacht werden. Damit wäre weder der Umwelt noch dem Wirtschaftsstandort Deutschland gedient, sondern es wären nur Arbeitsplätze exportiert worden.

10.6 Schlussbetrachtungen

Die Herausforderungen am Beginn des dritten Jahrtausends, wie die Schaffung humaner Lebensbedingungen für eine weiter wachsende Weltbevölkerung, die Vermeidung nicht tolerierbarer Umwelt- und Klimaveränderungen sowie die Sicherung der Zukunftsfähigkeit des Wirtschafts- und Lebensraumes Deutschland erfordern eine Neuausrichtung der Energiepolitik.

Zur Bewältigung dieser Herausforderungen gibt es bei Wahrnehmung unserer Mitwelt- und Nachweltverantwortung nur den Weg, Ökonomie, sozialen Ausgleich und die Bewahrung der natürlichen Lebensgrundlagen als Einheit zu begreifen und politisches wie wirtschaftliches Handeln konsequent an dieser Einheit auszurichten. Dies ist auch mit dem Leitbild einer „Nachhaltigen Entwicklung" gemeint.

Eine auf Nachhaltigkeit abzielende Entwicklung heißt im Kern, den kommenden Generationen keine Lebens- und Entwicklungschancen vorzuenthalten. Dazu sind die Produktivität und der immaterielle Wert von Natur und Umwelt auf Dauer zu erhalten. Das ökonomische Effizienzprinzip des sorgsamen Umganges mit allen Ressourcen weist uns den Weg zur Realisierung einer nachhaltigen Entwicklung. Dem durch Wissenszuwachs möglichen technischen Fortschritt, der einerseits zur Erweiterung der technisch-wirtschaftlich verfügbaren Rohstoff- und Energiebasis beiträgt und andererseits eine zunehmende Entkopplung von wirtschaftlicher Entwicklung, Ressourcenverbrauch und Umweltinanspruchnahme ermöglicht, kommt für eine nachhaltige Ausgestaltung der Energieversorgung eine Schlüsselrolle zu.

Die Nutzung begrenzter Energievorräte ist mit dem Leitbild der Nachhaltigkeit so lange vereinbar, wie es gelingt, den nachfolgenden Generationen eine mindestens gleich große technisch-wirtschaftlich nutzbare Energiebasis verfügbar zu machen. Auf dem Weg zu einer nachhaltigen Entwicklung kommt den Energiesystemen eine besondere Bedeutung zu, die arbeitsfähige Energie zu möglichst geringen Vollkosten bereitstellen können. Ein marktwirtschaftlicher Ordnungsrahmen ist bei einer Internalisierung der Knappheit von Umweltgütern ein effizienter Rahmen zur Verwirklichung einer nachhaltigen Entwicklung.
Die Bewältigung der vor uns liegenden Herausforderungen ist dabei gerade im Energiebereich weniger eine Frage fehlender technischer Problemlösungen, sondern sie ist, gerade in unserem Land, primär eine Frage der Entideologisierung ökonomischer, ökologischer und technischer Sachverhalte und einer in sich stimmigen Energiepolitik, also eine politische Aufgabe. Das energiepolitische Dilemma in unserem Land besteht zu einem Gutteil darin, dass wesentliche naturwissenschaftlich-technische und ökonomische Sachverhalte zur Fundierung einer auf Nachhaltigkeit ausgerichteten Energiepolitik nicht zur Kenntnis genommen werden. Auf Dauer ist aber eine Energiepolitik gegen „Adam Riese" nicht möglich.

Der berühmte Staatsmann David Lloyd George hat einmal gesagt: „Jede Generation hat ihren Tagesmarsch auf der Straße des Fortschritts zu vollenden. Eine Generation, die auf dem schon gewonnenen Grund wieder rückwärts schreitet, verdoppelt den Marsch für ihre Kinder". Wir sollten unseren Kindern dies ersparen.

Literatur

Friedrich, R.; Krewitt, W.: Externe Kosten der Stromerzeugung, in: Energiewirtschaftliche Tagesfragen, 48. Jg. (1998) Heft 12, S. 789 – 794.

Hauff, V. (Hrsg.): Unsere gemeinsame Zukunft: Der Brundtland-Bericht der Weltkommission für Umwelt und Entwicklung. Greven (1987).

Knizia, K.: Kreativität, Energie und Entropie: Gedanken gegen den Zeitgeist, ECON Verlag (1992).

Krewitt, W.; Hurley, F.; Trukenmüller, A.; Friedrich, R.: Health Risks of Energy Systems, in: Risk Analysis, Vol. 18 (1998) Nr. 4, S. 377 – 383.

Voß, A.; Greßmann, A.: Leitbild „Nachhaltige Entwicklung"- Bedeutung für die Energieversorgung, in: Energiewirtschaftliche Tagesfragen, 48. Jg. (1998) Heft 8, S. 486 – 491.

Voß, A.: Leitbild und Wege einer umwelt- und klimaverträglichen Energieversorgung, in: H. G. Brauch (Hrsg.) Energiepolitik, Springer Verlag (1997).

11 Energie für Deutschland im globalen Kontext

Gerhard Ott

11.1 Vorbemerkung

Kernpunkt – und gewissermaßen Credo – aller Studien und Aussagen des World Energy Council (WEC) und seines Deutschen Nationalen Komitees (DNK) ist seit jeher das Engagement für einen ausgewogenen Mix aller Energieträger. Dabei haben WEC und DNK nicht etwa nur auf die bewährten fossilen Energien gesetzt, sondern stets auch die wachsende Bedeutung erneuerbarer Energien unterstrichen, allerdings zugleich vor übertriebenen Erwartungen oder diskriminierenden Förderungsmethoden gewarnt. Ebenso war für das DNK die Kernenergie stets eine Zukunftsenergie – für unser Land und erst recht unter globalen Aspekten.

Alle aktuellen Prognosen über Weltbevölkerung und Energieverbrauch bestätigen die Richtigkeit dieses Ansatzes. Der weiterhin, auch bei deutlich verbesserter Energieeffizienz, steigende Energiebedarf vor allem der Dritten Welt unterstreicht, dass es keine "alternativen", sondern nur "additive" Energieformen gibt.

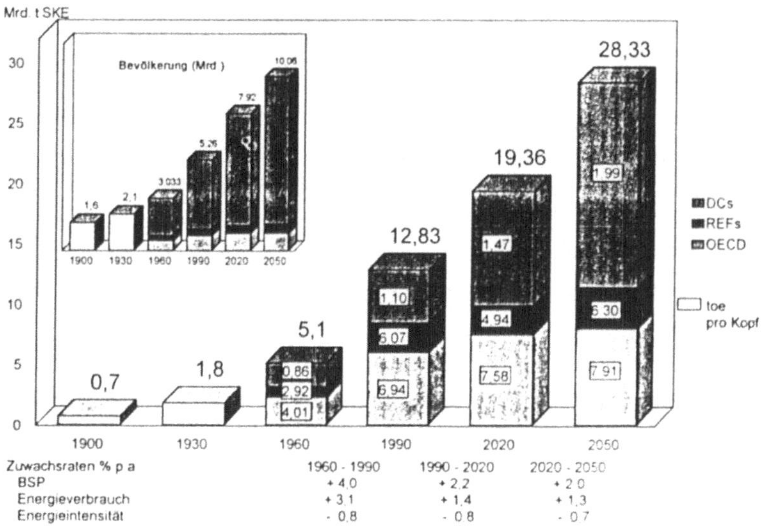

Bild 11.1: Weltenergiebedarf nach Regionen
Energiehunger in den Entwicklungs- und Schwellenländern

DCs - Entwicklungsländer   REFs - Reformländer Osteuropas und Mittelasiens
OECD - Mitgliedsländer der OECD   toe - Tonne Öl-Äquivalent
BSP Bruttosozialprodukt

Wir meinen deshalb nach wie vor, dass jedes Land gut beraten ist, keinen Energie-
träger von vornherein auszuschließen, sondern auf eine möglichst breite Palette
verfügbarer Energien zu setzen. Nichts anderes liegt übrigens dem zunehmenden
Trend vieler Unternehmen zu Grunde, ihrerseits eine möglichst breite Palette von
Energieformen und damit verbundener Dienstleistungen anbieten zu können –
Stichwort "multi energy".

Wo stehen wir nun heute energiewirtschaftlich und energiepolitisch – in Deutschland, in Europa, in der Welt? Die folgende sehr knappe Standortbestimmung soll
dies veranschaulichen.

11.2 Bundesrepublik Deutschland

Die Bundesrepublik Deutschland mit ihren rd. 80 Millionen Einwohnern – wenig
mehr als 1 % der Weltbevölkerung – gilt, und dies in vielerlei Hinsicht mit Recht
und trotz unserer Neigung zum Lamentieren, als ein reiches Land. Arm ist
Deutschland allerdings an natürlichen Ressourcen, und zwar an Energie wie an
Umwelt. Beides sind aber nicht beliebige Konsumgüter, sondern Grundvorausset-
zung menschlicher Existenz und wirtschaftlicher Entwicklung – sie bedürfen deshalb besonderer Beachtung und Pflege.

Energie
Die Bundesrepublik Deutschland ist schon heute zu über 60 % von Energieeinfuh-
ren abhängig; diese Abhängigkeit wird in Zukunft noch steigen. Natürlich sind Importe nicht per se etwas Negatives – wo stünde gerade unser Land ohne wachsenden Welthandel? Angesichts der Bedeutung einer reibungslosen Energieversorgung
für eine hoch industrialisierte Volkswirtschaft ist es aber unverändert klug, einseitige Abhängigkeiten, vor allem von politisch instabilen Regionen, zu vermeiden.
Diese Feststellung bedeutet nicht etwa das Festhalten an einem überholten Begriff
der Versorgungssicherheit. Versorgungssicherheit bleibt immer aktuell – denken
wir nur daran, dass gerade unsere moderne Telekommunikation – die immer mehr
zum Motor unserer gesamtwirtschaftlichen Entwicklung wird – entscheidend von
einer gesicherten und zudem qualitativ hochwertigen Stromversorgung abhängt.

In einer vielfältig vernetzten Welt lautet das Schlüsselwort zur Sicherung einer
ausreichenden und ungestörten Versorgung mit Energie deshalb: Diversifizierung.
Konkret heißt das:

(1) Bestmögliche Nutzung der – begrenzten – inländischen Energievorkommen, d.
    h. im wesentlichen Steinkohle, Braunkohle, Wasser, soweit dies wirtschaftlich

vertretbar ist. Und "wirtschaftlich vertretbar" kann durchaus eine gewisse Sicherheitsprämie einschließen.

(2)   Entwicklung quasi-inländischer Energiequellen, d. h. vor allem der Kernenergie sowie der so genannten neuen erneuerbaren Energien (Wind, Sonne, Biomasse etc.), soweit die begründete Aussicht besteht, dass diese nach einer gewissen Anlaufförderung wettbewerbsfähig werden.

(3)   Diversifizierung der erforderlichen Importe, insbesondere von Mineralöl und Erdgas. Angesichts der Ballung der weltweiten Mineralöl- und Erdgasvorräte auf nur wenige – und politisch keineswegs stabile – Regionen sollten dabei die Diversifizierungsbemühungen deutscher Unternehmen auch von der Politik unterstützt werden. Andere führende Industrieländer haben längst erkannt, dass Energiepolitik immer auch ein Stück Außenpolitik sein muss.

Eine aktuelle Anmerkung: Öffnung der Märkte und Liberalisierung erleichtern natürlich eine solche Diversifizierung. Diese in Deutschland konsequent verfolgte Politik darf aber nicht dazu führen, dass potenten, monopolistisch strukturierten ausländischen Anbietern oder Konkurrenten – "EdF" und "Gazprom" mögen als Stichworte genügen – auf deutscher Seite nur schwache Partner gegenüberstehen – auch hier ist die Politik gefordert !

Umwelt
Schon aus der hohen Bevölkerungsdichte der Bundesrepublik – 228 Einwohner/km² gegenüber z. B. 106 in Frankreich, 78 in Spanien, 19 in Schweden – ergibt sich, dass Boden, Luft und Wasser Ressourcen sind, deren verstärkte Belastung, wo immer möglich, vermieden werden muss.

In Verbindung mit dem Thema "Energie" ist die richtige Antwort hierauf aber nicht etwa der Verzicht auf notwendige Energienutzung. Worauf es ankommt, ist der Einsatz der jeweils modernsten Technik der Energiegewinnung und Energienutzung – Stichwort "Energieeffizienz". Dies gilt für Technologien zur umweltverträglichen Kohleverbrennung ebenso wie für die Gewährleistung der Sicherheit von Kernkraftwerken und für die umweltschonende Standortplanung für Wind- und Sonnenenergie usw.

Eine solche auf Energieeffizienz ausgerichtete Politik ist im übrigen zugleich die wirksamste Antwort auf das Klimaproblem – und wird ein Erfolg auch dann sein, wenn dieses Problem sich als weniger gravierend erweisen sollte als heute überwiegend angenommen wird.

11.3 Westeuropa

Westeuropa steht hinsichtlich Energie und Umwelt vor ähnlichen Problemen wie die Bundesrepublik: Die eigenen Energievorkommen sind, im Weltmaßstab gesehen, sehr begrenzt; die Umwelt ist nicht beliebig zusätzlich belastbar.

Lösungen im europäischen Rahmen sollten das Ziel sein, sie müssen aber im Gleichschritt entwickelt werden. Andernfalls ergeben sich gravierende, auf Dauer nicht hinnehmbare Diskrepanzen in den verschiedenen Ländern Europas, sei es hinsichtlich Wettbewerbsfähigkeit, sei es hinsichtlich Lebensqualität.

Das Deutsche Nationale Komitee des Weltenergierates hat sich mit diesem Thema in seiner neuesten Publikation "Energie für Deutschland 1999" eingehend auseinandergesetzt. Zu den wichtigsten Ergebnissen zählen:

1. *Entscheidende Voraussetzung für das Funktionieren eines europäischen Wettbewerbs ist, dass für alle Marktteilnehmer hinreichend vergleichbare Wettbewerbsbedingungen bestehen. Wichtig ist vor allem ein vergleichbarer Öffnungsgrad der Energiemärkte der Mitgliedstaaten.*

2. *Die Mitgliedstaaten stehen in der Pflicht, ihre Energiepolitik möglichst gemeinschaftsfreundlich auszurichten und auf energiepolitische Alleingänge zu verzichten.*

3. *Die erreichte Liberalisierung der Energiemärkte darf nicht durch neuerliche Regulierungen wieder infrage gestellt werden.*

4. *Europäische Energiepolitik ist zugleich europäische Außenpolitik. Die EU steht hier vor drei großen Herausforderungen:*

   Erstens:
   Die EU ist größter Energieimporteur der Welt. Die langfristige Sicherung der Primärenergieversorgung Europas ist eine besondere außenpolitische Herausforderung. Zugleich gilt es sicherzustellen, dass die eigenen Optionen zur Energiebereitstellung – einschließlich Kernenergie – für die Zukunft gesichert bleiben.

   Zweitens:
   Bei der Osterweiterung ist besonders darauf zu achten, dass diese im Gleichschritt erfolgt, dass nicht zusätzlich "gespaltene Märkte" entstehen und dass insbesondere EU-weit bereits etablierte Rechts- und Umweltvorschriften nicht durch überzogene Übergangsfristen in den Beitrittsländern verwässert werden.

Drittens:

Beim internationalen Klimaschutz kommt der Europäischen Union – obschon sich die tatsächliche Klima-Problematik zunehmend in die Dritte Welt verlagert – eine Schlüsselrolle bei der Nutzung, Weiterentwicklung und globalen Verbreitung effizienter Energietechnologien zu. Freiwillige Selbstverpflichtungen sind hier grundsätzlich ein besserer Weg als ordnungsrechtlicher Zwang.

11.4 Welt

Der World Energy Council wird zu Beginn des Jahres 2000 eine neue Gesamtbewertung der energiepolitischen Lage weltweit veröffentlichen. Diese wird zeigen, dass in der Grundsatzstudie "Energy for Tomorrow's World" von 1993 einige Faktoren über- und andere unterschätzt wurden. Überschätzt wurde zum einen das globale Wirtschaftswachstum – Stichworte sind der Zusammenbruch der früheren Sowjetunion, die Probleme vieler Reformländer, die Asienkrise. Überschätzt wurde auch – leider! – das Tempo der Effizienzverbesserung, vor allem in der Dritten Welt.

Unterschätzt hatte die damalige Studie dagegen das Ausmaß des technologischen Fortschritts – in der Kraftwerkstechnik, aber auch bei Mineralöl und Erdgas – ebenso wie das Tempo der Liberalisierung und auch die Wirkung von Maßnahmen zur Eindämmung des Bevölkerungswachstums.

Drei Aspekte verdienen besonders herausgegriffen zu werden:

Verlangsamtes Wachstum der Weltbevölkerung

Schlagzeilen wie "Nun sind wir 6 Milliarden" am 12. Oktober 1999 und die Verdoppelung der Weltbevölkerung seit 1960 wurden in den meisten Kommentaren als Bedrohung empfunden. Allerdings ist ebenso bemerkenswert, dass die Wachstumsrate der Weltbevölkerung in den letzten Jahren ständig zurückgegangen ist, so daß erwartet werden kann, dass die Weltbevölkerung zwar bis zum Jahr 2050 noch auf 8 - 9 Milliarden ansteigen, sich dann aber stabilisieren und möglicherweise allmählich absinken wird. Natürlich sind das globale Zahlen, hinter denen sich sehr unterschiedliche Entwicklungen auf den verschiedenen Kontinenten verbergen – nicht zuletzt die beispiellose Zunahme von alten Menschen vor allem in den Industrieländern und die ebenfalls starke Zunahme der Jugendlichen in der Dritten Welt.

Obschon die Tatsache der abnehmenden Zuwachsraten eine gute Nachricht ist, darf sie nicht als Signal für Entwarnung missverstanden werden. Denn Hauptursache für die weltweiten Energieprobleme ist unverändert die – in absoluten Zahlen – zunächst immer noch wachsende Weltbevölkerung: Bis heute sind 2 Milliarden Menschen ohne Zugang zu kommerzieller Energie. In den nächsten 25 Jahren droht sich diese Zahl zu verdoppeln. 4 Milliarden von dann voraussichtlich 8 Milliarden Menschen ohne Zugang zu kommerzieller Energie – dies birgt erheblichen wirtschaftlichen, sozialen und politischen Zündstoff. Der Ausbruch von Konflikten kann nur vermieden werden, wenn auch für diesen Teil der Menschheit ausreichend Energie zur Verfügung gestellt wird.

Als Alternative zu einem Mehr an Energie wird in diesem Zusammenhang häufig verstärktes Energiesparen empfohlen, Stichwort "Faktor 4". Das ist ohne Zweifel ein im Kern auch richtiger Ansatz, allerdings: 1 Milliarde Menschen in den Industrieländern werden selbst durch intensives Energiesparen unmöglich die gewaltigen Fehlmengen ausgleichen können, die zur Versorgung der übrigen 7 Milliarden Menschen zusätzlich notwendig sind. Ein Mehr an Energie ist global deshalb unerlässlich.

Weiterhin ungleiche Verteilung der Energieressourcen

Jeweils über 70 % der weltweiten Erdöl- und Erdgasvorräte liegen in den Ländern der früheren UdSSR und im Nahen und Mittleren Osten. Diese Zusammenballung wichtiger Ressourcen in politisch wenig stabilen Ländern kann ebenfalls zum politischen Zündstoff werden – Machtkämpfe um das Kaspische Meer sind mehr als eine nur theoretische Möglichkeit.

Auf eben diese Länder wird sich aber in Zukunft die Nachfrage nicht nur des Westens, sondern zunehmend auch des ebenfalls energiearmen asiatisch-pazifischen Raums richten. Es sollte uns zu denken geben, dass 1973 noch ca. 80 % des Öls aus dem Mittleren Osten in die westlichen Industrieländer flossen, nunmehr jedoch zwei Drittel dieses Öls nach Süd-, Südost- und Ostasien geliefert werden und nur noch weniger als ein Drittel in die westliche Welt.

Noch einmal: Nur Länder, die eine auch außenpolitisch unterstützte Energiepolitik verfolgen, werden sich den Zugang zu diesen wichtigen Ressourcen sichern können.

Umweltschutz – gemeinsame Aufgabe

Die aktuelle Diskussion über die Umweltsünden der Industrieländer und ihre daraus folgende Verpflichtung gegenüber den Ländern der Dritten Welt ist zwar nachvollziehbar, aber m. E. zu sehr "Vergangenheitsbewältigung" und daher wenig zielführend. Sie verkennt, dass die Hauptgefahren künftig eben von diesen Ländern der Dritten Welt ausgehen werden: Schon in gut zwei Jahrzehnten werden rund zwei Drittel aller SO_2-, NO_x- und CO_2-Emissionen aus diesen Ländern kommen.

Deshalb sind Öko-Abgaben, Energiesteuern usw., die in Industrieländern erhoben, dort aber für andere oder für allgemeine fiskalische Zwecke verwendet werden, der falsche Ansatz. Richtig wäre es, die im Rahmen der gegenwärtigen Klimadiskussion entwickelten flexiblen Instrumente ("Actions implemented jointly", "Emissions trading", "Clean development mechanism") weiterzuentwickeln und gezielt einzusetzen. Die Klimakonferenz im November 1999 in Bonn (COP5) hat zwar diese Instrumente erstmals wirklich umfassend und detailliert diskutiert, aber leider wenig greifbaren Fortschritt gebracht.

Nach den jüngsten Erklärungen will die Bundesregierung daran festhalten, dass die Bundesrepublik den Löwenanteil der EU-weiten CO_2-Reduzierung auf sich nimmt. Wie das konkret geschehen soll und wie sich das, wenn es denn gelänge, auf die deutsche Gesamtwirtschaft – vor allem im Verhältnis zu Nachbarländern, die ungleich niedrigere Lasten tragen – auswirken würde, bleibt bislang allerdings offen.

Eine letzte, gerade unter globalen Gesichtspunkten notwendige Anmerkung: Klimaschutz ist natürlich nur *ein* Aspekt des Gesamtproblems Umwelt – und für viele, wenn nicht die meisten der Entwicklungs- und Reformländer keineswegs der drängendste.

Was ist das Fazit dieser kurzen Standortbestimmung?
Global und längerfristig lassen sich die Energieprobleme nur lösen über eine Verringerung des Bevölkerungswachstums (wie sie sich erfreulicherweise inzwischen abzeichnet). Alle Erfahrung hat jedoch gezeigt, dass das Bevölkerungswachstum sich erst dann und nur dort verringert, wo ein halbwegs auskömmlicher Lebensstandard vorhanden ist – als Basis für Aufklärung, Bildung und Erziehung. Ein verbesserter Lebensstandard aber setzt wiederum ausreichende Energieversorgung voraus. Noch kürzer: Um auf lange Sicht mit einem Weniger an Energie – für eine dann stabilisierte, zu Energieeffizienz motivierte Weltbevölkerung – auskommen zu können, ist zunächst ein deutliches Mehr an Energie erforderlich.

11.5 Energiepolitik für Deutschland

Eine letzte Anmerkung zur deutschen Energiepolitik, von der man sich fragen kann, ob sie den globalen Zusammenhängen immer Rechnung trägt und daraus die richtigen Folgerungen zieht.

Die Entwicklungen der letzten Monate im ausklingenden 20. Jahrhundert lassen leider befürchten, dass all die geführten Gespräche und Dialoge enden werden nicht mit einem geschlossenen, in sich stimmigen Energiekonzept, sondern mit Bruchstücken, die mit Bindfäden mühselig zu einem scheinbaren Ganzen geschnürt sind:

- Ein wie immer gearteter Ausstieg aus der Kernenergie, im Konsens oder durch Gesetz, aber nicht mit einer wirklichen Option für die Zukunft.
- Ein novelliertes Stromeinspeisungsgesetz, das die Illusion aufrechterhält, wir könnten dank Wind und Sonne bald auf lästige fossile Energien und Kernenergie verzichten.
- Liberalisierung als – richtiger – Motor für die weitere Entwicklung, aber ohne die politische Kraft, bei unseren Nachbarn für das gleiche Tempo zu sorgen.
- Erdgas mehr als Objekt weiterer Liberalisierung denn als, auch politische, Herausforderung im globalen geopolitischen Kontext.
- Mineralöl als selbstverständliche Größe, stark genug, allein nicht nur mit den Weltmärkten, sondern auch mit zahlreichen Wettbewerbsverzerrungen innerhalb Europas fertig zu werden.
- Stein- und Braunkohle mit Zusagen und Regelungen im Westen wie im Osten, deren Verlässlichkeit nur mit einem sehr starken Glauben als gesichert angesehen werden kann.

Was demgegenüber Not tut, ist ein umfassendes, in sich geschlossenes und stimmiges Energiekonzept der Bundesregierung, das der deutschen Energiewirtschaft – und zwar Produzenten wie Verbrauchern – klare und verlässliche Orientierungsdaten gibt. Selbstverständlich ist es vorzuziehen, wenn ein solches Konzept im Konsens gefunden werden kann. Dies darf aber nicht dazu führen, dass bestehende Konflikte lediglich zugedeckt werden. Notfalls muss eine Regierung auch entscheiden und dazu dann stehen.

Die Erarbeitung und Durchsetzung eines Energiekonzepts, das klar auf Wissen und technischen Fortschritt als Schlüsselfaktoren für eine nachhaltige Energieversorgung setzt, sollte zudem heute umso leichter möglich sein, als nach allen jüngsten Umfragen die noch in den 70er- und 80er-Jahren ausgeprägte Technikfeindlichkeit zunehmend zurückgeht, insbesondere und erfreulicherweise gerade bei der jüngeren Bevölkerung.

Gemessen wird ein künftiges Energiekonzept für Deutschland unverändert an den drei entscheidenden Kriterien

✓ Versorgungssicherheit
✓ Wettbewerbsfähigkeit
✓ Umweltverträglichkeit.